钢筋平法识图与软件算量实例

主　编：林永民　田杰芳
副主编：明　伟　白文彪　李秋明

中国建筑工业出版社

图书在版编目（CIP）数据

钢筋平法识图与软件算量实例/林永民，田杰芳主编.
北京：中国建筑工业出版社，2015.9
ISBN 978-7-112-18272-5

Ⅰ.①钢… Ⅱ.①林… ②田… Ⅲ.①建筑工程-钢筋-建筑构图-识别②建筑工程-钢筋-工程计算-应用软件 Ⅳ.①TU755.3②TU723.3

中国版本图书馆CIP数据核字（2015）第155444号

本书主要针对平法基本知识和算量软件而编写，全书共分为八章，主要内容包括平法识图与钢筋技术基础知识，柱构件平法识图与钢筋计算，剪力墙平法识图，梁平法识图，板构件平法识图与钢筋计算，板式楼梯平法识图，基础构件平法识图与钢筋计算，并附广联达钢筋算量软件应用实例。本书图文并茂，通俗易懂，注重实用，重点突出，可供老师教学参考，也可方便自学者学习。

本书可供工程造价人员、现场技术人员使用，也可作为建筑类相关专业的教学参考用书。

* * *

责任编辑：杨 杰 张伯熙 万 李
责任设计：张 虹
责任校对：张 颖 姜小莲

钢筋平法识图与软件算量实例
主 编：林永民 田杰芳
副主编：明 伟 白文彪 李秋明

*

中国建筑工业出版社出版、发行（北京西郊百万庄）
各地新华书店、建筑书店经销
霸州市顺浩图文科技发展有限公司制版
北京市书林印刷有限公司印刷

*

开本：787×1092毫米 1/16 印张：12¾ 字数：309千字
2015年12月第一版 2015年12月第一次印刷
定价：**30.00**元

ISBN 978-7-112-18272-5
(27512)

前　言

随着造价行业的发展，平法标注和广联达钢筋算量软件已得到造价员、预算员的广泛应用，但是作为刚入门的造价人员，很难短时间内能真正读懂施工图纸且熟练运用广联达钢筋算量软件。因此，本书正是基于造价行业从业人员的现实需求而编写的一本实用型图书。

平法基本知识内容丰富，比较理论和抽象，广联达钢筋算量软件涉及面广，熟练掌握比较难。本书是主要针对平法基本知识和广联达钢筋算量软件而编写的一本配套学习教材，全书共分为八章，主要内容包括平法识图与钢筋技术基础知识，柱构件平法识图与钢筋计算，剪力墙平法识图，梁平法识图，板构件平法识图与钢筋计算，板式楼梯平法识图，基础构件平法识图与钢筋计算和广联达钢筋算量软件应用实例。本书图文并茂，通俗易懂，注重实用，重点突出，可供老师教学参考，也可方便自学者学习。

全书由田杰芳、林永民、陈洪新、明伟、白文彪共同编写。其中第一、二章由田杰芳编写，第三、四章由明伟编写，第五、六章由白文彪编写，第七章由林永民编写，第八章由陈洪新编写。

限于时间和编写水平，书中难免存在疏漏和不足之处，恳请广大读者批评指正。

2014 年 12 月

目　录

第一章　平法识图与钢筋技术基础知识

第一节　平法的基础知识

平法是“混凝土结构施工图平面整体表示方法”的简称，包括制图规则和构造详图。平法的表达形式，概括来讲，是把结构构件的尺寸和配筋等，按照平面整体表示方法的制图规则，整体直接表达在各类构件的结构平面布置图上，再与标准构造详图相配合，即构成一套新型完整的结构设计图。改变了传统的那种将构件从结构平面布置图中索引出来，再逐个绘制配筋详图的繁琐方法。

平法将结构设计分为创造性设计内容与重复性（非创造性）设计内容两部分。两部分相辅相成，构成完整的结构设计。

1. 创造性设计内容

设计师采用制图规则中标准的符号、数字来体现他的设计内容，属于创造性的设计内容。平法图集是允许存在创造性的设计图集，平法是推荐性标准而不是强制性标准。我们在施工和做预算时，图纸与平法图集有冲突的部位应以图纸为准，设计者可以不按照平法设计，但必须遵循混凝土结构设计规范和建筑抗震设计规范的原则。

2. 重复性设计内容

传统设计中大量重复表达的内容，如节点详图，搭接、锚固值，加密范围等，属于重复性、通用性的设计内容。重复性设计内容部分（主要是节点构造和构件构造）以“广义标准化方式”编制成国家建筑标准构造设计，以国家标准图集和正式设计文件的形式从个体的设计文件中剥离出来，以减少设计师的工作量和图纸量，从而使设计师的创造性设计与重复性设计分开。

平法的系统科学原理为：视全部设计过程与施工过程为一个完整的主系统。主系统由多个子系统构成，主要包括以下几个子系统：基础结构、柱墙结构、梁结构、板结构；各子系统有明确的层次性、关联性、相对完整性。

1）层次性

基础、柱墙、梁、板均为完整的子系统。

2）关联性

柱、墙以基础为支座——柱、墙与基础关联；梁以柱为支座——梁与柱关联；板以梁为支座——板与梁关联。

3）相对完整性

基础自成体系，仅有自身的设计内容而无柱或墙的设计内容；柱、墙自成体系，仅有自身的设计内容（包括在支座内的锚固纵筋）而无梁的设计内容；梁自成体系，仅有自身的设计内容（包括锚固在支座内的纵筋）而无板的设计内容；板自成体系，仅有板自身的设计内容（包括锚固在支座内的纵筋）。在设计出图的表现形式上它们都是独立的板块。

第二节　钢筋计算的基础知识

一、钢筋的表示方法

1. 普通钢筋的表示方法

普通钢筋的一般表示方法见表 1-1。

2. 钢筋焊接接头的表示方法（接头的各种连接方式：直螺纹、套筒、锥螺纹等）

钢筋焊接接头的表示方法应符合表 1-2 的规定。

平法标注图例　　**表 1-1**

序号	名　称	图　例	说　明
1	钢筋横截面		—
2	无弯钩的钢筋端部		下图表示长、短钢筋投影重叠时，短钢筋的端部用 45°斜画线表示
3	带半圆形弯钩的钢筋端部		—
4	带直钩的钢筋端部		—
5	带丝扣的钢筋端部		—
6	无弯钩的钢筋搭接		—
7	带半圆弯钩的钢筋搭接		—
8	带直钩的钢筋搭接		—
9	花篮螺栓钢筋接头	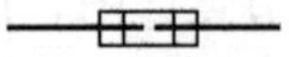	—
10	机械连接的钢筋接头		用文字说明机械连接的方式（如冷挤压或直螺纹等）

钢筋焊接接头的表示方法　　**表 1-2**

序号	名　称	接头形式	标注方法
1	单面焊接的钢筋接头		
2	双面焊接的钢筋接头	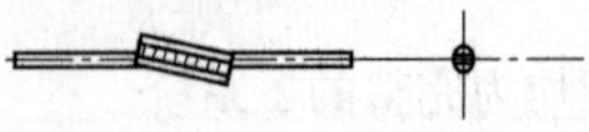	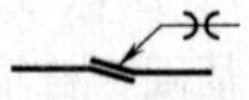
3	用帮条单面焊接的钢筋接头	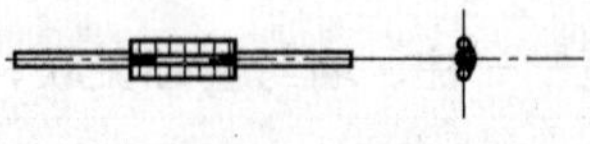	
4	用帮条双面焊接的钢筋接头	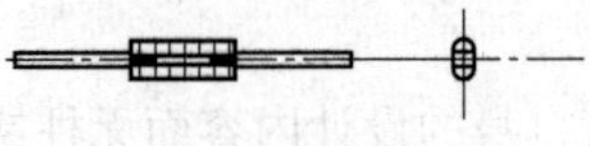	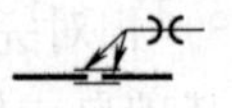
5	接触对焊的钢筋接头（闪光焊、压力焊）	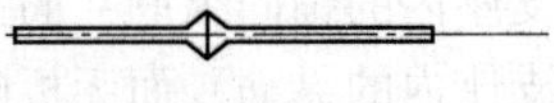	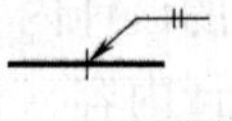

续表

序号	名　　称	接头形式	标注方法
6	坡口平焊的钢筋接头	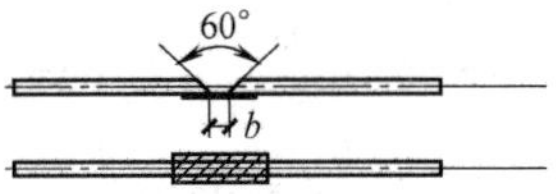	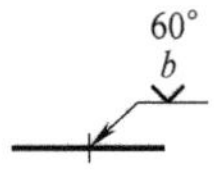
7	坡口立焊的钢筋接头	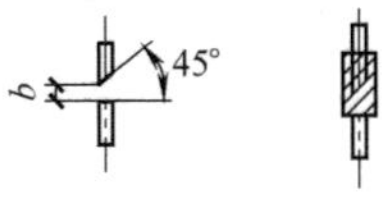	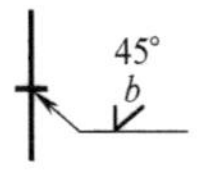
8	用角钢或扁钢做连接板焊接的钢筋接头		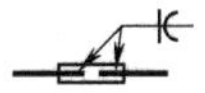
9	钢筋或螺(锚)栓与钢板穿孔塞焊的接头		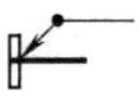

3. 常见钢筋画法

常见钢筋画法应符合表 1-3 的规定。

常见钢筋画法　　表 1-3

序号	说　　明	图　　例
1	在结构楼板中配置双层钢筋时,底层钢筋的弯钩应向上或向左,顶层钢筋的弯钩则向下或向右	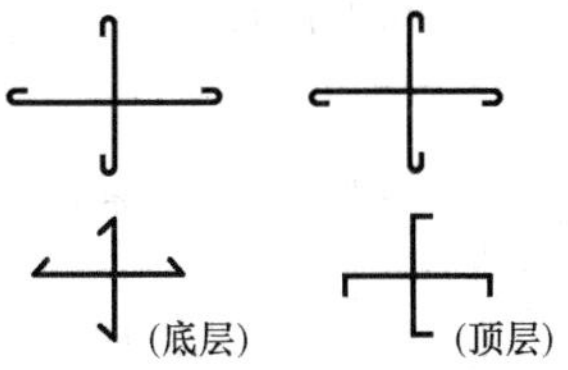 (底层) (顶层)
2	钢筋混凝土墙体配双层钢筋时,在配筋立面图中,远面钢筋的弯钩应向上或向左,而近面钢筋的弯钩则向下或向右(JM 为近面,YM 为远面)	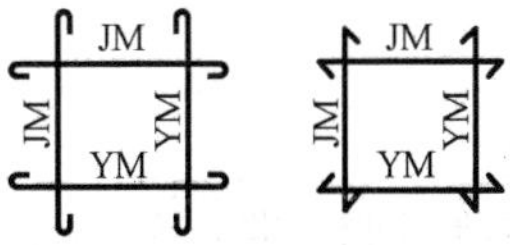 JM YM JM YM JM YM JM YM
3	若在断面图中不能清楚地表达钢筋布置、应在断面图外增加钢筋大样图(例如钢筋混凝土墙、楼梯等)	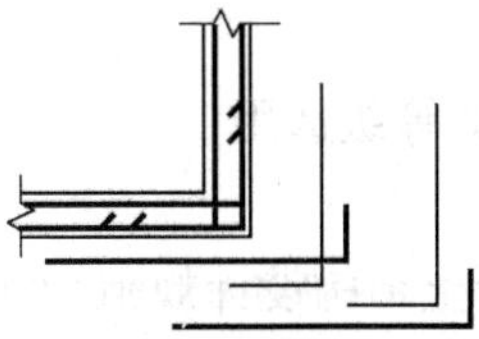
4	图中所表示的箍筋、环筋等若布置复杂时,可加画钢筋大样图及说明	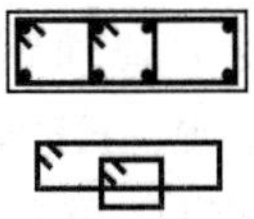
5	每组相同的钢筋、箍筋或环筋,可用一根粗实线表示,同时用一根两端带斜短画线的横穿细线表示其钢筋及起止范围	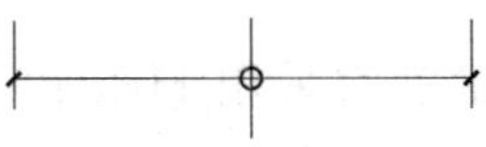

4. 钢筋在楼板平面图中的表示（图 1-1）

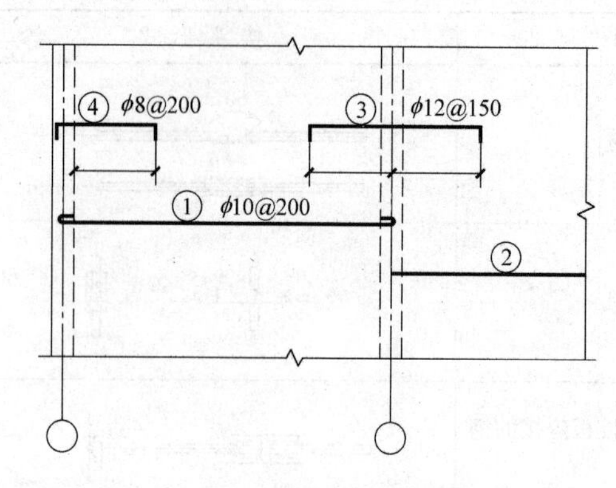

图 1-1　楼板结构配筋图

5. 钢筋的标注方法

梁内受力钢筋、架立钢筋的根数、级别和直径表示法如下：

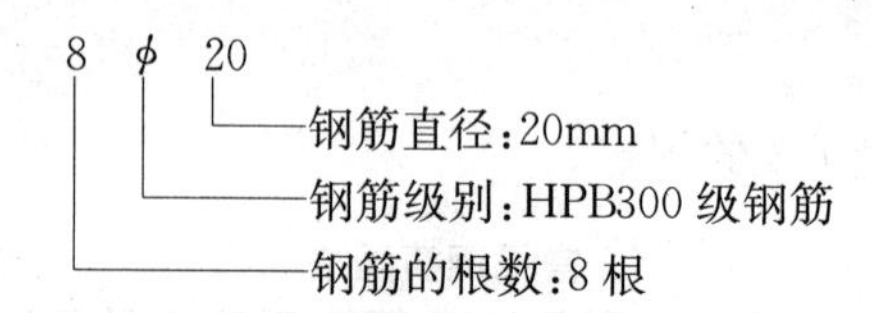

6. 构件配筋图中的箍筋的长度尺寸应指箍筋的里皮尺寸（图 1-2），弯起钢筋的高度尺寸应指钢筋的外皮尺寸

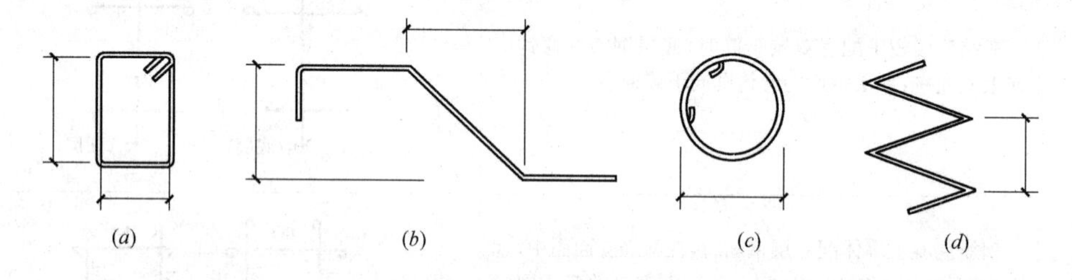

图 1-2　钢箍尺寸标注图

（*a*）箍筋尺寸标注图；（*b*）弯起钢筋尺寸标注图；（*c*）环形钢筋尺寸标注图；（*d*）螺旋钢筋尺寸标注图

二、钢筋的等级选用

《混凝土结构设计规范》（GB 50010—2010）中根据混凝土构件对受力性能的要求，应按下列规定选用钢筋：

（1）纵向受力普通钢筋宜采用 HRB400、HRB500、HRBF400、HRBF500 级钢筋，也可采用 HRB300、HRB335、HRBF335、RRB400 级钢筋。

（2）梁、柱纵向受力普通钢筋应采用 HRB400、HRB500、HRBF400、HRBF500 级钢筋。

（3）箍筋宜采用 HRB400、HRBF400、HPB300、HRB500、HRBF500 级钢筋，也可采用 HRB335、HRBF335 级钢筋。

三、钢筋算量前的准备工作

通常所说的图纸是指土建施工图纸。施工图常可以分为“建施”和“结施”，“建施”是指建筑施工图，“结施”是指结构施工图。钢筋计算主要使用的是结构施工图。当房屋的结构比较复杂，单看结构施工图不容易看懂时，则可以结合建筑施工图的平面图、立面图和剖面图，以便于理解某些构件的位置和作用。

看图纸一定要注意阅读最前面的“建筑或者结构设计总说明”，因为里面有许多重要的信息和数据，其中还会包含一些在具体构件图纸上没有画出的工程做法。对钢筋计算来说，设计总说明中的重要信息和数据有：建筑或者结构设计中采用的设计规范和标准图集、混凝土强度等级、抗震等级（以及抗震设防烈度）、钢筋的类型、分布钢筋的直径和间距等。认真阅读设计说明，可对整个工程有一个总体的印象。

要认真阅读图纸目录，根据目录对照具体的每一张图纸，查看手中的施工图纸有无缺漏。

浏览每一张结构平面图。先明确每张结构平面图所适用的范围：是几个楼层共用一张结构平面图，还是每一个楼层分别使用一张结构平面图；再对比不同的结构平面图，查看它们之间的联系和区别、各楼层之间的结构的异同点，以便于划分“标准层”，制订钢筋计算的计划。

平法施工图主要通过结构平面图来表示。但对于某些复杂的或者特殊的结构或构造，设计师常会给出构造详图，在阅读图纸时要注意观察和分析。

在阅读和检查图纸的过程中，要把不同的图纸进行对照和比较，要善于读图纸，更要善于发现图纸中的问题。施工图是进行施工和工程预算的依据，在对照比较结构平面图，建筑平面图、立面图和剖面图的过程中，要注意平面尺寸的对比和标高尺寸的对比。

四、平法钢筋计算相关数据

1. 钢筋的保护层

11G101-1 图集规定了“纵向受力钢筋的混凝土保护层的最小厚度”的要求，见表 1-4。

混凝土保护层的最小厚度（mm） **表 1-4**

环境类别	板、墙	梁、柱
一	15	20
二a	20	25
二b	25	35
三a	30	40
三b	40	50

注：① 表中混凝土保护层厚度指最外层钢筋外边缘至混凝土表面的距离，适用于设计使用年限为 50 年的混凝土结构。

② 构件中受力钢筋的保护层厚度不应小于钢筋的公称直径。

③ 设计使用年限为 100 年的混凝土结构，一类环境中，最外层钢筋的保护层厚度不应小于表中数值的 1.4 倍；二、三类环境中，应采取专门的有效措施。

④ 混凝土强度等级不大于 C25 时，表中保护层厚度数值应增加 5mm。

⑤ 基础地面钢筋的保护层厚度，有混凝土垫层时应从垫层顶面算起，且不应小于 40mm；无垫层时不应小于 70mm。

2. 钢筋的锚固长度

1）受拉钢筋的基本锚固长度

11G101 图集提出了一个新提法，那就是“受拉钢筋基本锚固长度 l_{ab}（l_{abE}）”，详见表 1-5。

受拉钢筋基本锚固长度 l_{ab}（l_{abE}） **表 1-5**

钢筋种类	抗震等级	混凝土强度等级								
		C20	C25	C30	C35	C40	C45	C50	C55	≥C60
HPB300	一、二级（l_{abE}）	$45d$	$39d$	$35d$	$32d$	$29d$	$28d$	$26d$	$25d$	$24d$
	三级（l_{abE}）	$41d$	$36d$	$32d$	$29d$	$26d$	$25d$	$24d$	$23d$	$22d$
	四级（l_{abE}）非抗震（l_{ab}）	$39d$	$34d$	$30d$	$28d$	$25d$	$24d$	$23d$	$22d$	$21d$
HRB335	一、二级（l_{abE}）	$44d$	$38d$	$33d$	$31d$	$29d$	$26d$	$25d$	$24d$	$24d$
	三级（l_{abE}）	$40d$	$35d$	$31d$	$28d$	$26d$	$24d$	$23d$	$22d$	$22d$
	四级（l_{abE}）非抗震（l_{ab}）	$38d$	$33d$	$29d$	$27d$	$25d$	$23d$	$22d$	$21d$	$21d$
HRB400 HRBF400 RRB400	一、二级（l_{abE}）	—	$46d$	$40d$	$37d$	$33d$	$32d$	$31d$	$30d$	$29d$
	三级（l_{abE}）	—	$42d$	$37d$	$34d$	$30d$	$29d$	$28d$	$27d$	$26d$
	四级（l_{abE}）非抗震（l_{ab}）	—	$40d$	$35d$	$32d$	$29d$	$28d$	$27d$	$26d$	$25d$
HRB500 HRBF500	一、二级（l_{abE}）	—	$55d$	$49d$	$45d$	$41d$	$39d$	$37d$	$36d$	$35d$
	三级（l_{abE}）	—	$50d$	$45d$	$41d$	$38d$	$36d$	$34d$	$33d$	$32d$
	四级（l_{abE}）非抗震（l_{ab}）	—	$48d$	$43d$	$39d$	$36d$	$34d$	$32d$	$31d$	$30d$

注：其中，$l_{abE}=\xi_{aE}l_{ab}$。

ξ_{aE}为抗震锚固长度修正系数，对一、二级抗震等级取 1.15，对三级抗震等级取 1.05，对四级抗震等级取 1.00。

2）受拉钢筋的锚固长度

受拉钢筋的锚固长度 l_a、抗震锚固长度 l_{aE}的计算公式如下：

非抗震

$$l_a=\xi_a l_{ab} \tag{1-1}$$

抗震

$$l_{aE}=\xi_{aE} l_a \tag{1-2}$$

注：① l_a 不应小于 200mm。

② 锚固长度修正系数 ξ_a 宜按表 1-6 取用，当多于一项时，可按连乘计算，但不应小于 0.6。

③ ξ_{aE}为抗震锚固长度修正系数，对一、二级抗震等级取 1.15，对三级抗震等级取 1.05，对四级抗震等级取 1.00。

3. 钢筋搭接长度

1）搭接长度修正系数

11G101 系列图集给出了由锚固长度计算搭接长度的计算公式。

受拉钢筋锚固长度修正系数 ξ_a **表 1-6**

锚固条件		ξ_a	备注
带肋钢筋的公称直径大于 25 mm		1.10	
环氧树脂涂层带肋钢筋		1.25	
施工过程中易受扰动的钢筋		1.10	
锚固区保护层厚度	$3d$	0.80	注:处于 0.70～0.80 之间时按内插值。d 为锚固钢筋的直径
	$5d$	0.70	

（1）非抗震

$$l_l=\xi_l l_a \tag{1-3}$$

（2）抗震

$$l_{lE}=\xi_l l_{aE} \tag{1-4}$$

式中 l_l——纵向受拉钢筋的搭接长度；

l_{lE}——纵向抗震受拉钢筋的搭接长度；

ξ_l——纵向受拉钢筋搭接长度的修正系数，按表 1-7 取用。当纵向搭接钢筋接头面积百分率为表的中间值时，修正系数可按内插取值。

2）纵向钢筋搭接接头面积百分率

“纵向钢筋搭接接头面积百分率”是决定搭接长度修正系数数值的依据。在 11G101 系列图集中规定，按表 1-7 取用。

纵向受拉钢筋搭接长度的修正系数 ξ_l **表 1-7**

纵向搭接钢筋接头面积百分率(%)	≤25	50	100
ξ_l	1.2	1.4	1.6

4. 钢筋常用计算数据

钢筋的公称直径、公称截面面积及理论重量见表 1-8。

钢筋的公称直径、公称截面面积及理论重量 **表 1-8**

公称直径(mm)	不同根数钢筋的计算截面面积(mm^2)									单根钢筋的理论重量(kg/m)
	1	2	3	4	5	6	7	8	9	
6	28.3	57	85	113	142	170	198	226	255	0.222
8	50.3	101	151	201	252	302	352	402	453	0.395
10	78.5	157	236	314	393	471	550	628	707	0.617
12	113.1	226	339	452	565	678	791	904	1017	0.888
14	153.9	308	461	615	769	923	1077	1231	1385	1.21
16	201.1	402	603	804	1005	1206	1407	1608	1809	1.58
18	254.5	509	763	1017	1272	1527	1781	2036	2290	2.00(2.11)
20	314.2	628	942	1256	1570	1884	2199	2513	2827	2.47
22	380.1	760	1140	1520	1900	2281	2661	3041	3421	2.98
25	490.9	982	1473	1964	2454	2945	3436	3927	4418	3.85(4.10)

续表

公称直径(mm)	不同根数钢筋的计算截面面积(mm^2)									单根钢筋的理论重量(kg/m)
	1	2	3	4	5	6	7	8	9	
28	615.8	1232	1847	2463	3079	3695	4310	4926	5542	4.83
32	804.2	1609	2413	3217	4021	4826	5630	6434	7238	6.31(6.65)
36	1017.9	2036	3054	4072	5089	6107	7125	8143	9161	7.99
40	1256.6	2513	3770	5027	6283	7540	8796	10 053	11310	9.87(10.34)
50	1963.5	3928	5892	7856	9820	11 784	13748	15 712	17 676	15.42(16.28)

注：括号内为预应力螺纹钢筋的数值。

CRB550 冷轧带肋钢筋的公称直径、公称截面面积及理论重量见表 1-9。

冷轧带肋钢筋的公称直径、公称截面面积及理论重量　　表 1-9

公称直径(mm)	公称截面面积(mm^2)	理论重量(kg/m)	公称直径(mm)	公称截面面积(mm^2)	理论重量(kg/m)
(4)	12.6	0.099	8	50.3	0.395
5	19.6	0.154	9	63.6	0.499
6	28.3	0.222	10	78.5	0.617
7	38.5	0.302	12	113.1	0.888

钢绞线的公称直径、公称截面面积及理论重量见表 1-10。

钢绞线的公称直径、公称截面面积及理论重量　　表 1-10

种　类	公称直径(mm)	公称截面面积(mm^2)	理论重量(kg/m)
1×3	8.6	37.7	0.296
	10.8	58.9	0.462
	12.9	84.8	0.666
1×7	9.5	54.8	0.430
	12.7	98.7	0.775
	15.2	140	1.101
	17.8	191	1.500
	21.6	285	2.237

钢丝的公称直径、公称截面面积及理论重量见表 1-11。

钢丝的公称直径、公称截面面积及理论重量　　表 1-11

公称直径(mm)	公称截面面积(mm^2)	理论重量(kg/m)
5.0	19.63	0.154
7.0	38.48	0.302
9.0	63.62	0.499

第二章　柱构件平法识图

第一节　柱截面标注方式

一、柱截面标注的含义

在柱平面布置图的柱截面上，分别在同一编号的柱中选择一个截面，以直接标注截面尺寸和配筋具体数值的方式来表达柱平法施工图。从相同编号的柱中选择一个截面，按另一种比例原位放大绘制柱截面配筋图，并在各配筋图上继其编号后再标注截面尺寸 $b \times h$、角筋或全部纵筋、箍筋的具体数值以及在柱截面配筋图上标注柱截面与轴线关系的具体数值，如图 2-1 所示。

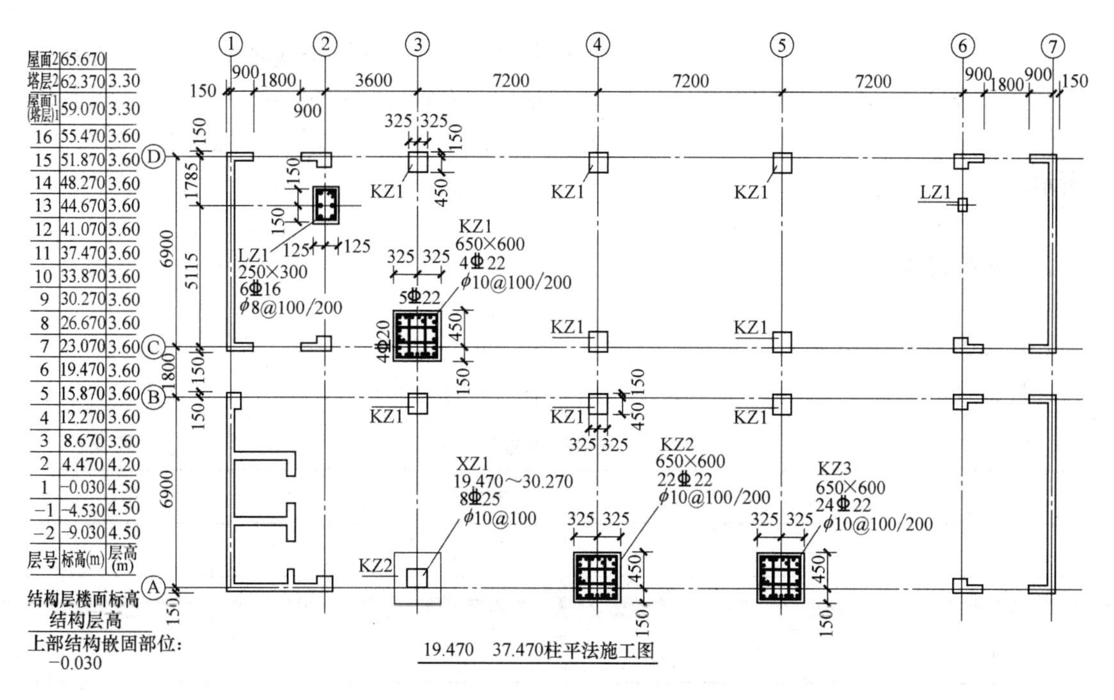

图 2-1　柱平法施工图截面注写方式示例

二、柱截面标注的表示方法

对除芯柱之外的所有柱截面按表 2-1 的规定进行编号，从相同编号的柱中选择一个截面，按另一种比例原位放大绘制柱截面配筋图，并在各配筋图上继其编号后再注写截面尺寸 $b\times h$、角筋或全部纵筋（当纵筋采用一种直径且能够图示清楚时）、箍筋的具体数值，以及在柱截面配筋图上标注柱截面与轴线关系的具体数值。

当纵筋采用两种直径时，需再注写截面各边中部筋的具体数值（对于采用对称配筋的矩形截面柱，可仅在一侧注写中部筋，对称边省略不注）。

当在某些框架柱的一定高度范围内，在其内部的中心设置芯柱时，首先按照表 2-1 的规定进行编号，继其编号之后注写芯柱的起止标高、全部纵筋及箍筋的具体数值，芯柱截面尺寸按构造确定，并按标准构造详图施工，设计不注；当设计者采用不同的做法时，应另行注明。芯柱定位随框架柱，不需要注写其与轴线的几何关系。

在截面注写方式中，如柱的分段截面尺寸和配筋均相同，仅截面与轴线的关系不同时，可将其编为同一柱号。但此时应在未画配筋的柱截面上注写该柱截面与轴线关系的具体尺寸。

第二节　柱列表标注方式

一、列表标注方式的含义

在柱的平面布置图上，分别在同一编号的柱中选择一个或几个截面标注代号，在柱表中标注柱编号、柱段起止标高、几何尺寸（包括柱截面对轴线的偏心尺寸）与配筋的具体数值，并配以各种柱截面形状及其箍筋类型图的方式，来表达柱的平法施工图，如图 2-2 所示。

二、列表标注的内容

1. 标注柱编号

柱编号由类型、代号和序号组成，应符合表 2-1 的规定。

柱类型编号　　**表 2-1**

柱类型	代号	序号	柱类型	代号	序号
框架柱	KZ	××	梁上柱	LZ	××
框支柱	KZZ	××	剪力墙上柱	QZ	××
芯柱	XZ	××			

2. 标注各段柱的起止标高

柱施工图用列表标注方式标注柱的各段起止标高时，自柱根部往上以变截面位置或截面未变但配筋改变处为界分段标注。框架柱和框支柱的根部标高是指基础顶面标高；芯柱的根部标高是指根据结构实际需要而定的起始位置标高；梁上柱的根部标高是指梁顶面标高；剪力墙上柱的根部标高为墙顶面标高。

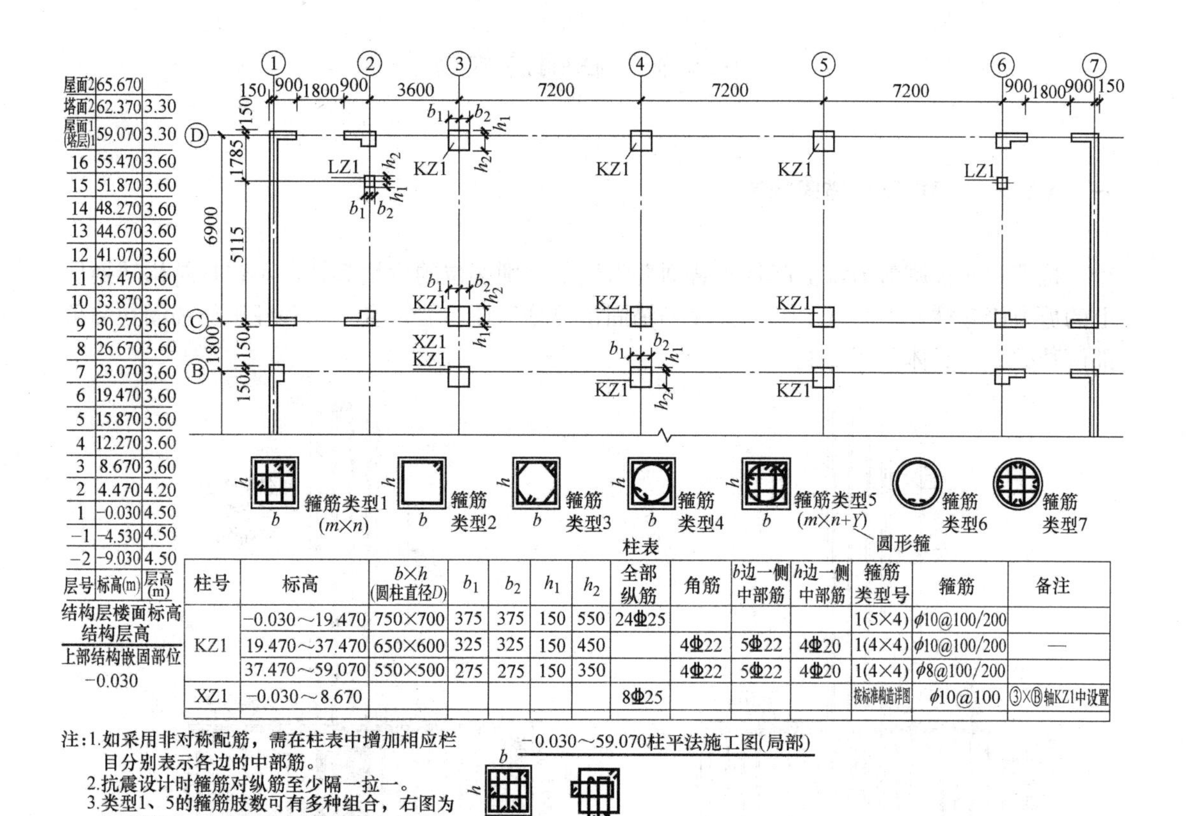

层号	标高(m)	层高(m)
屋面2	65.670	
塔面2	62.370	3.30
屋面1(塔层1)	59.070	3.30
16	55.470	3.60
15	51.870	3.60
14	48.270	3.60
13	44.670	3.60
12	41.070	3.60
11	37.470	3.60
10	33.870	3.60
9	30.270	3.60
8	26.670	3.60
7	23.070	3.60
6	19.470	3.60
5	15.870	3.60
4	12.270	3.60
3	8.670	3.60
2	4.470	4.20
1	−0.030	4.50
−1	−4.530	4.50
−2	−9.030	4.50

结构层楼面标高
结构层高

上部结构嵌固部位
−0.030

柱表

柱号	标高	$b\times h$(圆柱直径D)	b_1	b_2	h_1	h_2	全部纵筋	角筋	b边一侧中部筋	h边一侧中部筋	箍筋类型号	箍筋	备注
KZ1	−0.030～19.470	750×700	375	375	150	550	24Φ25				1(5×4)	φ10@100/200	—
	19.470～37.470	650×600	325	325	150	450		4Φ22	5Φ22	4Φ20	1(4×4)	φ10@100/200	
	37.470～59.070	550×500	275	275	150	350		4Φ22	5Φ22	4Φ20	1(4×4)	φ8@100/200	
XZ1	−0.030～8.670						8Φ25				按标准构造详图	φ10@100	③×Ⓑ轴KZ1中设置

注：1.如采用非对称配筋，需在柱表中增加相应栏目分别表示各边的中部筋。
2.抗震设计时箍筋对纵筋至少隔一拉一。
3.类型1、5的箍筋肢数可有多种组合，右图为5×4的组合，其余类型为固定形式，在表中只注类型号即可。

图 2-2　柱平法施工图列表注写方式示例

3. 标注柱截面尺寸

常见的框架柱截面形式有矩形和圆形，对于矩形柱 $b\times h$ 及与轴线相关的几何参数 b_1、b_2 和 h_1、h_2 的具体数值，需对应于各段柱分别标注。对于圆柱 $b\times h$ 栏改为在圆柱直径数前加 D 表示。

其中，b、h 为长方形柱截面的边长，b_1、b_2 为柱截面形心距横向轴线的距离；h_1、h_2 为柱截面形心距纵向轴线的距离，$b=b_1+b_2$，$h=h_1+h_2$。对于圆柱截面与轴线的关系仍然用矩形截面柱的表示方式，即 $D=b_1+b_2=h_1+h_2$。

4. 标注柱纵向受力钢筋

柱纵向受力钢筋为柱的主要受力钢筋，纵向钢筋根数至少应保证在每个阳角处设置一根。当柱纵筋直径相同，各边根数也相同时（包括矩形柱、圆柱和芯柱），将纵筋标注在“全部纵筋”一栏中；否则就需要柱纵筋分角筋、截面 b 边中部筋、截面 h 边中部筋三项分别标注。

5. 标注柱箍筋

标注柱箍筋包括钢筋级别、型号、箍筋肢数、直径与间距。当为抗震设计时，用斜线（“/”）区分柱端箍筋加密区与柱身非加密区箍筋的不同间距。当圆柱采用螺旋箍筋时，需在箍筋前加“L”表示。

第三节　柱钢筋构造

一、剪力墙上起柱钢筋锚固构造

抗震和非抗震剪力墙上起柱指普通剪力墙上个别部位的少量起柱，不包括结构转换层上的剪力墙起柱。剪力墙上起柱按纵筋锚固情况分为柱与墙重叠一层和柱纵筋锚固在墙顶部两种类型，具体见图 2-3。

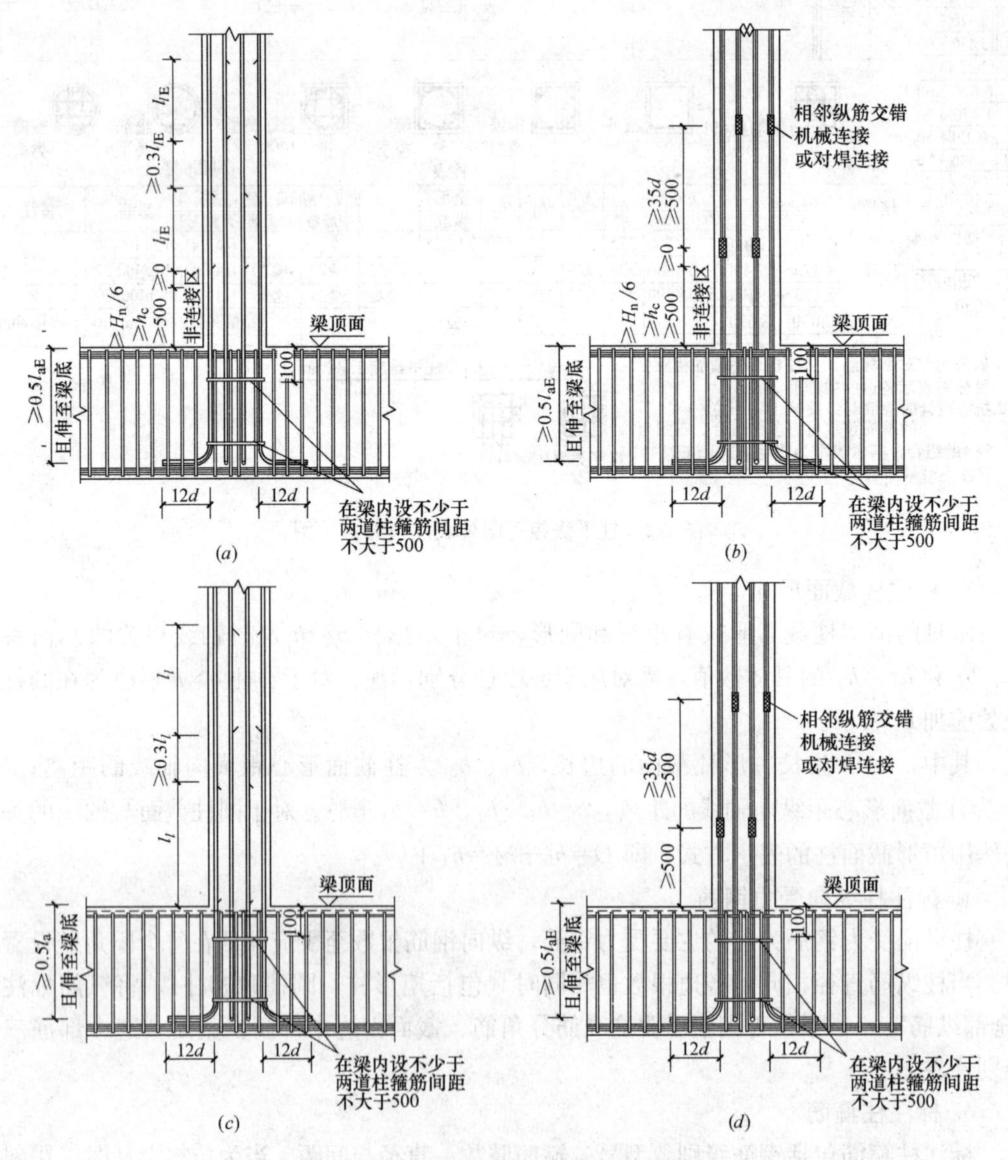

图 2-3　梁上起柱 LZ 钢筋排布构造详图

(*a*) 抗震 LZ，绑扎搭接；(*b*) 抗震 LZ，机械或焊接连接；

(*c*) 非抗震 LZ，绑扎搭接；(*d*) 非抗震 LZ，机械或焊接连接

二、芯柱锚固构造

为使抗震框架柱等竖向构件在消耗地震能量时有适当的延性，满足轴压比的要求，可在框架柱截面中部三分之一范围设置芯柱，如图 2-4～图 2-6 所示。芯柱截面尺寸长和宽一般为 max(b/3，250mm) 和 max(h/3，250mm)。芯柱配置的纵筋和箍筋按设计标注，芯柱纵筋的连接与根部锚固同框架柱，向上直通至芯柱顶标高。非抗震设计时，一般不设计芯柱。

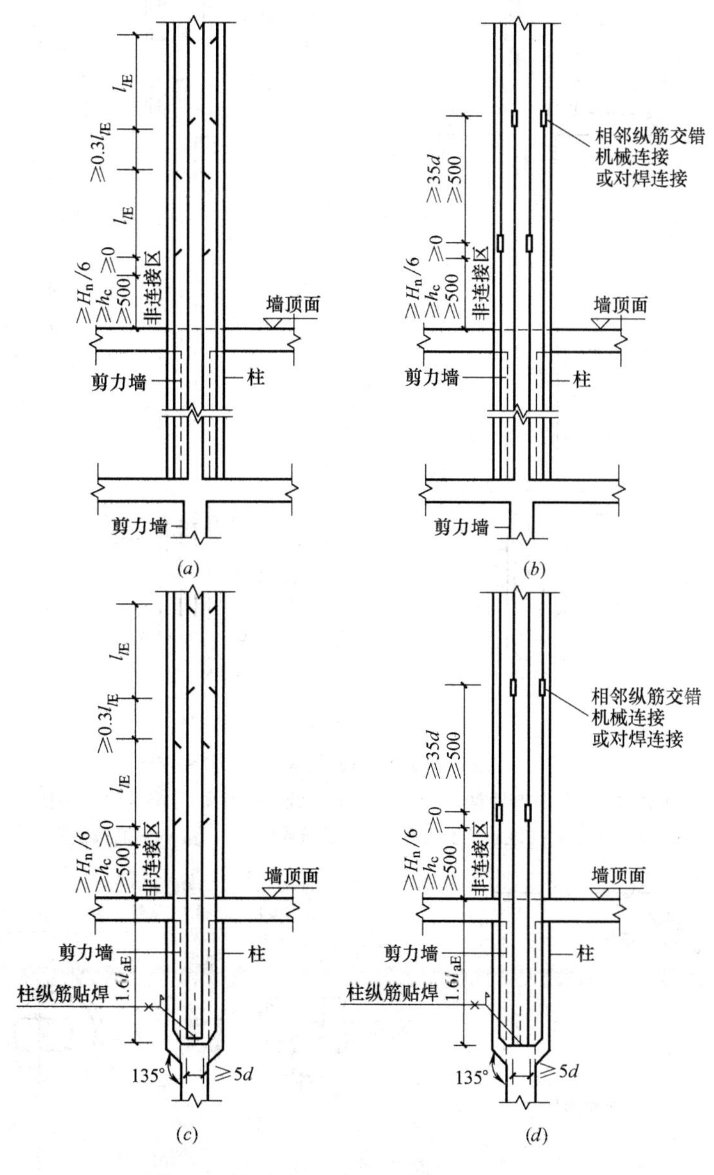

图 2-4　抗震墙上柱 QZ 钢筋排布构造详图

(a) 绑扎搭接，柱与墙重叠一层；(b) 机械或焊接连接，柱与墙重叠一层；
(c) 绑扎搭接，柱纵筋墙顶锚固；(d) 机械或焊接连接，柱纵筋墙顶锚固

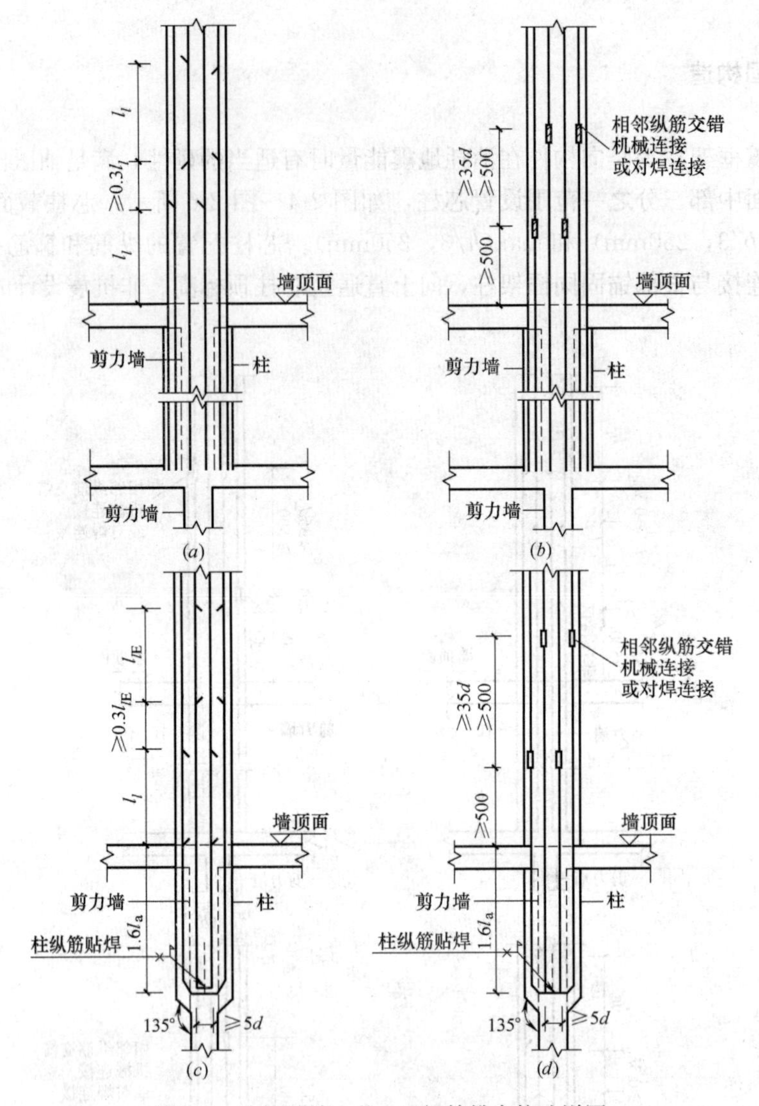

图 2-5　非抗震墙上柱 QZ 钢筋排布构造详图

(a) 绑扎搭接，柱与墙重叠一层；(b) 机械或焊接连接，柱与墙重叠一层；
(c) 绑扎搭接，柱纵筋墙顶锚固；(d) 机械或焊接连接，柱纵筋墙顶锚固

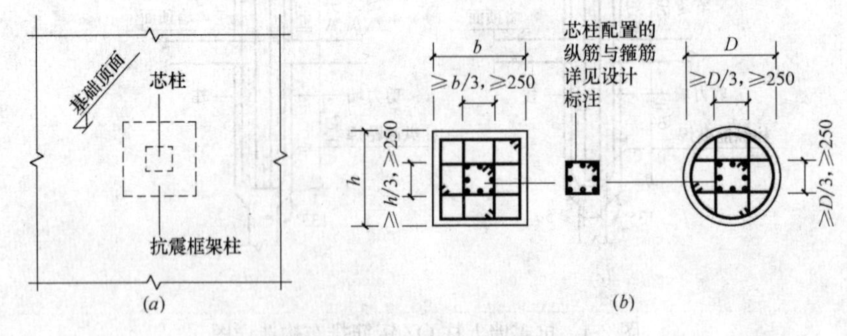

图 2-6　芯柱截面尺寸及配筋构造

(a) 芯柱的设置位置；(b) 芯柱的截面尺寸及配筋

b—框架柱截面尺寸；h—框架柱截面高度；D—圆柱直径

第四节　柱平法施工图识读实例

假想从楼层中部将建筑物水平剖开，向下投影形成柱平面图。柱平法施工图则是在柱平面布置图上采用截面注写方式或列表注写方式表达框架柱的截面尺寸与轴线几何关系和配筋情况。

1. 柱平法施工图的主要内容

柱平法施工图主要包括以下内容：

（1）图名和比例。柱平法施工图的比例应与建筑平面图相同。

（2）定位轴线及其编号、间距尺寸。

（3）柱的编号、平面布置、与轴线的几何关系。

（4）每一种编号柱的标高、截面尺寸、纵向钢筋和箍筋的配置情况。

（5）必要的设计说明（包括对混凝土等材料性能的要求）。

2. 柱平法施工图的识读步骤

柱平法施工图的识读步骤如下：

（1）查看图名、比例。

（2）校核轴线编号及间距尺寸，要求必须与建筑图、基础平面图一致。

（3）与建筑图配合，明确各柱的编号、数量和位置。

（4）阅读结构设计总说明或有关说明，明确柱的混凝土强度等级。

（5）根据各柱的编号，查看图中截面标注或柱表，明确柱的标高、截面尺寸和配筋情况。再根据抗震等级、设计要求和标准构造详图确定纵向钢筋和箍筋的构造要求（例如纵向钢筋连接的方式、位置，搭接长度，弯折要求，柱顶锚固要求，箍筋加密区的范围等）。

（6）图纸说明的其他的有关要求。

3. 柱平法施工图实例

图 2-7 所示是××工程一层柱平法施工图，从图中可以了解以下内容：该平法施工图的绘制比例为 1：100。轴线编号及其间距尺寸与建筑图、基础平面布置图一致。

该柱平法施工图中的柱包含的框架柱共有 8 种编号。该层的标高为－0.600m 至 4.450m，层高为 5.05m。本工程的结构构件抗震等级为三级。

根据一柱配筋图可知：

KZ1：框架柱，截面尺寸为 500mm×500mm，纵向受力钢筋为 16 根直径为 25mm 的 HRB335 级钢筋；箍筋直径为 8mm 的 HPB300 级钢筋，加密区间距为 100mm，非加密区间距为 200mm。根据《混凝土结构设计规范》（GB 50010—2010）和 11G101 图集，考虑抗震要求框架柱上、下两端箍筋应加密。箍筋加密区长度为：基础顶面以上底层柱根加密区长度不小于底层净高的 1/3；其他柱端加密区长度应取柱截面长边尺寸、柱净高的 1/6 和 500mm 中的最大值；刚性地面上、下各 500mm 的高度范围内箍筋加密。

KZ2：框架柱，截面为圆形，直径为 400mm，纵向受力钢筋为 8 根直径为 22mm 的 HRB335 级钢筋；箍筋直径为 8mm 的 HPB300 级钢筋，加密区间距为 100mm，非加密区间距为 200mm。

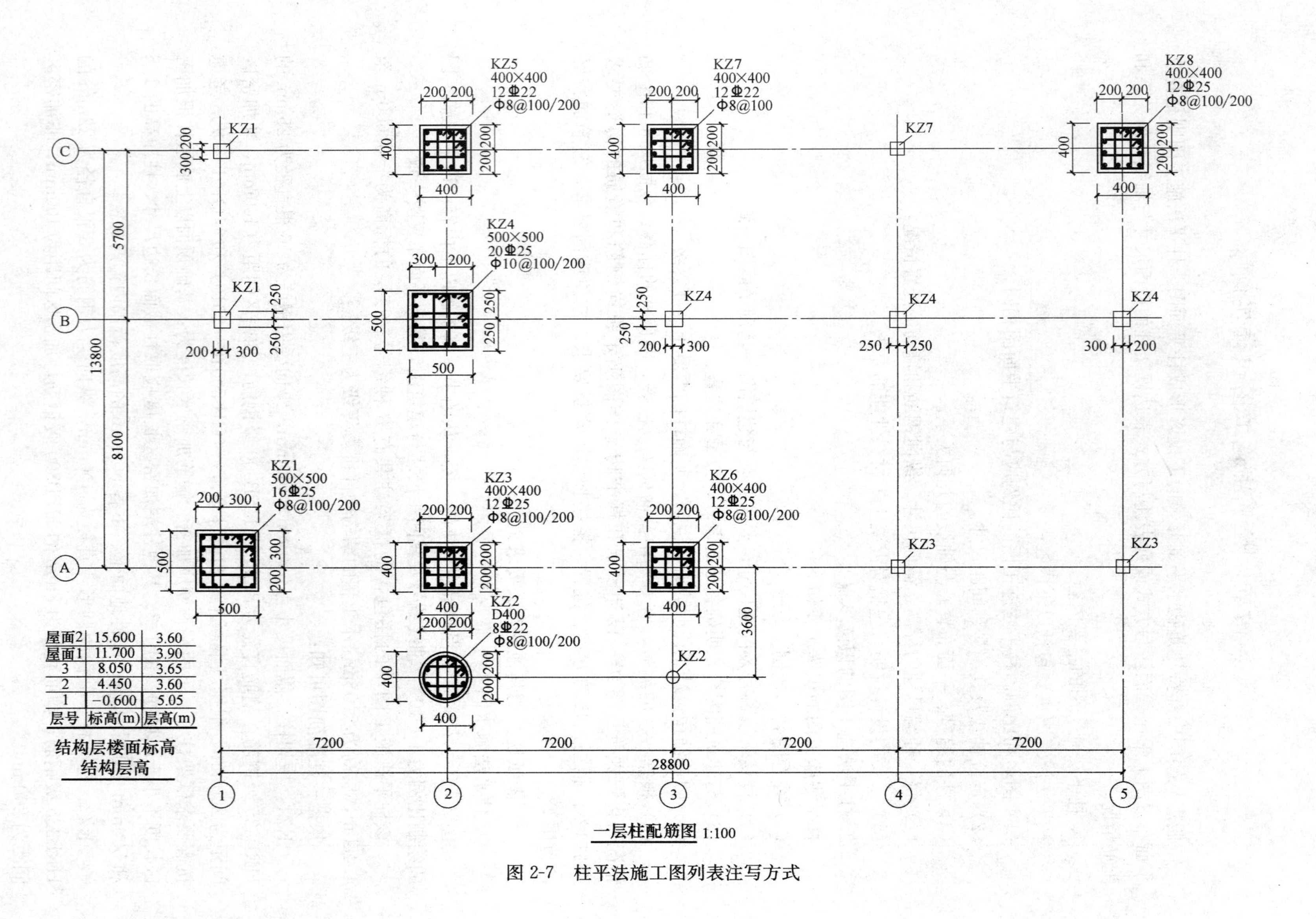

屋面2	15.600	3.60
屋面1	11.700	3.90
3	8.050	3.65
2	4.450	3.60
1	−0.600	5.05
层号	标高(m)	层高(m)

结构层楼面标高
结构层高

一层柱配筋图 1:100

图 2-7　柱平法施工图列表注写方式

KZ3：框架柱，截面尺寸为400mm×400mm，纵向受力钢筋为12根直径为25mm的HRB335级钢筋；箍筋直径为8mm的HPB300级钢筋，加密区间距为100mm，非加密区间距为200mm。

KZ4：框架柱，截面尺寸为500mm×500mm，纵向受力钢筋为20根直径为25mm的HRB335级钢筋；箍筋直径为10mm的HPB300级钢筋，加密区间距为100mm，非加密区间距为200mm。

KZ5：框架柱，截面尺寸为500mm×500mm，纵向受力钢筋为12根直径为22mm的HRB335级钢筋；箍筋直径为8mm的HPB300级钢筋，加密区间距为100mm，非加密区间距为200mm。

KZ6：框架柱，截面尺寸为400mm×400mm，纵向受力钢筋为12根直径为25mm的HRB335级钢筋；箍筋直径为8mm的HPB300级钢筋，加密区间距为100mm，非加密区间距为200mm。

KZ7：框架柱，截面尺寸为400mm×400mm，纵向受力钢筋为12根直径为22mm的HRB335级钢筋；箍筋直径为8mm的HPB300级钢筋，全高加密，间距为100mm。

KZ8：框架柱，截面尺寸为400mm×400mm，纵向受力钢筋为12根直径为25mm的HRB335级钢筋；箍筋直径为8mm的HPB300级钢筋，加密区间距为100mm，非加密区间距为200mm。

第三章 剪力墙平法识图

第一节 剪力墙平法施工图制图规则

一、剪力墙平法施工图的表示方法

剪力墙平法施工图是在剪力墙平面布置图上采用列表注写方式或截面注写方式表达。剪力墙平面布置图主要包含两部分：剪力墙平面布置图和剪力墙各类构造和节点构造详图。

1. 剪力墙各类构件

在平法施工图中将剪力墙分为剪力墙柱、剪力墙身和剪力墙梁。

剪力墙柱（简称墙柱）包含纵向钢筋和横向箍筋，其连接方式与柱相同。

剪力墙梁（简称墙梁）可分为剪力墙连梁、剪力墙暗梁和剪力墙边框梁三类，其由纵向钢筋和横向箍筋组成，绑扎方式与梁基本相同。

剪力墙身（简称墙身）包含竖向钢筋、横向钢筋和拉筋。

2. 边缘构件

根据《建筑抗震设计规范》（GB 50011—2010）要求，剪力墙两端和洞口两侧应设置边缘构件。边缘构件包括：暗柱、端柱和翼墙。

对于剪力墙结构，底层墙肢底截面的轴压比不大于抗震规范要求的最大轴压比的一、二、三级剪力墙和四级抗震墙，墙肢两端可设置构造边缘构件。

对于剪力墙结构，底层墙肢底截面的轴压比大于抗震规范要求的最大轴压比的一、二、三级抗震等级剪力墙，以及部分框支剪力墙结构的抗震墙，应在底部加强部位及相邻的上一层设置约束边缘构件，在以上的部位可设置构造边缘构件。

3. 剪力墙的定位

通常，轴线位于剪力墙中央，当轴线未居中布置时，应在剪力墙平面布置图上直接标注偏心尺寸。由于剪力墙暗柱与短肢剪力墙的宽度与剪力墙身同厚，因此，剪力墙偏心情况定位时，暗柱及小墙肢位置也随之确定。

二、剪力墙编号规定

剪力墙按墙柱、墙身、墙梁三类构件分别编号。

(1) 墙柱编号，由墙柱类型代号和序号组成，表达形式应符合表 3-1 的规定。

构造边缘构件包括构造边缘暗柱、构造边缘端柱、构造边缘翼墙、构造边缘转角墙四种，如图 3-2 所示。

墙柱编号 **表 3-1**

墙柱类型	代号	序号	墙柱类型	代号	序号
约束边缘构件	YBZ	××	非边缘暗柱	AZ	××
构造边缘构件	GBZ	××	扶壁柱	FBZ	××

注：约束边缘构件包括约束边缘暗柱、约束边缘端柱、约束边缘翼墙、约束边缘转角墙四种，如图 3-1 所示。

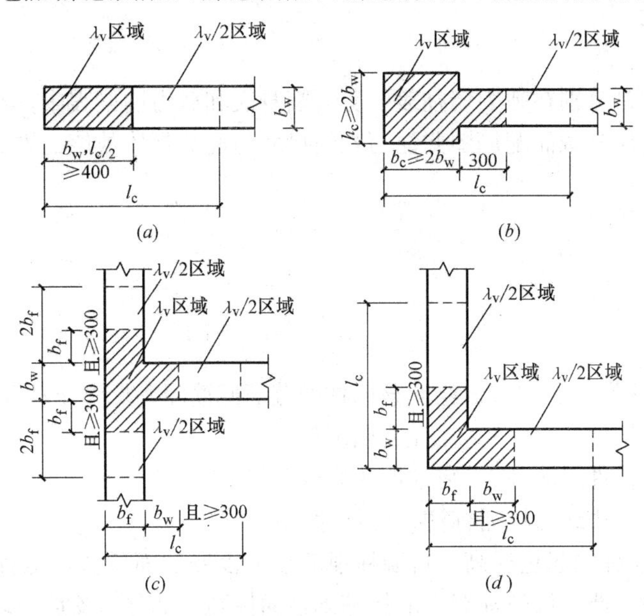

图 3-1 约束边缘构件

（a）约束边缘暗柱；（b）约束边缘端柱；（c）约束边缘翼墙；（d）约束边缘转角墙

λ_v—剪力墙约束边缘构件配箍特征值；l_c—剪力墙约束边缘构件沿墙肢的长度；b_f—剪力墙水平方向的厚度；b_c—剪力墙约束边缘端柱垂直方向的长度；b_w—剪力墙垂直方向的厚度

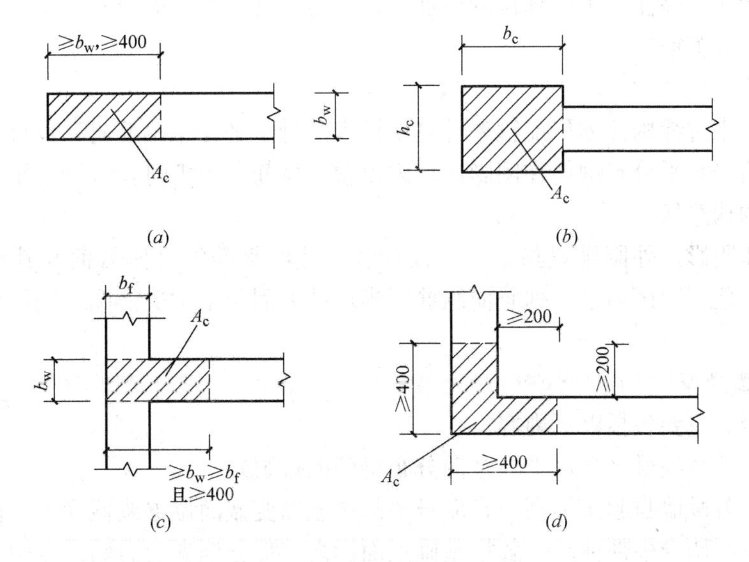

图 3-2 构造边缘构件

（a）构造边缘暗柱；（b）构造边缘端柱；（c）构造边缘翼墙；（d）构造边缘转角墙

b_f—剪力墙水平方向的厚度；b_c—剪力墙约束边缘端柱垂直方向的长度；

b_w—剪力墙垂直方向的厚度；A_c—剪力墙的构造边缘构件区

（2）墙身编号，由墙身代号、序号以及墙身所配置的水平与竖向分布钢筋的排数组成，其中，排数注写在括号内。表达形式为：QXX（X排）。

（3）墙梁编号，由墙梁类型代号和序号组成，表达形式应符合表3-2的规定。

三、列表注写方式

列表注写方式是分别在剪力墙柱表、剪力墙身表和剪力墙梁表中，对应剪力墙平面布置图上的编号，用绘制截面配筋图并注写几何尺寸与配筋具体数值的方式，来表达剪力墙平法施工图。

四、剪力墙柱表

1. 剪力墙柱表

1）注写墙柱编号（表3-1），绘制该墙柱的截面配筋图，标注墙柱几何尺寸。

（1）约束边缘构件（图3-1）需注明阴影部分尺寸。

（2）构造边缘构件（图3-2）需注明阴影部分尺寸。

（3）扶壁柱及非边缘暗柱需标注几何尺寸。

2）注写各段墙柱的起止标高，自墙柱根部往上以变截面位置或截面未变但是配筋改变处为界分段注写。墙柱根部标高一般指基础顶面标高（部分框支剪力墙结构则为框支梁顶面标高）。

3）注写各段墙柱的纵向钢筋和箍筋，注写值应与在表中绘制的截面配筋图对应一致。纵向钢筋注总配筋值；墙柱箍筋的注写方式与柱箍筋相同。

约束边缘构件除注写阴影部位的箍筋外，尚需在剪力墙平面布置图中注写非阴影区内布置的拉筋（或箍筋）。

设计施工时应注意：

（1）当约束边缘构件体积配箍率计算中计入墙身水平分布钢筋时，设计者应注明。此时还应注明墙身水平分布钢筋在阴影区域内设置的拉筋。施工时，墙身水平分布钢筋应注意采用相应的构造做法。

（2）当非阴影区外圈设置箍筋时，设计者应注明箍筋的具体数值及其余拉筋。施工时，箍筋应包住阴影区内第二列竖向纵筋。当设计采用与本构造详图不同的做法时，应另行注明。

2. 剪力墙身表

剪力墙身表主要包括以下内容：

（1）注写墙身编号（含水平与竖向分布钢筋的排数）。

（2）注写各段墙身起止标高，自墙身根部往上以变截面位置或截面未变但配筋改变处为界分段注写。墙身根部标高一般指基础顶面标高（部分框支剪力墙结构则为框支梁的顶面标高）。

（3）注写水平分布钢筋、竖向分布钢筋和拉筋的具体数值。注写数值为一排水平分布钢筋和竖向分布钢筋的规格与间距，具体设置几排已经在墙身编号后面表达。

拉筋应注明布置方式，“双向”或“梅花双向”，如图 3-3 所示。

3. 剪力墙梁表

剪力墙梁表的主要内容如下：

（1）注写墙梁编号，见表 3-2。

剪力墙梁编号 **表 3-2**

墙梁类型	代号	序号	墙梁类型	代号	序号
连梁	LL	××	连梁(集中对角斜筋配筋)	LL(DX)	××
连梁(对角暗撑配筋)	LL(JC)	××	暗梁	AL	××
连梁(交叉斜筋配筋)	LL(JX)	××	边框梁	BKL	××

（2）注写墙梁所在楼层号。

（3）注写墙梁顶面标高高差是指相对于墙梁所在结构层楼面标高的高差值。高于者为正值，低于者为负值，当无高差时不注。

（4）注写墙梁截面尺寸 $b\times h$，上部纵筋、下部纵筋和箍筋的具体数值。

（5）当连梁设有对角暗撑时，注写暗撑的截面尺寸（箍筋外皮尺寸）；注写一根暗撑的全部纵筋，并标注×2 表明有两根暗撑相互交叉；注写暗撑箍筋的具体数值。

（6）当连梁设有交叉斜筋时，注写连梁一侧对角斜筋的配筋值，并标注×2 表明对称设置；注写对角斜筋在连梁端部设置的拉筋根数、规格及直径，并标注×4 表示四个角都设置；注写连梁一侧折线筋配筋值，并标注×2 表明对称设置。

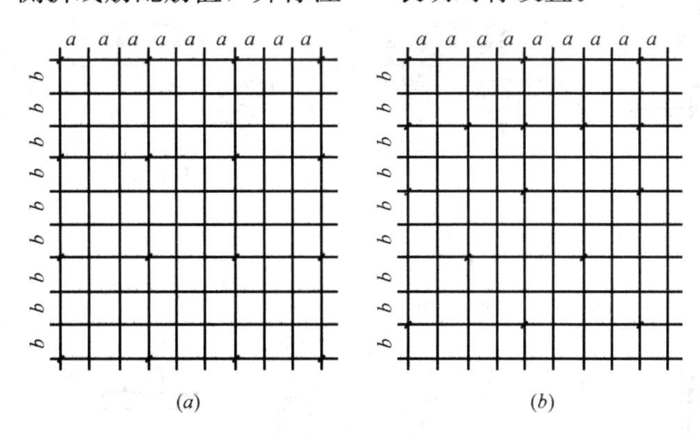

图 3-3　双向拉筋与梅花双向拉筋示意

（*a*）拉筋@3a3b 双向（$a\leqslant$200mm、$b\leqslant$200mm）；

（*b*）拉筋@4a4b 梅花双向（$a\leqslant$150mm、$b\leqslant$150mm）

a—竖向分布钢筋间距；*b*—水平分布钢筋间距

（7）当连梁设有集中对角斜筋时，注写一条对角线上的对角斜筋，并标注×2 表明对称设置。

墙梁侧面纵筋的配置，当墙身水平分布钢筋满足连梁、暗梁及边框梁的梁侧面纵向构造钢筋的要求时，该筋配置同墙身水平分布钢筋，表中不注明，施工按标准构造详图的要求即可；当不满足时，应在表中补充注明梁侧面纵筋的具体数值（其在支座内的锚固要求同连梁中受力钢筋）。

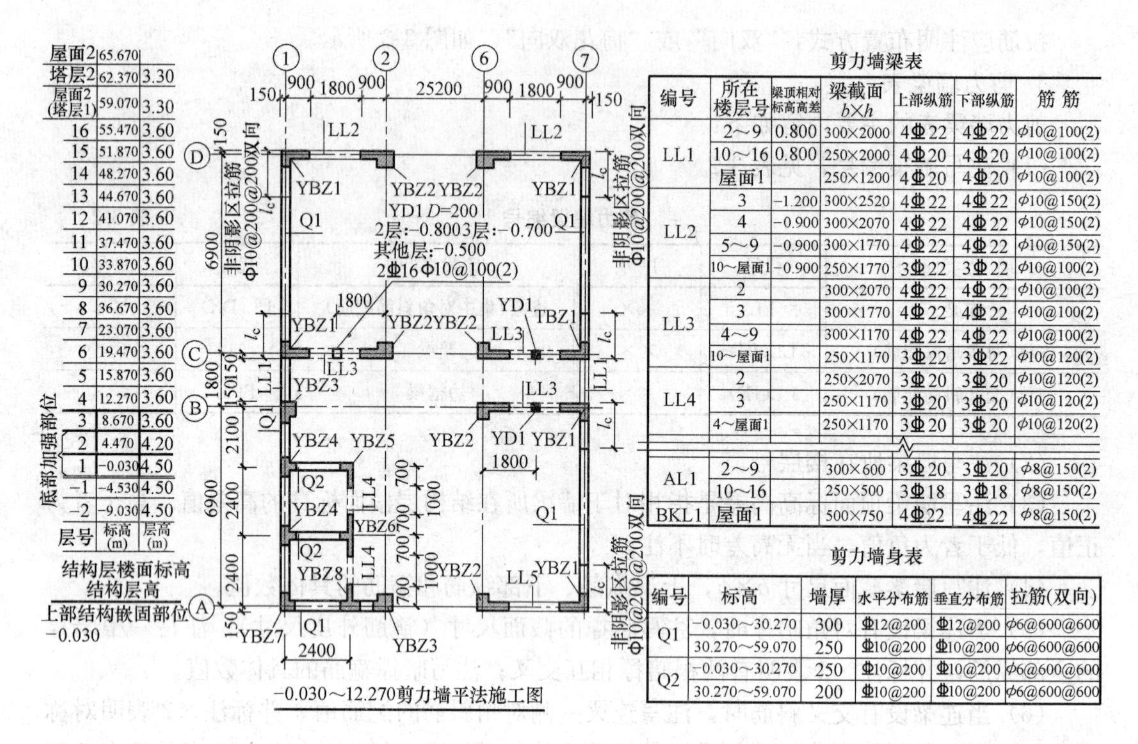

屋面2	65.670	
塔层2	62.370	3.30
屋面2(塔层1)	59.070	3.30
16	55.470	3.60
15	51.870	3.60
14	48.270	3.60
13	44.670	3.60
12	41.070	3.60
11	37.470	3.60
10	33.870	3.60
9	30.270	3.60
8	36.670	3.60
7	23.070	3.60
6	19.470	3.60
5	15.870	3.60
4	12.270	3.60
3	8.670	3.60
2	4.470	4.20
1	-0.030	4.50
-1	-4.530	4.50
-2	-9.030	4.50
层号	标高(m)	层高(m)

结构层楼面标高
结构层高
上部结构嵌固部位
-0.030

-0.030～12.270剪力墙平法施工图

剪力墙梁表

编号	所在楼层号	梁顶相对标高高差	梁截面 $b\times h$	上部纵筋	下部纵筋	箍筋
LL1	2～9	0.800	300×2000	4Φ22	4Φ22	φ10@100(2)
	10～16	0.800	250×2000	4Φ20	4Φ20	φ10@100(2)
	屋面1		250×1200	4Φ20	4Φ20	φ10@100(2)
LL2	3	-1.200	300×2520	4Φ22	4Φ22	φ10@150(2)
	4	-0.900	300×2070	4Φ22	4Φ22	φ10@150(2)
	5～9	-0.900	300×1770	4Φ22	4Φ22	φ10@150(2)
	10～屋面1	-0.900	250×1770	3Φ22	3Φ22	φ10@100(2)
LL3	2		300×2070	4Φ22	4Φ22	φ10@100(2)
	3		300×1770	4Φ22	4Φ22	φ10@100(2)
	4～9		300×1170	4Φ22	4Φ22	φ10@100(2)
	10～屋面1		250×1170	3Φ22	3Φ22	φ10@120(2)
LL4	2		250×2070	3Φ20	3Φ20	φ10@120(2)
	3		250×1170	3Φ20	3Φ20	φ10@120(2)
	4～屋面1		250×1170	3Φ20	3Φ20	φ10@120(2)
AL1	2～9		300×600	3Φ20	3Φ20	φ8@150(2)
	10～16		250×500	3Φ18	3Φ18	φ8@150(2)
BKL1	屋面1		500×750	4Φ22	4Φ22	φ8@150(2)

剪力墙身表

编号	标高	墙厚	水平分布筋	垂直分布筋	拉筋(双向)
Q1	-0.030～30.270	300	Φ12@200	Φ12@200	φ6@600@600
	30.270～59.070	250	Φ10@200	Φ10@200	φ6@600@600
Q2	-0.030～30.270	250	Φ10@200	Φ10@200	φ6@600@600
	30.270～59.070	200	Φ10@200	Φ10@200	φ6@600@600

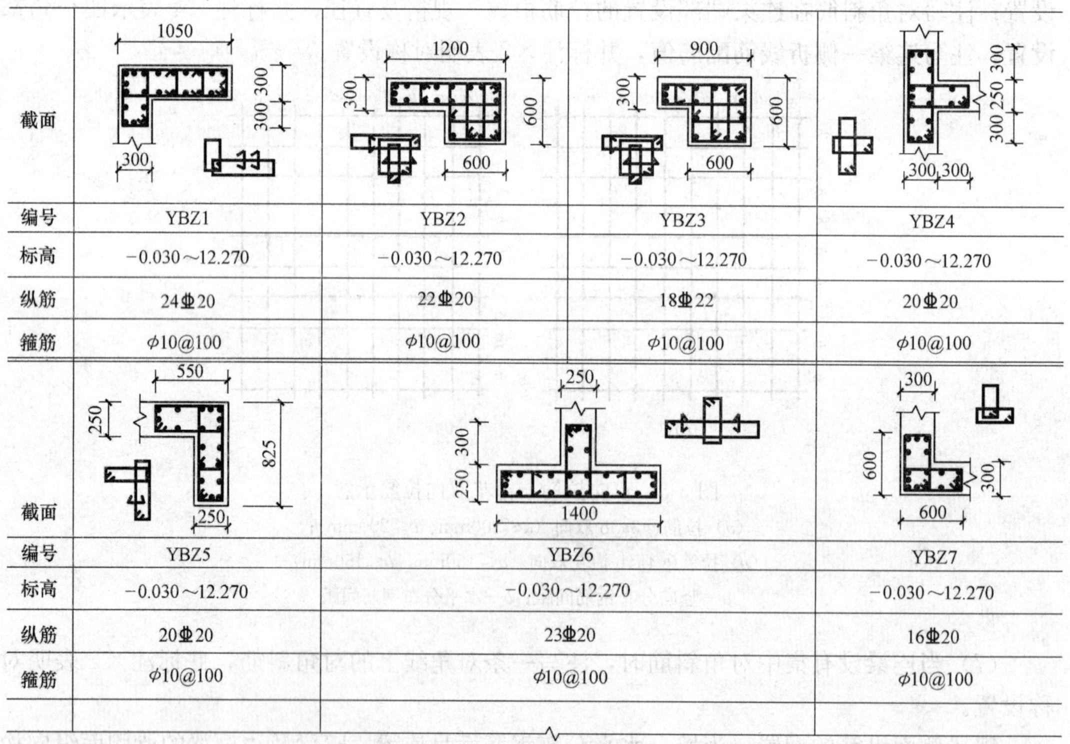

截面	(1050, 300, 300, 300)	(1200, 300, 600, 600)	(900, 300, 600, 600)	(300, 250, 300, 300, 300)
编号	YBZ1	YBZ2	YBZ3	YBZ4
标高	-0.030～12.270	-0.030～12.270	-0.030～12.270	-0.030～12.270
纵筋	24Φ20	22Φ20	18Φ22	20Φ20
箍筋	φ10@100	φ10@100	φ10@100	φ10@100

截面	(550, 250, 825, 250)	(250, 300, 250, 1400)	(300, 600, 300, 600)
编号	YBZ5	YBZ6	YBZ7
标高	-0.030～12.270	-0.030～12.270	-0.030～12.270
纵筋	20Φ20	23Φ20	16Φ20
箍筋	φ10@100	φ10@100	φ10@100

图 3-4　剪力墙平法施工图列表注写方式示例

注：1. 可在结构层楼面标高、结构层高表中加设混凝土强度等级等栏目。

2. 图中 l_c 为约束边缘构件沿墙肢的伸出长度（实际工程中应注明具体值），约束边缘构件非阴影区拉筋（除图中有标注外）：竖向与水平钢筋交点处均设置，直径 8mm。

五、截面注写方式

1）截面注写方式，是在分标准层绘制的剪力墙平面布置图上，以直接在墙柱、墙身、墙梁上注写截面尺寸和配筋具体数值的方式来表达剪力墙平法施工图。

2）选用适当比例原位放大绘制剪力墙平面布置图，其中对墙柱绘制配筋截面图。对所有墙柱、墙身、墙梁分别按剪力墙的编号规定进行编号，并分别在相同编号的墙柱、墙身、墙梁中选择一根墙柱、一道墙身、一根墙梁进行注写，其注写方式按以下规定进行（图 3-4）。

（1）从相同编号的墙柱中选择一个截面，注明几何尺寸，标注全部纵筋及箍筋的具体数值。

（2）从相同编号的墙身中选择一道墙身，按顺序引注的内容为：墙身编号（应包括注写在括号内墙身所配置的水平与竖向分布钢筋的排数）、墙厚尺寸、水平分布钢筋、竖向分布钢筋和拉筋的具体数值。

（3）从相同编号的墙梁中选择一根墙梁，按顺序引注的内容为：

① 注写墙梁编号、墙梁截面尺寸 $b \times h$、墙梁箍筋、上部纵筋、下部纵筋和墙梁顶面标高高差的具体数值。其中，墙梁顶面标高高差的注写规定同列表注写方式第 3 条第（3）款。

② 当连梁设有对角暗撑时，注写规定同列表注写方式第 3 条第（5）款。

③ 当连梁设有交叉斜筋时，注写规定同列表注写方式第 3 条第（6）款。

④ 当连梁设有集中对角斜筋时，注写规定同列表注写方式第 3 条第（7）款。

当墙身水平分布钢筋不能满足连梁、暗梁及边框梁的梁侧面纵向构造钢筋的要求时，应补充注明梁侧面纵筋的具体数值；注写时，以大写字母 N 打头，接续注写直径与间距。其在支座内的锚固要求同连梁中受力钢筋。

3）采用截面注写方式表达的剪力墙平法施工图示例见图 3-5。

六、剪力墙洞口的表示方法

1）无论采用列表注写方式还是截面注写方式，剪力墙上的洞口均可在剪力墙平面布置图上原位表达。

2）洞口的具体表示方法：

（1）在剪力墙平面布置图上绘制洞口示意，并标注洞口中心的平面定位尺寸。

（2）在洞口中心位置引注以下内容：

① 洞口编号：矩形洞口为 JD××（××为序号），圆形洞口为 YD××（××为序号）。

② 洞口几何尺寸：矩形洞口为洞宽×洞高（$b \times h$），圆形洞口为洞口直径 D。

③ 洞口中心相对标高是相对于结构层楼（地）面标高的洞口中心高度。当其高于结构层楼面时为正值，低于结构层楼面时为负值。

④ 洞口每边补强钢筋，分以下几种不同情况：

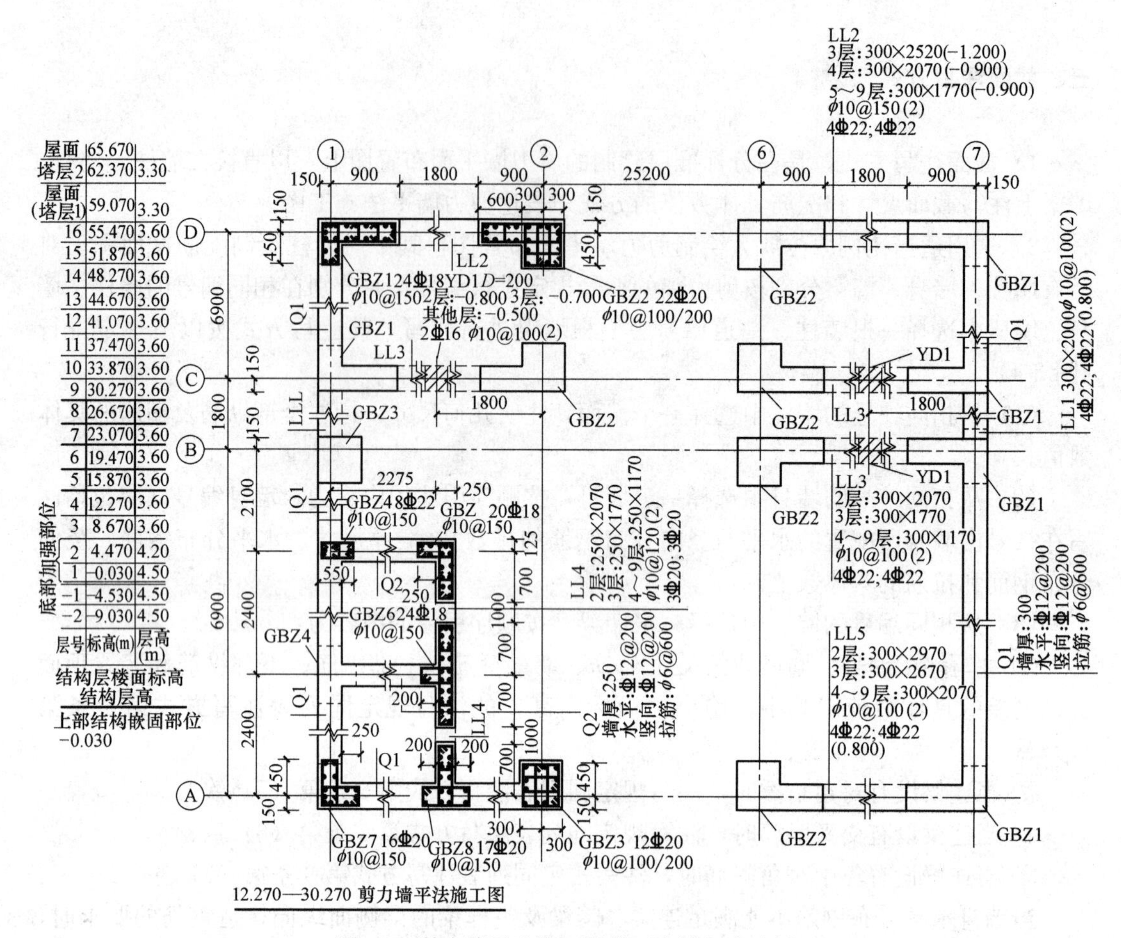

图 3-5 剪力墙平法施工图截面注写方式示例

a. 矩形洞口的洞宽、洞高均不大于 800mm 时，此项注写为洞口每边补强钢筋的具体数值（若按标准构造详图设置补强钢筋时可不注）。当洞宽、洞高方向补强钢筋不一致时，分别注写洞宽方向、洞高方向补强钢筋，以“/”分隔。

b. 当矩形或圆形洞口的洞宽或直径大于 800mm 时，在洞口的上、下需设置补强暗梁，此项注写为洞口上、下每边暗梁的纵筋与箍筋的具体数值（在标准构造详图中，补强暗梁梁高一律定为 400mm，施工时按标准构造详图取值，设计不注。当设计者采用与该构造详图不同的做法时，应另行注明），圆形洞口时尚需注明环向加强钢筋的具体数值；当洞口上、下边为剪力墙连梁时，此项免注；洞口竖向两侧设置边缘构件时，也不在此项表达（当洞口两侧不设置边缘构件时，设计者应给出具体做法）。

c. 当圆形洞口设置在连梁中部 1/3 范围（且圆洞直径不应大于 1/3 梁高）时，需注写在圆洞上下水平设置的每边补强纵筋与箍筋。

d. 当圆形洞口设置在墙身或暗梁、边框梁位置，而且洞口直径不大于 300mm 时，此项注写为洞口上下左右每边布置的补强纵筋的具体数值。

e. 当圆形洞口直径大于 300mm，但是不大于 800mm 时，其加强钢筋在标准构造详图中是按照圆外切正六边形的边长方向布置，设计仅需注写六边形中一边补强钢筋的具体数值。

七、地下室外墙的表示方法

1）地下室外墙仅适用于起挡土作用的地下室外围护墙。地下室外墙中墙柱、连梁及洞口等的表示方法同地上剪力墙。

2）地下室外墙编号，由墙身代号、序号组成。表达方式：DWQ××。

3）地下室外墙平面注写方式，包括集中标注墙体编号、厚度、贯通筋、拉筋等和原位标注附加非贯通筋等两部分内容。当仅设置贯通筋，未设置附加非贯通筋时，则仅作集中标注。

4）地下室外墙的集中标注，规定如下：

（1）注写地下室外墙编号，包括代号、序号、墙身长度（注为 xx～xx 轴）。

（2）注写地下室外墙厚度 b_w＝xxx。

（3）注写地下室外墙的外侧、内侧贯通筋和拉筋。

① 以 OS 代表外墙外侧贯通筋。其中，外侧水平贯通筋以 H 打头注写，外侧竖向贯通筋以 V 打头注写。

② 以 IS 代表外墙内侧贯通筋。其中，内侧水平贯通筋以 H 打头注写，内侧竖向贯通筋以 V 打头注写。

③ 以 tb 打头注写拉筋直径、强度等级及间距，并注明“双向”或“梅花双向”。

5）地下室外墙的原位标注，主要表示在外墙外侧配置的水平非贯通筋或竖向非贯通筋。

当配置水平非贯通筋时，在地下室墙体平面图上原位标注。在地下室外墙外侧绘制粗实线段代表水平非贯通筋，在其上注写钢筋编号并以 H 打头注写钢筋强度等级、直径、分布间距，以及自支座中线向两边跨内的伸出长度值。当自支座中线向两侧对称伸出时，可仅在单侧标注跨内伸出长度，另一侧不注，此种情况下非贯通筋总长度为标注长度的 2 倍。边支座处非贯通钢筋的伸出长度值从支座外边缘算起。

地下室外墙外侧非贯通筋通常采用“隔一布一”方式与集中标注的贯通筋间隔布置，其标注间距应与贯通筋相同，两者组合后的实际分布间距为各自标注间距的 1/2。

当在地下室外墙外侧底部、顶部、中层楼板位置配置竖向非贯通筋时，应补充绘制地下室外墙竖向截面轮廓图并在其上原位标注。表示方法为在地下室外墙竖向截面轮廓图外侧绘制粗实线段代表竖向非贯通筋，在其上注写钢筋编号并以 V 打头注写钢筋强度等级、直径、分布间距，以及向上（下）层的伸出长度值，并在外墙竖向截面图名下注明分布范围（xx～xx 轴）。

注：向层内的伸出长度值注写方式：

1. 地下室外墙底部非贯通钢筋向层内的伸出长度值从基础底板顶面算起。

2. 地下室外墙顶部非贯通钢筋向层内的伸出长度值从板底面算起。

3. 中层楼板处非贯通钢筋向层内的伸出长度值从板中间算起，当上、下两侧伸出长度值相同时可仅注写一侧。

地下室外墙外侧水平、竖向非贯通筋配置相同者，可仅选择一处注写，其他可仅注写编号。

当在地下室外墙顶部设置通长加强钢筋时应注明。

设计时应注意：

a. 设计者应根据具体情况判定扶壁柱或内墙是否作为墙身水平方向的支座，以选择合理的配筋方式。

b. 在“顶板作为外墙的简支支承”、“顶板作为外墙的弹性嵌固支承”两种做法中，设计者应指定选用何种做法。

6）采用平面注写方式表达的地下室剪力墙平法施工图示例如图 3-6 所示。

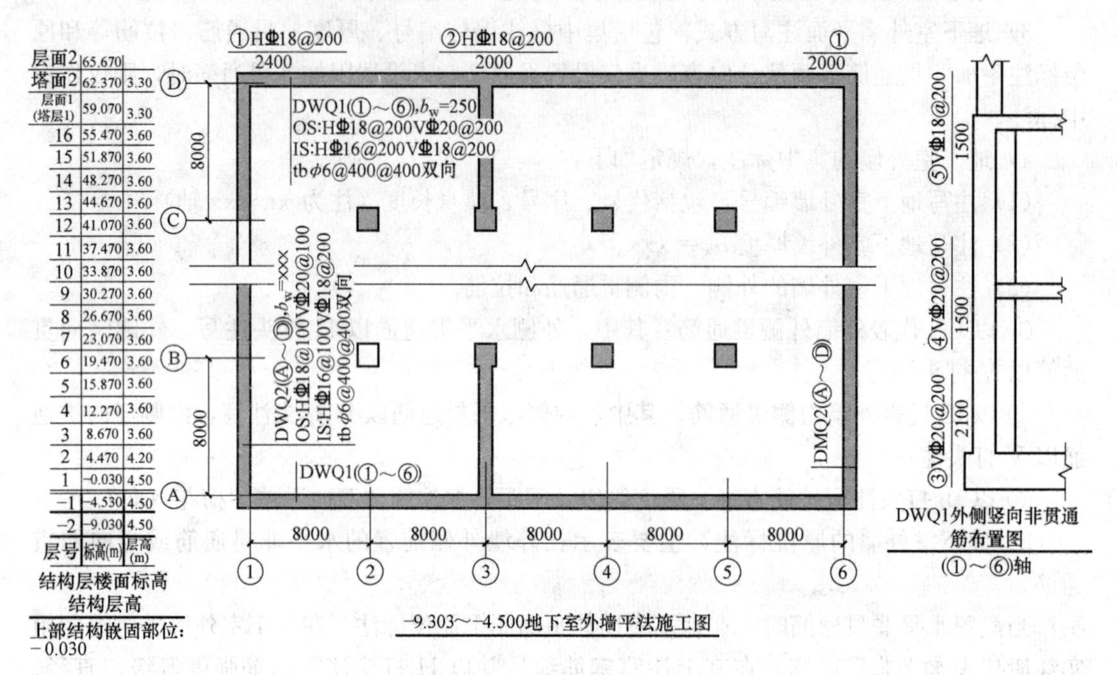

层号	标高(m)	层高(m)
屋面2	65.670	
塔面2	62.370	3.30
屋面1(塔层1)	59.070	3.30
16	55.470	3.60
15	51.870	3.60
14	48.270	3.60
13	44.670	3.60
12	41.070	3.60
11	37.470	3.60
10	33.870	3.60
9	30.270	3.60
8	26.670	3.60
7	23.070	3.60
6	19.470	3.60
5	15.870	3.60
4	12.270	3.60
3	8.670	3.60
2	4.470	4.20
1	−0.030	4.50
−1	−4.530	4.50
−2	−9.030	4.50

图 3-6　地下室外墙平法施工图平面注写示例

7）其他：

（1）在抗震设计中，应注明底部加强区在剪力墙平法施工图中的所在部位及其高度范围，以便使施工人员明确在该范围内应按照加强部位的构造要求进行施工。

（2）当剪力墙中有偏心受拉墙肢时，无论采用何种直径的竖向钢筋，均应采用机械连接或焊接接长，设计者应在剪力墙平法施工图中加以注明。

第二节　剪力墙钢筋构造识图

一、剪力墙柱钢筋构造

1. 约束边缘构件

1）约束边缘暗柱

约束边缘暗柱的钢筋构造，如图 3-7 所示。

2）约束边缘端柱

约束边缘端柱的钢筋构造，如图 3-8 所示。

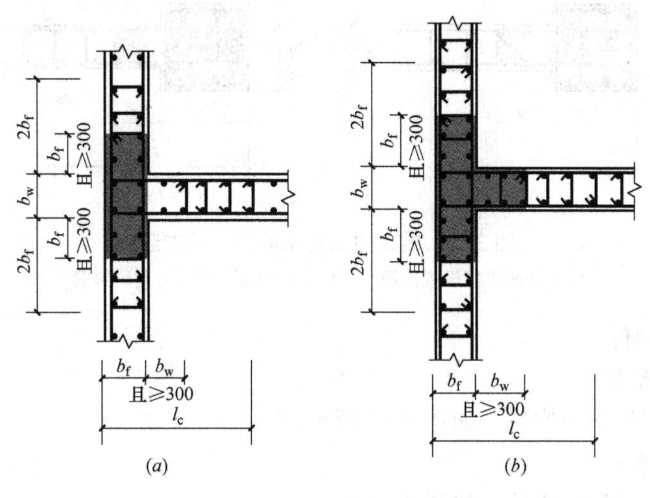

图 3-7　约束边缘暗柱的钢筋构造

（*a*）非阴影区设置拉筋；（*b*）非阴影区外圈设置封闭箍筋

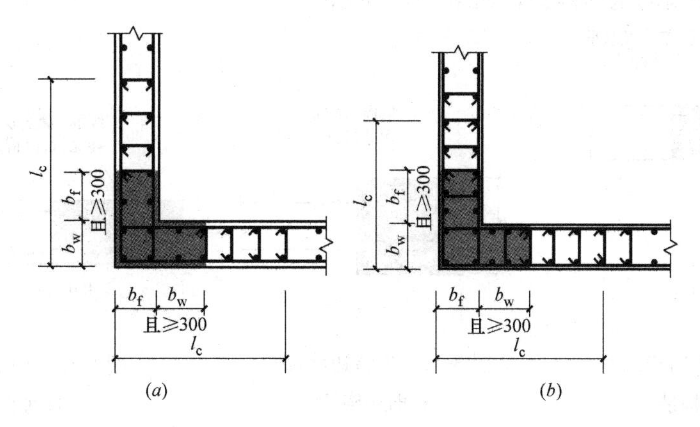

图 3-8　约束边缘端柱的钢筋构造

（*a*）非阴影区设置拉筋；（*b*）非阴影区外圈设置封闭箍筋

3）约束边缘翼墙

约束边缘翼墙的钢筋构造，如图 3-9 所示。

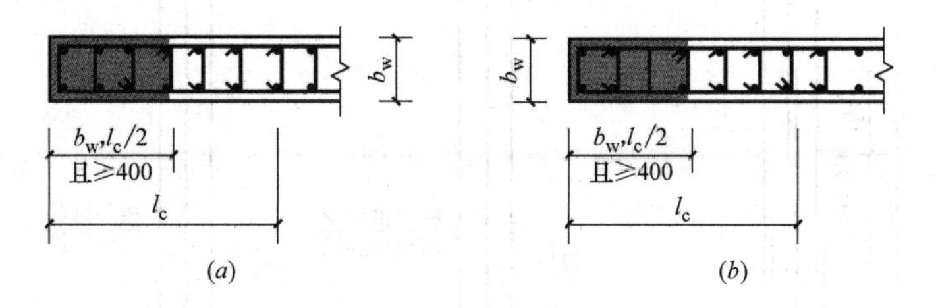

图 3-9　约束边缘翼墙的钢筋构造

（*a*）非阴影区设置拉筋；（*b*）非阴影区外圈设置封闭箍筋

4）约束边缘转角墙

约束边缘转角墙的钢筋构造，如图 3-10 所示。

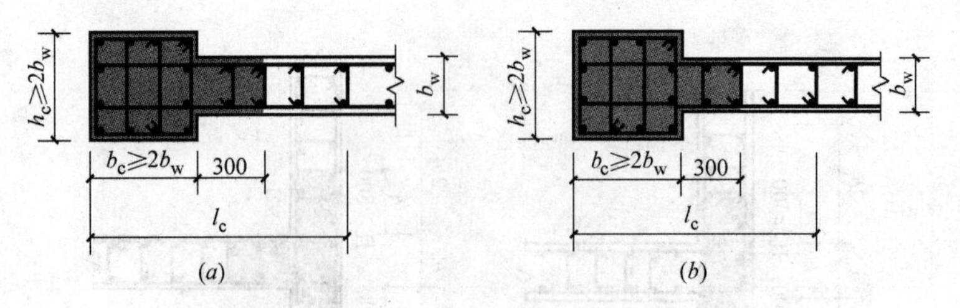

图 3-10　约束边缘转角墙的钢筋构造

（a）非阴影区设置拉筋；（b）非阴影区外圈设置封闭箍筋

2. 构造边缘构件

1）构造边缘暗柱

构造边缘暗柱的钢筋构造，如图 3-11 所示。

2）构造边缘端柱

构造边缘端柱的钢筋构造，如图 3-12 所示。

3）构造边缘翼墙

构造边缘翼墙的钢筋构造，如图 3-13 所示。

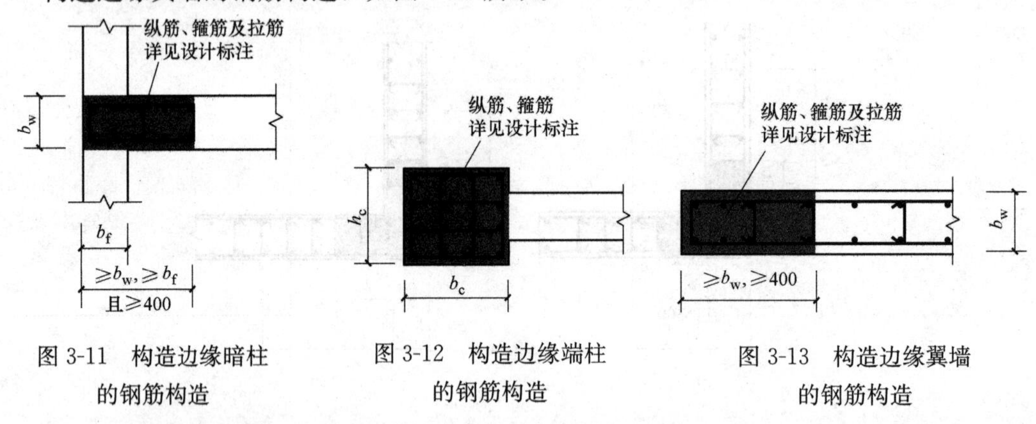

图 3-11　构造边缘暗柱的钢筋构造

图 3-12　构造边缘端柱的钢筋构造

图 3-13　构造边缘翼墙的钢筋构造

3. 边缘构件纵向连接构造

剪力墙边缘构件纵向钢筋连接可分为绑扎搭接、机械连接和焊接连接三种形式，如图 3-14 所示。

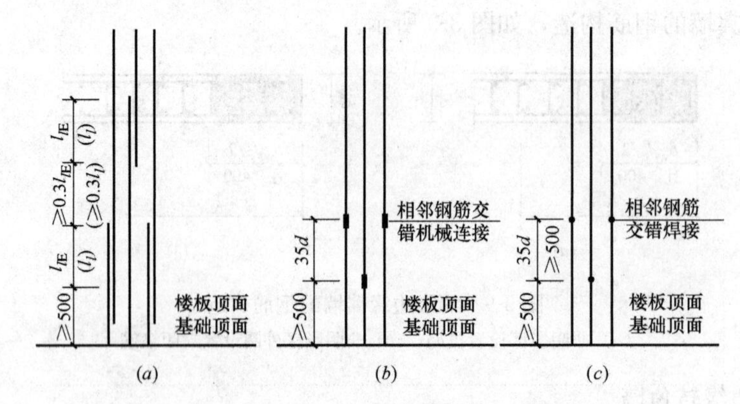

图 3-14　剪力墙边缘构件纵向钢筋连接构造

（a）绑扎搭接；（b）机械连接；（c）焊接连接

1）适用于约束边缘构件阴影部分和构造边缘构件的纵向钢筋。

2）实际施工中，尽量采用机械连接和焊接连接，这样可以不进行连接点的箍筋加密。当遇到较小直径的钢筋必须采用绑扎搭接连接时，就会出现绑扎搭接区范围内的箍筋加密间距较小的现象，这样做相对而言还是比较合理的。

4. 剪力墙柱节点钢筋构造

1）墙柱变截面钢筋构造

当剪力墙柱楼层上下截面变化时，端柱变截面处的钢筋构造与框架柱相同。除端柱外，其他剪力墙柱变截面构造要求，如图 3-15 所示。

2）墙柱柱顶钢筋构造

墙柱柱顶钢筋构造要求，如图 3-16 所示。

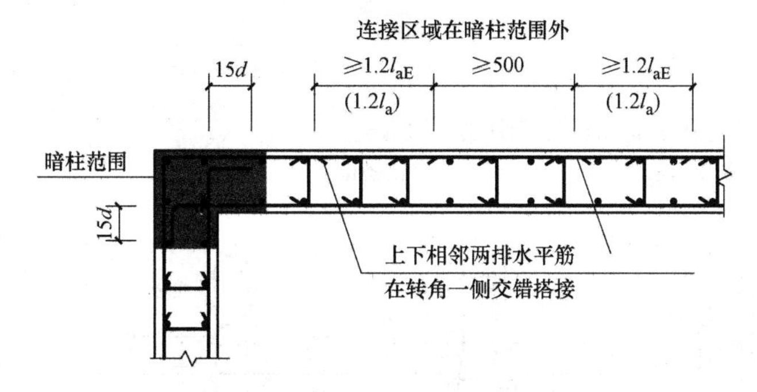

图 3-15 剪力墙变截面处竖向分布钢筋构造

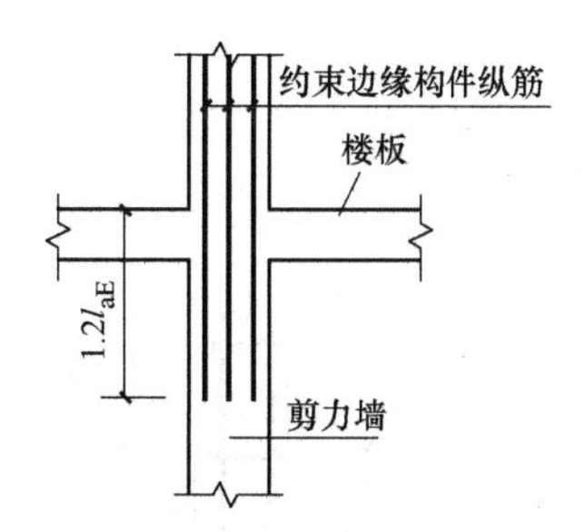

图 3-16 墙柱柱顶钢筋构造

二、剪力墙身钢筋构造

剪力墙身水平钢筋构造如下。

1. 端部无暗柱时墙身水平筋的构造

剪力墙身水平分布钢筋在端部无暗柱时的构造要求如图 3-17 所示。

剪力墙身水平分布筋在端部无暗柱时，可采用在端部设置 U 形水平筋（目的是箍住边缘竖向加强筋），墙身水平分布筋与 U 形水平搭接；也可将墙身水平分布筋伸至端部弯折 10d。

2. 端部有暗柱时墙身水平筋的构造

端部有暗柱时，剪力墙身水平钢筋从暗柱纵筋的外侧插入暗柱，伸到暗柱端部弯折 10d，如图 3-18 所示。

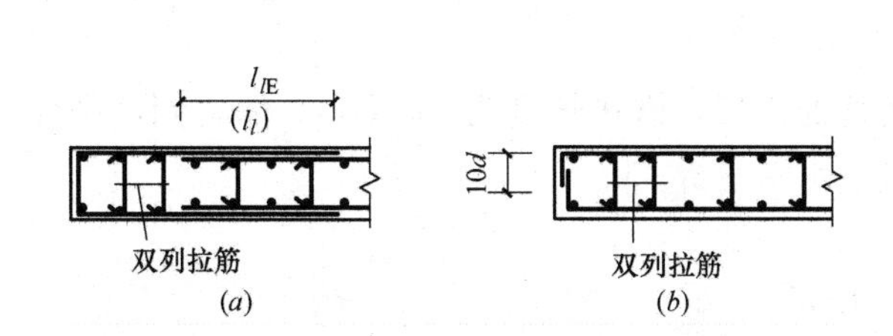

图 3-17 端部无暗柱时的墙身水平钢筋锚固构造

（a）封边方式 1（墙厚度较小）；（b）封边方式 2

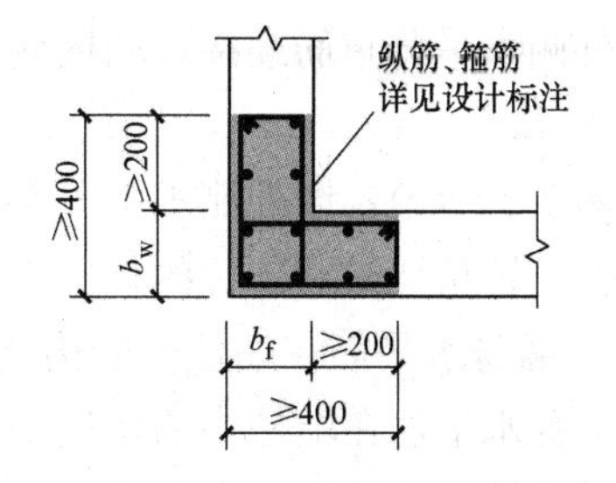

图 3-18 水平钢筋在端部暗柱墙中的构造

3. 墙身水平筋在转角墙中的构造

墙身水平筋在转角墙中的构造如图 3-19、图 3-20 所示。

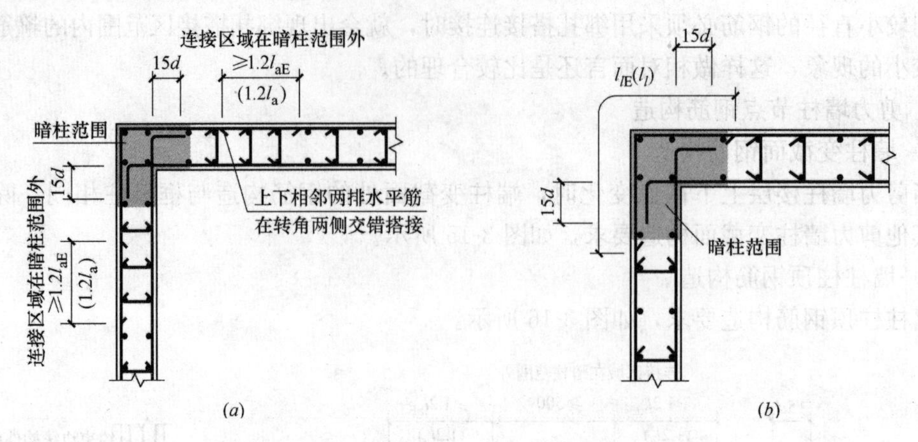

图 3-19　墙身水平筋在转角墙中柱中的构造

(a) 在转角一侧交错搭接；(b) 在转角两侧交错搭接

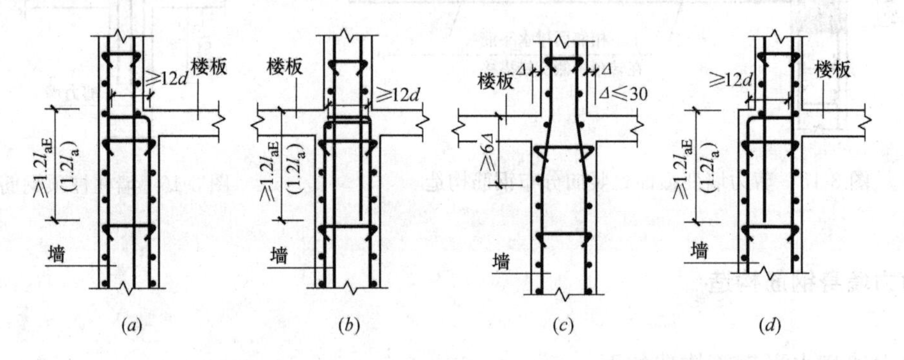

图 3-20　墙身水平筋在转角墙中柱中的构造细节

图 3-20 (a)：上下相邻两排水平分布筋在转角一侧交错搭接连接，搭接长度不小于 1.2l_{aE} (1.2l_a)，搭接范围错开间距 500mm；墙外侧水平分布筋连续通过转角，在转角墙核心部位以外与另一片剪力墙的外侧水平分布筋连接，墙内侧水平分布筋伸至转角墙核心部位的外侧钢筋内侧，水平弯折 15d。

图 3-20 (b)：上下相邻两排水平分布筋在转角两侧交错搭接连接，搭接长度不小于 1.2l_{aE} (1.2l_a)；墙外侧水平分布筋连续通过转角，在转角墙核心部位以外与另一片剪力墙的外侧水平分布筋连接，墙内侧水平分布筋伸至转角墙核心部位的外侧钢筋内侧，水平弯折 15d。

图 3-20 (c)：墙外侧水平分布筋在转角处搭接，搭接长度为 l_{lE} (l_l)，墙内侧水平分布筋伸至转角墙核心部位的外侧钢筋内侧，水平弯折 15d。

4. 墙身水平筋在端柱中的构造

墙身水平筋在端柱中的构造如图 3-21 所示。

端柱转角墙构造要点：位于端柱宽出墙身一侧的剪力墙水平分布筋伸入端柱水平长度不小于 0.6l_{abE} (0.6l_{ab})，弯折长度 15d；当直锚深度不小于 l_{aE} (l_a) 时，可不设弯钩。

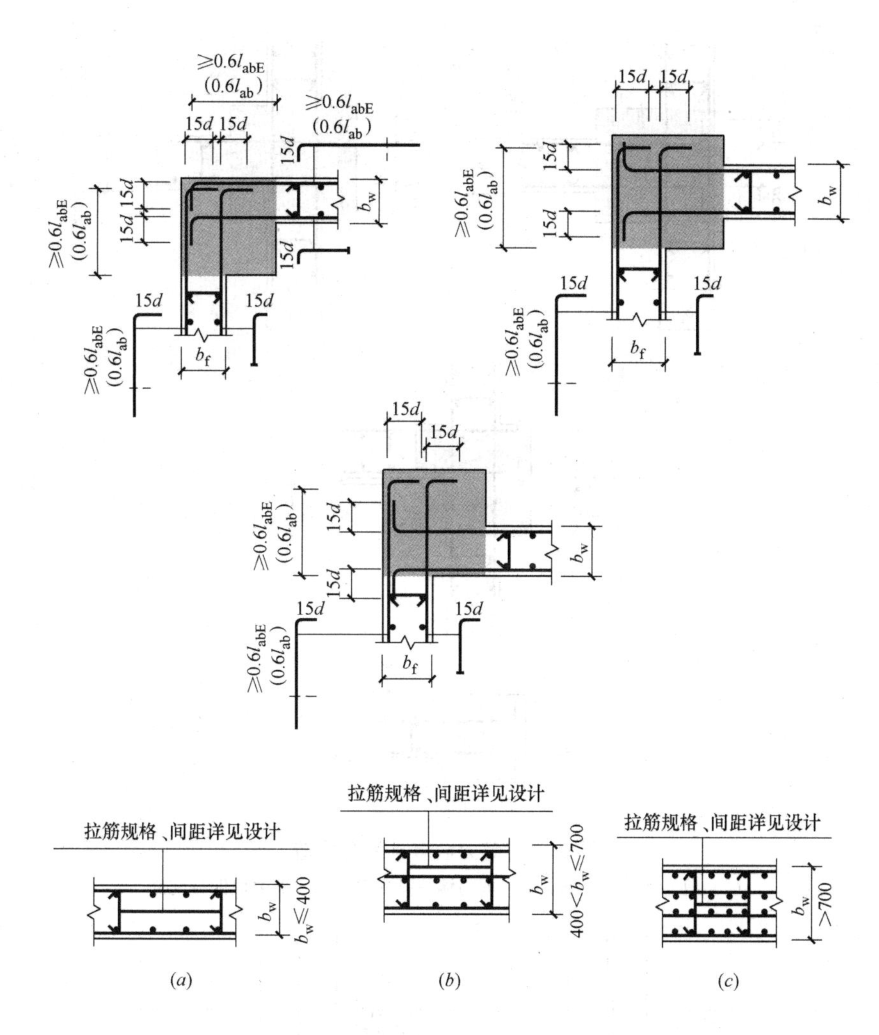

图 3-21　设置端柱时剪力墙水平钢筋锚固构造

(a) 端柱转角墙；(b) 端柱翼墙；(c) 端柱端部墙

位于端柱与墙身相平一侧的剪力墙水平分布筋绕过端柱阳角，与另一片墙段水平分布筋连接；也可不绕过端柱阳角，而直接伸至端柱角筋内侧向内弯折 15d。

端柱翼墙及端部端柱墙构造要点：非转角部位端柱，剪力墙水平分布筋伸入端柱弯折长度 15d；当直锚深度不小于 l_{aE}（l_a）时，可不设弯钩。

5. 剪力墙多排配筋

当剪力墙厚度大于 160mm 时，应配置双排；当其厚度不大于 160mm 时，宜配置双排。抗震：当剪力墙厚度不大于 400mm 时，应配置双排；当剪力墙厚度大于 400mm，但不大于 700mm 时，宜配置三排；当剪力墙厚度大于 700mm 时，宜配置四排，如图 3-22 所示。

6. 剪力墙身竖向分布钢筋连接构造

剪力墙身竖向分布钢筋通常采用搭接、机械和焊接连接三种连接方式，如图 3-23 所示。

7. 剪力墙身竖向多排配筋

当 b_w≤400mm 时，剪力墙设置双排配筋；当 400mm<b_w≤700mm 时，剪力墙设置三排配筋；当 b_w>700mm 时，剪力墙设置四排配筋，如图 3-24 所示。

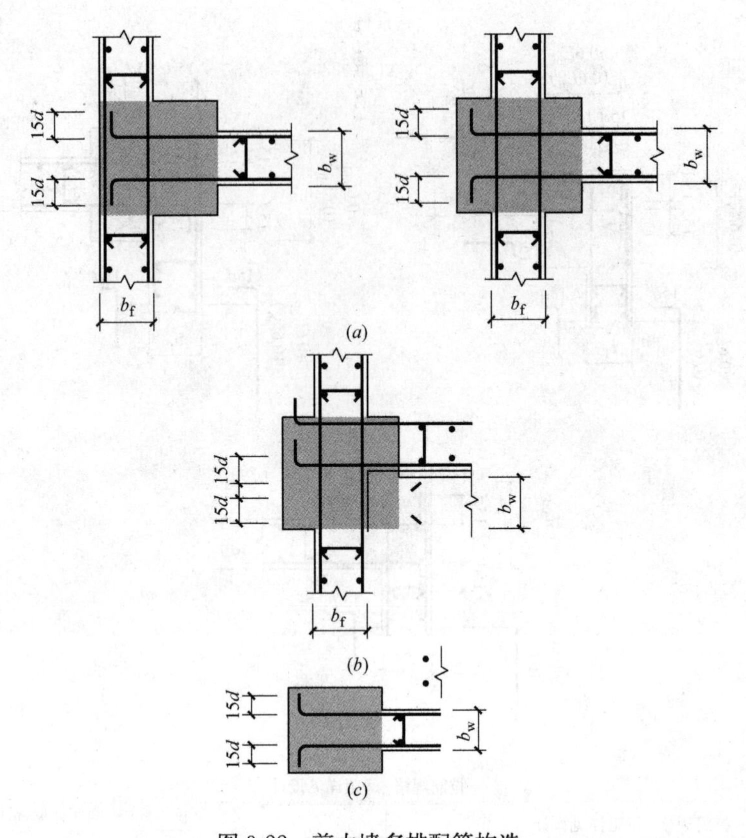

图 3-22 剪力墙多排配筋构造

（*a*）剪力墙双排配筋；（*b*）剪力墙三排配筋；（*c*）剪力墙四排配筋

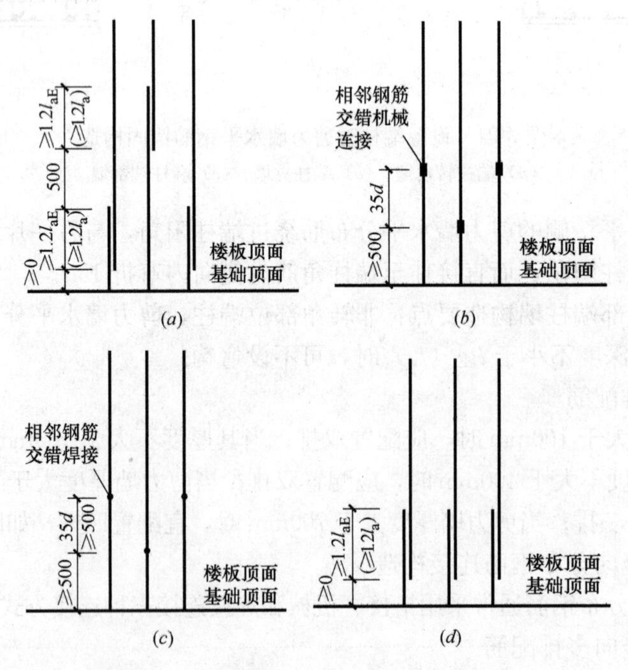

图 3-23 剪力墙身竖向分布钢筋连接构造

（*a*）搭接连接；（*b*）机械连接；（*c*）焊接连接；（*d*）同一位置搭接连接

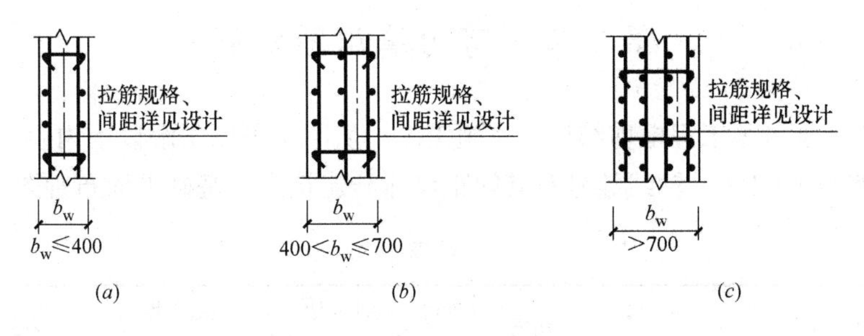

图 3-24　剪力墙身竖向多排配筋构造

（a）剪力墙双排配筋；（b）剪力墙三排配筋；（c）剪力墙四排配筋

三、剪力墙梁钢筋构造

剪力墙连梁配筋构造如图 3-25 所示。

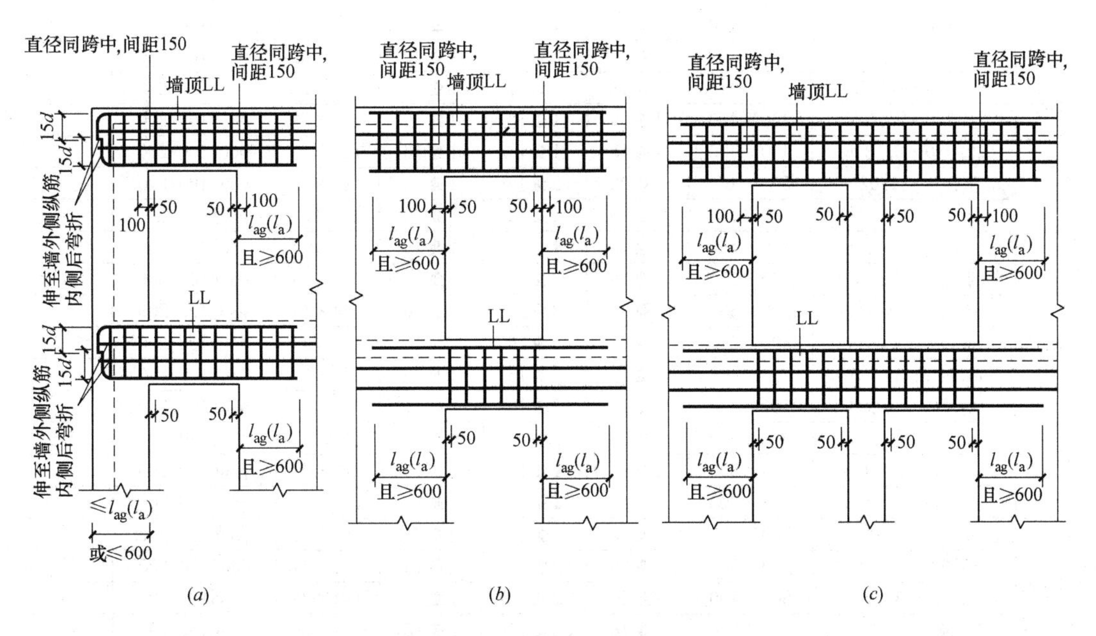

图 3-25　剪力墙连梁配筋构造

（a）洞口连梁（端部墙肢较短）；（b）单洞口连梁（单跨）；（c）双洞口连梁（双跨）

连梁以暗柱或端柱为支座，连梁主筋锚固起点应当从暗柱或端柱的边缘算起。连梁是一种特殊的墙身，它是上下楼层窗洞口之间的那部分水平的窗间墙。所以，剪力墙身水平分布筋从暗梁的外侧通过连梁，如图 3-26 所示。

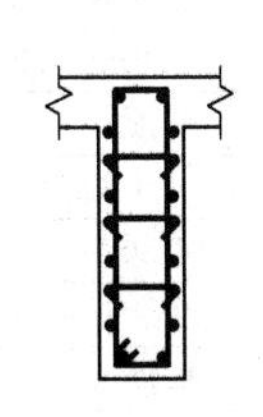

图 3-26　剪力墙连梁配筋构造

连梁的直径和间距为：当梁宽不小于 350mm 时为 6mm，梁宽大于 350mm 时为 8mm，拉筋间距为 2 倍箍筋间距，竖向沿侧面水平筋隔一拉一。

第三节　剪力墙识图实例

表 3-3 所示是××工程框剪结构平法施工图，从图中可以了解以下内容：该平法施工图的绘制比例为 1∶100，轴线编号及其间距尺寸与建筑图、基础平面布置图一致。

柱表　　　　　　　　　　　　　　表 3-3

柱号	标高(m)	$b\times l$ (mm×mm)	角筋	b 边一侧中部筋	h 边一侧中部筋	箍筋类型号	箍筋	备注
KZ1	基顶～－0.020	400×400	4Φ20	1Φ20	1Φ20	1(3×3)	ϕ8@100/200	
	－0.020～47.980	400×400	4Φ18	1Φ16	1Φ16	1(3×3)	ϕ6@100/200	
KZ2	基顶～－0.020	400×450	4Φ20	1Φ20	2Φ16	1(3×4)	ϕ8@100/200	
	－0.020～14.980	400×450	4Φ18	1Φ16	2Φ16	1(3×4)	ϕ6@100/200	
	14.980～32.980	400×400	4Φ18	1Φ16	1Φ16	1(3×3)	ϕ6@100/200	
	32.980～47.980	350×400	4Φ16	1Φ16	1Φ16	1(3×3)	ϕ6@100/200	
KZ3	基顶～－0.020	400×500	4Φ20	1Φ18	2Φ18	1(3×4)	ϕ8@100/200	
	－0.020～14.980	400×400	4Φ18	1Φ16	1Φ16	1(3×3)	ϕ6@100/200	
	14.980～52.780	400×400	4Φ16	1Φ16	1Φ16	1(3×3)	ϕ6@100/200	
KZ4	基顶～－0.020	500×400	4Φ22	2Φ18	1Φ20	1(4×3)	ϕ8@100/200	
	－0.020～14.980	500×400	4Φ18	1Φ16	1Φ16	1(3×3)	ϕ6@100/200	
	14.980～23.980	400×400	4Φ20	1Φ16	1Φ16	1(3×3)	ϕ6@100/200	
	32.980～51.300	400×400	4Φ18	1Φ16	1Φ16	1(3×3)	ϕ6@100/200	
KZ5	基顶～－0.020	500×400	4Φ22	2Φ18	1Φ16	1(4×3)	ϕ8@100/200	
	－0.020～14.980	500×400	4Φ18	2Φ16	1Φ16	1(4×3)	ϕ6@100/200	
	14.980～32.980	400×400	4Φ18	1Φ16	1Φ16	1(3×3)	ϕ6@100/200	
	32.980～51.300	400×350	4Φ16	1Φ16	1Φ16	1(3×3)	ϕ6@100/200	
KZ6	基顶～－0.020	500×500	4Φ22	2Φ16	2Φ16	1(4×4)	ϕ8@100/200	
	－0.020～14.980	500×500	4Φ20	2Φ16	2Φ16	1(4×4)	ϕ6@100/200	
	14.980～51.300	500×400	4Φ18	2Φ16	1Φ16	1(4×3)	ϕ6@100/200	
KZ7	基顶～－0.020	500×500	4Φ20	2Φ16	2Φ16	1(4×4)	ϕ8@100/200	
	－0.020～14.980	500×500	4Φ20	2Φ16	2Φ16	1(4×4)	ϕ6@100/200	
	14.980～32.980	400×500	4Φ18	1Φ16	2Φ16	1(3×4)	ϕ6@100/200	
	32.980～52.780	400×400	4Φ16	1Φ16	1Φ16	1(3×3)	ϕ6@100/200	
KZ8	基顶～－0.020	500×500	4Φ25	2Φ20	2Φ20	1(4×4)	ϕ8@100/200	
	－0.020～14.980	500×500	4Φ20	2Φ16	2Φ16	1(4×4)	ϕ6@100/200	
	14.980～32.980	500×400	4Φ20	2Φ16	1Φ16	1(4×3)	ϕ6@100/200	
	32.980～51.300	500×350	4Φ18	2Φ16	1Φ16	1(4×3)	ϕ6@100/200	
KZ8a	基顶～－0.020	500×500	4Φ22	2Φ20	2Φ20	1(4×4)	ϕ8@100/200	
	－0.020～14.980	500×500	4Φ20	2Φ16	2Φ16	1(4×4)	ϕ6@100/200	
	14.980～32.980	500×400	4Φ20	2Φ16	1Φ16	1(4×3)	ϕ6@100/200	
	32.980～52.780	500×350	4Φ18	2Φ16	1Φ16	1(4×3)	ϕ6@100/200	
KZ9	基顶～－0.020	600×500	4Φ25	3Φ22	2Φ22	1(5×4)	ϕ8@100/200	
	－0.020～14.980	600×500	4Φ22	3Φ18	2Φ18	1(5×4)	ϕ6@100/200	
	14.980～32.980	500×500	4Φ20	2Φ16	2Φ16	1(4×4)	ϕ6@100/200	
	32.980～51.300	400×400	4Φ18	1Φ16	1Φ16	1(3×3)	ϕ6@100/200	
KZ10	基顶～－0.020	700×600	4Φ25	3Φ22	2Φ22	1(5×4)	ϕ8@100/200	
	－0.020～14.980	700×600	4Φ22	3Φ18	2Φ18	1(5×4)	ϕ6@100/200	
	14.980～32.980	700×500	4Φ20	3Φ16	2Φ16	1(5×3)	ϕ6@100/200	
	32.980～51.300	500×500	4Φ20	2Φ16	1Φ16	1(4×3)	ϕ6@100/200	

该框剪结构平法施工图中的柱包含的框架柱共有10种编号。其配筋以柱表的形式列于该图中，该处不再详细介绍。

该框剪结构平法施工图中的剪力墙包括剪力墙墙身（Q1、Q2、Q3、Q4）、边缘构件（GAZ、GJZ、GYZ）和连梁（LL1、LL2、LL3）等。

根据该框剪结构平法施工图剪力墙墙身表可知：

Q1：编号为1的剪力墙墙身，基础顶至－0.020m，墙厚250mm，水平分布筋和垂直分布筋均为直径为8mm、间距为150mm的HPB300级钢筋，拉筋采用直径为6mm、水平间距为600mm和垂直间距450mm的HPB300级钢筋；－0.020m至5.980m墙厚200mm，水平分布筋和垂直分布筋均为直径为8mm、间距为150mm的HPB300级钢筋，拉筋采用直径为6mm、水平间距为600mm和垂直间距450mm的HPB300级钢筋；5.980m至47.980m墙厚200mm，水平分布筋和垂直分布筋均为直径为8mm、间距为180mm的HPB300级钢筋，拉筋采用直径为6mm、水平和垂直间距均为540mm的HPB300级钢筋。

Q2：编号为2的剪力墙墙身，基础顶至－0.020m，墙厚250mm，水平分布筋和垂直分布筋均为直径为8mm、间距为150mm的HPB300级钢筋，拉筋采用直径为6mm、水平间距为600mm和垂直间距450mm的HPB300级钢筋；－0.020m至5.980m墙厚200mm，水平分布筋和垂直分布筋均为直径为8mm、间距为150mm的HPB300级钢筋，拉筋采用直径为6mm、水平间距为600mm和垂直间距450mm的HPB300级钢筋；5.980m至50.980m墙厚200mm，水平分布筋和垂直分布筋均为直径为8mm、间距为180mm的HPB300级钢筋，拉筋采用直径为6mm、水平和垂直间距均为540mm的HPB300级钢筋。

Q3：编号为3的剪力墙墙身，基础顶至－0.020m，墙厚250mm，水平分布筋和垂直分布筋均为直径为8mm、间距为150mm的HPB300级钢筋，拉筋采用直径为6mm、水平间距为600mm和垂直间距450mm的HPB300级钢筋；－0.020m至5.980m墙厚200mm，水平分布筋和垂直分布筋均为直径为8mm、间距为150mm的HPB300级钢筋，拉筋采用直径为6mm、水平间距为600mm和垂直间距450mm的HPB300级钢筋；5.980m至52.780m墙厚200mm，水平分布筋和垂直分布筋均为直径为8mm、间距为180mm的HPB300级钢筋，拉筋采用直径为6mm、水平和垂直间距均为540mm的HPB300级钢筋。

Q4：编号为4的剪力墙墙身，47.980m至51.300m墙厚200mm，水平分布筋和垂直分布筋均为直径为8mm、间距为180mm的HPB300级钢筋，拉筋采用直径为6mm水平和垂直间距均为540mm的HPB300级钢筋。

根据该框剪结构平法施工图抗震墙墙身大样可知：

GAZ1：编号为1的构造边缘暗柱，一字形截面，墙厚250mm（基础顶至－0.020m），墙厚200mm（－0.020m以上），截面长度为400mm，基础顶至－0.020m，纵筋均为6根直径为14mm的HRB400级钢筋，箍筋采用直径为8mm、间距为100mm的HPB300级钢筋；－0.020m至5.980m，纵筋均为6根直径为14mm的HRB400级钢筋，箍筋采用直径为8mm、间距为100mm的HPB300级钢筋；5.980m至11.980m，纵筋均为6根直径为12mm的HRB400级钢筋，箍筋采用直径为8mm、间距为125mm的HPB300级钢筋；11.980m至29.980m，纵筋均为6根直径为12mm的HRB400级钢筋，箍筋采用直径为8mm、间距为

150mm 的 HPB300 级钢筋；29.980m 至 47.980m，纵筋均为 6 根直径为 12mm 的 HRB400 级钢筋，箍筋采用直径为 6mm、间距为 100mm 的 HPB300 级钢筋。

GAZ1a：编号为 1a 的构造边缘暗柱，29.980m 至 50.980m，纵筋均为 6 根直径为 14mm 的 HRB400 级钢筋，箍筋采用直径为 8mm、间距为 100mm 的 HPB300 级钢筋，其他信息同 GAZ1。

GAZ1b：编号为 1b 的构造边缘暗柱，47.980m 至 51.300m，纵筋均为 6 根直径为 12mm 的 HRB400 级钢筋，箍筋采用直径为 6mm、间距为 100mm 的 HPB300 级钢筋，其他信息同 GAZ1。

GAZ1c：编号为 1c 的构造边缘暗柱，49.580m 至 52.780m，纵筋均为 6 根直径为 14mm 的 HRB400 级钢筋，箍筋采用直径为 6mm、间距为 100mm 的 HPB300 级钢筋，其他信息同 GAZ1。

GJZ1：编号为 1 的构造边缘转角柱，L 形截面，墙厚 250mm（基础顶至－0.020m），墙厚 200mm（－0.020m 以上），基础顶至－0.020m，纵筋均为 12 根直径为 14mm 的 HRB400 级钢筋，箍筋采用直径为 8mm、间距为 100mm 的 HPB300 级钢筋；－0.020m 至 5.980m，纵筋均为 12 根直径为 12mm 的 HRB400 级钢筋，箍筋采用直径为 8mm、间距为 100mm 的 HPB300 级钢筋；5.980m 至 11.980m，纵筋均为 12 根直径为 14mm 的 HRB400 级钢筋，箍筋采用直径为 8mm、间距为 125mm 的 HPB300 级钢筋；11.980m 至 29.980m，纵筋均为 12 根直径为 12mm 的 HRB400 级钢筋，箍筋采用直径为 8mm、间距为 150mm 的 HPB300 级钢筋；29.980m 至 47.980m，纵筋均为 12 根直径为 14mm 的 HRB400 级钢筋，箍筋采用直径为 6mm、间距为 100mm 的 HPB300 级钢筋。

GJZ2：编号为 2 的构造边缘转角柱，L 形截面，墙厚 250mm（基础顶至－0.020m），墙厚 200mm（－0.020m 以上），基础顶至－0.020m，纵筋均为 14 根直径为 14mm 的 HRB400 级钢筋，箍筋采用直径为 8mm、间距为 100mm 的 HPB300 级钢筋；－0.020m 至 5.980m，纵筋均为 14 根直径为 14mm 的 HRB400 级钢筋，箍筋采用直径为 8mm、间距为 100mm 的 HPB300 级钢筋；5.980m 至 11.980m，纵筋均为 14 根直径为 12mm 的 HRB400 级钢筋，箍筋采用直径为 8mm、间距为 125mm 的 HPB300 级钢筋；11.980m 至 29.980m，纵筋均为 14 根直径为 12mm 的 HRB400 级钢筋，箍筋采用直径为 8mm、间距为 150mm 的 HPB300 级钢筋；29.980m 至 47.980m，纵筋均为 14 根直径为 12mm 的 HRB400 级钢筋，箍筋采用直径为 6mm、间距为 100mm 的 HPB300 级钢筋。

GJZ2a：编号为 2a 的构造边缘转角柱，29.980m 至 51.300m，其他信息同 GJZ2。

GJZ3：编号为 3 的构造边缘转角柱，L 形截面，墙厚 250mm（基础顶至－0.020m），墙厚 200mm（－0.020m 以上），基础顶至－0.020m，纵筋均为 14 根直径为 14mm 的 HRB400 级钢筋，箍筋采用直径为 8mm、间距为 100mm 的 HPB300 级钢筋；－0.020m 至 5.980m，纵筋均为 14 根直径为 14mm 的 HRB400 级钢筋，箍筋采用直径为 8mm、间距为 100mm 的 HPB300 级钢筋；5.980m 至 11.980m，纵筋均为 14 根直径为 12mm 的 HRB400 级钢筋，箍筋采用直径为 8mm、间距为 125mm 的 HPB300 级钢筋；11.980m 至 29.980m，纵筋均为 14 根直径为 12mm 的 HRB400 级钢筋，箍筋采用直径为 8mm、间距为 150mm 的 HPB300 级钢筋；29.980m 至 47.980m，纵筋均为 14 根直径为 12mm 的 HRB400 级钢筋，箍筋采用直径为 6mm、间距为 100mm 的 HPB300 级钢筋。

GJZ4：编号为4的构造边缘转角柱，L形截面，墙厚250mm（基础顶至－0.020m），墙厚200mm（－0.020m以上），基础顶至－0.020m，纵筋均为14根直径为14mm的HRB400级钢筋，箍筋采用直径为8mm、间距为100mm的HPB300级钢筋；－0.020m至5.980m，纵筋均为14根直径为14mm的HRB400级钢筋，箍筋采用直径为8mm、间距为100mm的HPB300级钢筋；5.980m至11.980m，纵筋均为14根直径为12mm的HRB400级钢筋，箍筋采用直径为8mm、间距为125mm的HPB300级钢筋；11.980m至29.980m，纵筋均为14根直径为12mm的HRB400级钢筋，箍筋采用直径为8mm、间距为150mm的HPB300级钢筋；29.980m至47.980m，纵筋均为14根直径为12mm的HRB400级钢筋，箍筋采用直径为6mm、间距为100mm的HPB300级钢筋。

GJZ4a：编号为4a的构造边缘转角柱，29.980m至49.580m，其他信息同GJZ2。

GYZ1：编号为1的构造边缘翼墙柱，T形截面，墙厚250mm（基础顶至－0.020m），墙厚200mm（－0.020m以上），基础顶至－0.020m，纵筋均为10根直径为12mm的HRB400级钢筋，箍筋采用直径为8mm、间距为100mm的HPB300级钢筋；－0.020m至5.980m，纵筋均为10根直径为12mm的HRB400级钢筋，箍筋采用直径为8mm、间距为100mm的HPB300级钢筋；5.980m至11.980m，纵筋均为10根直径为12mm的HRB400级钢筋，箍筋采用直径为8mm、间距为125mm的HPB300级钢筋；11.980m至29.980m，纵筋均为10根直径为12mm的HRB400级钢筋，箍筋采用直径为8mm、间距为150mm的HPB300级钢筋；29.980m至47.980m，纵筋均为10根直径为12mm的HRB400级钢筋，箍筋采用直径为6mm、间距为100mm的HPB300级钢筋。

根据该框剪结构平法施工图抗震墙墙梁表可知：

LL1：编号为1的连梁，矩形截面，高度为1500mm，在－0.020m标高处宽度为250mm，上部配筋为3C16/2B14，下部配筋为3C16/2B14，梁箍筋为A8@100，双肢箍，腰筋为A10@100；在2.700m至47.700m范围处每隔3m设一道，宽度为200mm，上部配筋为3C16/2B14，下部配筋为3C16/2B14，梁箍筋为A8@100，双肢箍，腰筋为A10@100；在50.980m标高处宽度为200mm，上部配筋为5C16（上层3根，下层2根），下部配筋为5C16（上层3根，下层2根），梁箍筋为A8@100，双肢箍，腰筋为A10@100，因LL1的跨高比不大于2，另外增加交叉斜钢筋3C16。

LL2：编号为2的连梁，矩形截面，高度为480mm，在－0.020m标高处宽度为250mm，上部配筋为2C16，下部配筋为2C16，梁箍筋为A8@100，双肢箍，腰筋为A10@100；在2.980m至38.980m范围处每隔3m设一道，宽度为200mm，上部配筋为3C16，下部配筋为3C16，梁箍筋为A8@100，双肢箍，腰筋为A10@100；在38.980m至47.980m范围处每隔3m设一道，宽度为200mm，上部配筋为2C16，下部配筋为2C16，梁箍筋为A8@100，双肢箍，腰筋为A10@100。

LL3：编号为3的连梁，矩形截面，高度为480mm，在－0.020m标高处宽度为250mm，上部配筋为3C16，下部配筋为3C16，梁箍筋为A8@100，双肢箍，腰筋为A10@100；在2.980m至38.980m范围处每隔3m设一道，宽度为200mm，上部配筋为5C16（上层3根，下层2根），下部配筋为5C16（上层3根，下层2根），梁箍筋为A8@100，双肢箍，腰筋为A10@100；在38.980m至47.980m范围处每隔3m设一道，宽度为200mm，上部配筋为3C16，下部配筋为3C16，梁箍筋为A8@100，双肢箍，腰筋为A10@100。

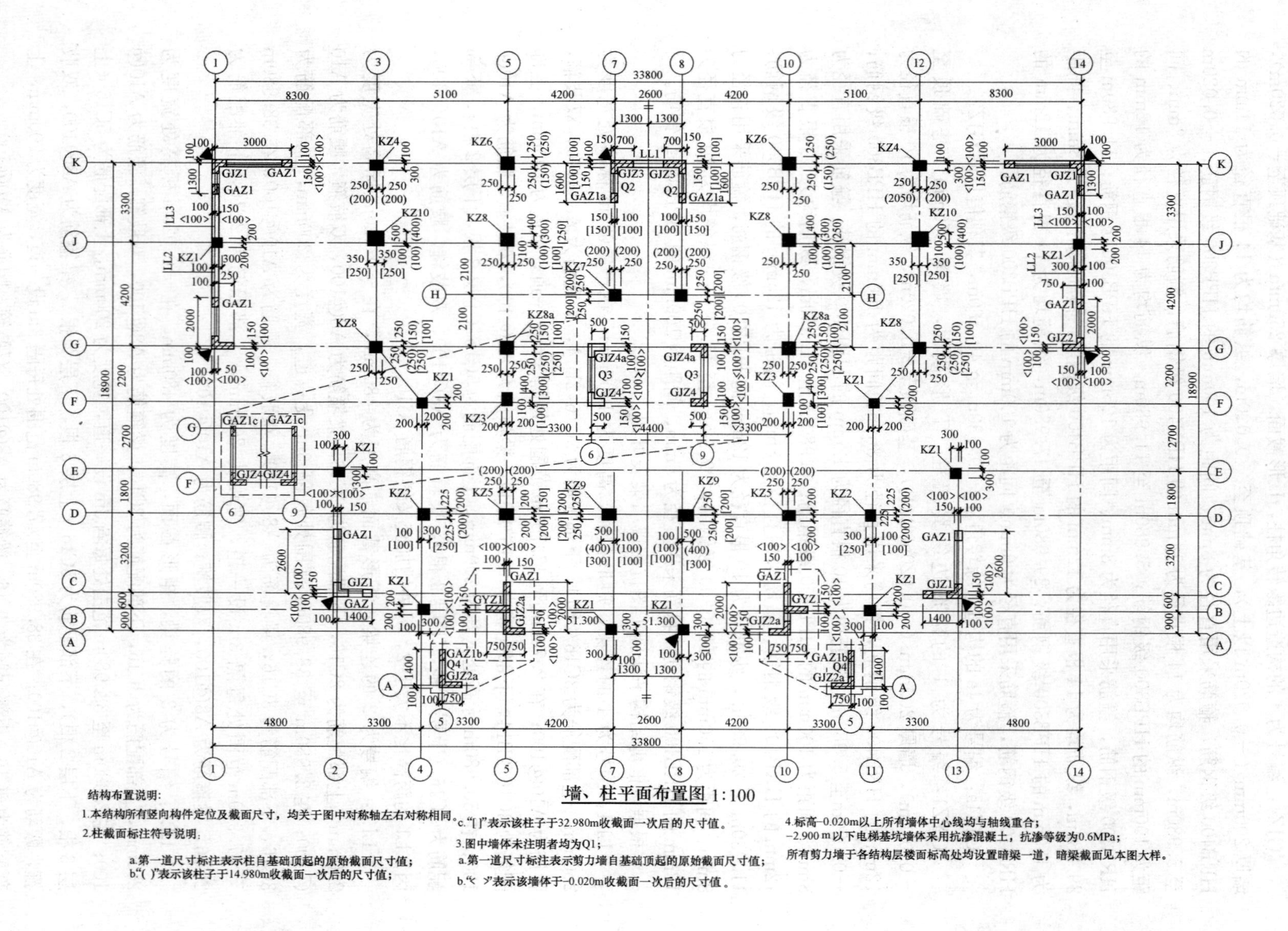

墙、柱平面布置图 1:100

结构布置说明：

1.本结构所有竖向构件定位及截面尺寸，均关于图中对称轴左右对称相同。

2.柱截面标注符号说明：

a.第一道尺寸标注表示柱自基础顶起的原始截面尺寸值；

b."( )"表示该柱子于14.980m收截面一次后的尺寸值；

c."[ ]"表示该柱子于32.980m收截面一次后的尺寸值。

3.图中墙体未注明者均为Q1；

a.第一道尺寸标注表示剪力墙自基础顶起的原始截面尺寸值；

b."< >"表示该墙体于-0.020m收截面一次后的尺寸值。

4.标高-0.020m以上所有墙体中心线均与轴线重合；

-2.900 m以下电梯基坑墙体采用抗渗混凝土，抗渗等级为0.6MPa；

所有剪力墙于各结构层楼面标高处均设置暗梁一道，暗梁截面见本图大样。

抗震墙墙身大样

截面	400×250	400×200				400×200	250/300, 300/250	300/200, 300/200			
编号		GAZ1(GAZ1a)				GAZb(GAZ1c)		GJZ1			
标高	基顶～-0.020	-0.020～5.980	5.980～11.980	11.980～29.980	29.980～47.980(50.980)	47.980～51.300 (49.580～52.780)	基顶～-0.020	-0.020～5.980	5.980～11.980	11.980～29.980	29.980～47.980
箍筋	φ8@100	φ8@100	φ8@125	φ8@150	φ6@100	φ6@100	φ8@100	φ8@100	φ8@125	φ8@150	φ6@100
纵筋	6Φ14	6Φ14	6Φ12	6Φ12	6Φ12	6Φ12(6Φ14)	12Φ14	12Φ12	12Φ14	12Φ12	12Φ14

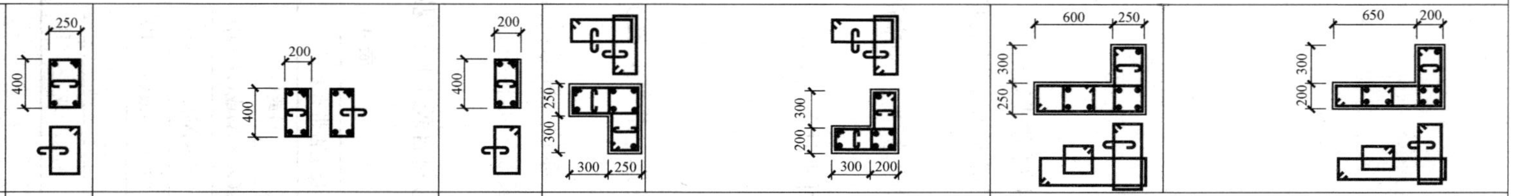

截面	600/250, 300/250	650/200, 300/200			
编号		GAZ2(GJZ2a)			
标高	基顶～-0.020	-0.020～5.980	5.980～11.980	11.980～29.980	29.980～47.980(51.300)
箍筋	φ8@100	φ8@100	φ8@125	φ8@150	φ6@100
纵筋	14Φ14	14Φ14	14Φ12	14Φ12	14Φ12

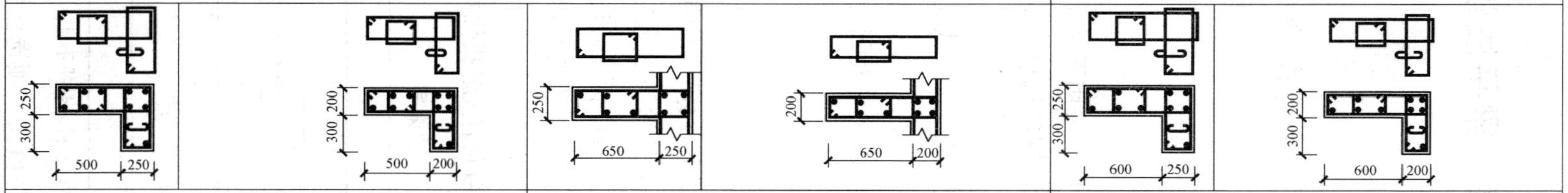

截面	500/250, 300/250	500/200, 300/200			
编号		GJZ4(GJZ4a)			
标高	基顶～-0.020	-0.020～5.980	5.980～11.980	11.980～29.980	29.980～52.780(49.580)
箍筋	φ8@100	φ8@100	φ8@125	φ8@150	φ6@100
纵筋	14Φ14	14Φ14	14Φ12	14Φ12	14Φ12

截面	650/250, 250	650/200, 200			
编号		GYZ1			
标高	基顶～-0.020	-0.020～5.980	5.980～11.980	11.980～29.980	29.980～47.980
箍筋	φ8@100	φ8@100	φ8@125	φ8@150	φ6@100
纵筋	10Φ14	10Φ12	10Φ12	10Φ12	10Φ14

截面	600/250, 300/250	600/200, 300/200			
编号		GJZ3			
标高	基顶～-0.020	-0.020～5.980	5.980～11.980	11.980～29.980	29.980～50.980
箍筋	φ8@100	φ8@100	φ8@125	φ8@150	φ6@100
纵筋	14Φ14	14Φ14	14Φ12	14Φ12	14Φ12

注:各边缘构件顶标高详竖向构件平面布置图中各边缘构件编号下数字;

剪力墙墙身表

编号	标高(m)	墙厚(mm)	水平分布筋	垂直分布筋	拉筋
Q1(Q2)	基顶～-0.020	250	φ8@150	φ8@150	φ6@600×450
[Q3]	-0.020～5.980	200	φ8@150	φ8@150	φ6@600×450
两排	5.980～H_1(H_2)[H_3]	200	φ8@180	φ8@180	φ6@540×540
Q4	47.980～51.300	200	φ8@180	φ8@180	φ6@540×540

注: H_1=47.980,H_2=50.980,H_3=52.780。

二层～屋顶　抗震墙梁表

梁编号	梁顶标高(m)	梁截面 $b \times h$ (mm×mm)	上部纵筋	下部纵筋	梁箍筋	腰筋
LL1	-0.020	250×1500	3Φ16/2Φ14	3Φ16/2Φ14	φ8@100(2)	φ10@200
	2.700～47.700@3.00	200×1500	3Φ16/2Φ14	3Φ16/2Φ14	φ8@100(2)	φ10@200
	50.980	200×1800	5Φ16 3/2	5Φ16 3/2	φ8@100(2)	φ10@200
LL2	-0.020	250×480	2Φ16	2Φ16	φ8@100(2)	φ10@200
	2.980～38.980@3.00	200×480	3Φ16	3Φ16	φ8@100(2)	φ10@200
	38.980～47.980@3.00	200×480	2Φ16	2Φ16	φ8@100(2)	φ10@200
LL3	-0.020	250×480	3Φ16	3Φ16	φ8@100(2)	φ10@200
	2.980～38.980@3.00	200×480	5Φ16 3/2	5Φ16 3/2	φ8@100(2)	φ10@200
	38.980～47.980@3.00	200×480	3Φ16	3Φ16	φ8@100(2)	φ10@200

注:连梁LL1跨高比不大于2,另加交叉斜钢筋3Φ16。

第四章　梁平法识图

第一节　梁平法施工图制图规则

一、梁平法施工图的表示方法

（1）梁平法施工图是在梁平面布置图上采用平面注写方式或截面注写方式表达。

（2）梁平面布置图，应分别按梁的不同结构层（标准层），将全部梁和与其相关联的柱、墙、板一起采用适当比例绘制。

（3）在梁平法施工图中，应当用表格或其他方式注明各结构层的顶面标高及相应的结构层号。

（4）对于轴线未居中的梁，应标注其偏心定位尺寸（贴柱边的梁可不注）。

二、平面注写方式

1）平面注写方式是在梁平面布置图上，分别在不同编号的梁中各选一根梁，在其上注写截面尺寸和配筋具体数值的方式来表达梁平法施工图。

平面注写包括集中标注与原位标注，集中标注表达梁的通用数值，原位标注表达梁的特殊数值。当集中标注中的某项数值不适用于梁的某部位时，则将该项数值原位标注，施工时，原位标注取值优先，如图 4-1 所示。

2）梁编号由梁类型代号、序号、跨数及有无悬挑代号几项组成，并应符合表 4-1 的规定。

梁编号　　**表 4-1**

梁类型	代号	序号	跨数及是否带有悬挑
楼层框架梁	KL	××	(××)、(××A)或(××B)
屋面框架梁	WKL	××	(××)、(××A)或(××B)
框支梁	KZL	××	(××)、(××A)或(××B)
非框架梁	L	××	(××)、(××A)或(××B)
悬挑梁	XL	××	—
井字梁	JZL	××	(××)、(××A)或(××B)

注：（××A）为一端有悬挑，（××B）为两端有悬挑，悬挑不计入跨数。

3）梁集中标注的内容，有五项必注值及一项选注值，集中标注可以从梁的任意一跨引出，规定如下：

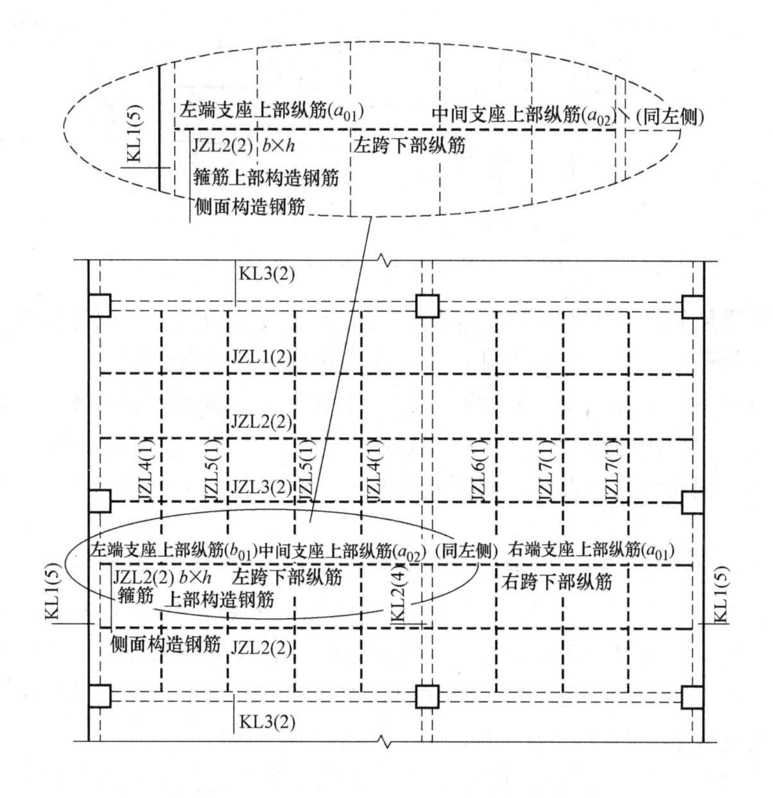

图 4-1　平面注写方式示例

注：图中四个梁截面是采用传统表示方法绘制，用于对比按平面注写方式表达的同样内容。实际采用平面注写方式表达时，不需绘制梁截面配筋图和图中的相应截面号。

（1）梁编号，见表 4-1，该项为必注值。

（2）梁截面尺寸，该项为必注值。

当为等截面梁时，用 $b \times h$ 表示；

当为竖向加腋梁时，用 $b \times h$、$c_1 \times c_2$ 表示，其中 c_1 为腋长，c_2 为腋高，如图 4-2 所示；

当为水平加腋梁时，一侧加腋时用 $b \times h$、$c_1 \times c_2$ 表示，其中 c_1 为腋长，c_2 为腋宽，加腋部位应在平面图中绘制，如图 4-3 所示；

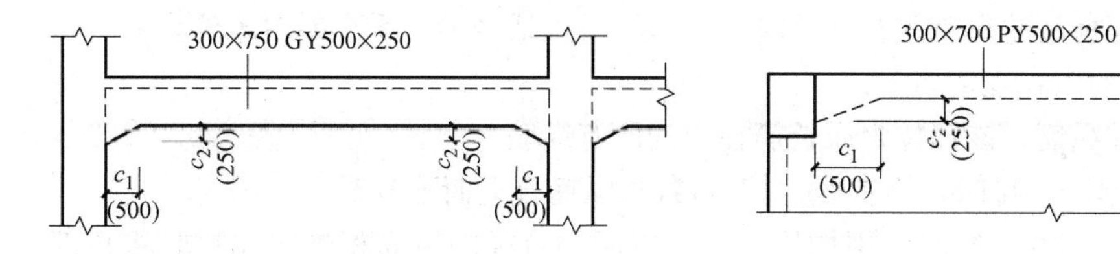

图 4-2　竖向加腋截面注写示意　　图 4-3　水平加腋截面注写示意

当有悬挑梁并且根部和端部的高度不同时，用斜线分隔根部与端部的高度值，即为 $b \times h_1/h_2$，如图 4-4 所示。

（3）梁箍筋，包括钢筋级别、直径、加密区与非加密区间距及肢数，该项为必注值。箍筋加密区与非加密区的不同间距及肢数需用斜线“/”分隔；当梁箍筋为同一种间距及

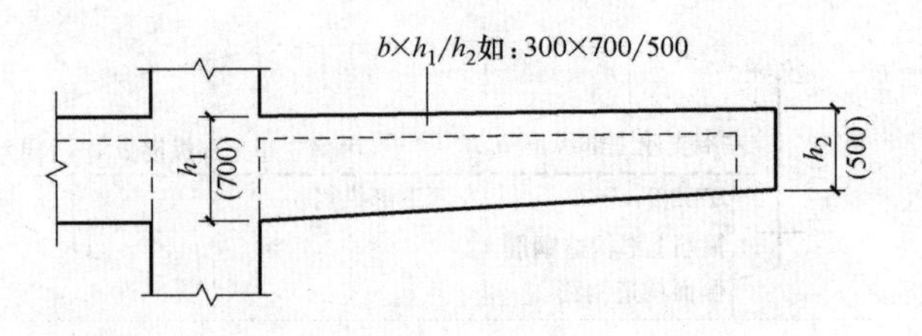

图 4-4　悬挑梁不等高截面注写示意

肢数时，则不需用斜线；当加密区与非加密区的箍筋肢数相同时，则将肢数注写一次；箍筋肢数应写在括号内。加密区范围见相应抗震等级的标准构造详图。

当抗震设计中的非框架梁、悬挑梁、井字梁以及非抗震设计中的各类梁采用不同的箍筋间距及肢数时，也用斜线“/”将其分隔开来。注写时，先注写梁支座端部的箍筋（包括箍筋的箍数、钢筋级别、直径、间距及肢数），在斜线后注写梁跨中部分的箍筋间距及肢数。

（4）梁上部通长筋或架立筋配置（通长筋可为相同或不同直径采用搭接连接、机械连接或焊接的钢筋），该项为必注值。所注规格与根数应根据结构受力要求及箍筋肢数等构造要求而定。当同排纵筋中既有通长筋又有架立筋时，应用加号“+”将通长筋和架立筋相连。注写时需将角部纵筋写在加号的前面，架立筋写在加号后面的括号内，以示不同直径及与通长筋的区别。当全部采用架立筋时，则将其写入括号内。

当梁的上部纵筋和下部纵筋为全跨相同，而且多数跨配筋相同时，此项可加注下部纵筋的配筋值，用分号“;”将上部与下部纵筋的配筋值分隔开来，少数跨不同者，按上述第 1）条的规定处理。

（5）梁侧面纵向构造钢筋或受扭钢筋配置，该项为必注值。

当梁腹板高度 $h_w \geqslant 450$mm 时，需配置纵向构造钢筋，所注规格与根数应符合规范规定。此项注写值以大写字母 G 打头，接续注写设置在梁两个侧面的总配筋值，并且对称配置。

当梁侧面需配置受扭纵向钢筋时，此项注写值以大写字母 N 打头，接续注写配置在梁两个侧面的总配筋值，并且对称配置。受扭纵向钢筋应满足梁侧面纵向构造钢筋的间距要求，而且不再重复配置纵向构造钢筋。

（6）梁顶面标高高差，该项为选注值。

梁顶面标高高差是指相对于结构层楼面标高的高差值，对于位于结构夹层的梁，则指相对于结构夹层楼面标高的高差。有高差时，需将其写入括号内，无高差时不注。

4）梁原位标注的内容规定如下：

（1）梁支座上部纵筋，该部位含通长筋在内的所有纵筋。

① 当上部纵筋多于一排时，用斜线“/”将各排纵筋自上而下分开。

② 当同排纵筋有两种直径时，用加号“+”将两种直径的纵筋相连，注写时将角部纵筋写在前面。

③ 当梁中间支座两边的上部纵筋不同时，须在支座两边分别标注；当梁中间支座两边的上部纵筋相同时，可仅在支座的一边标注配筋值，另一边省去不注（图 4-5）。

设计时应注意：

a. 对于支座两边不同配筋值的上部纵筋，宜尽可能选用相同直径（不同根数），使其

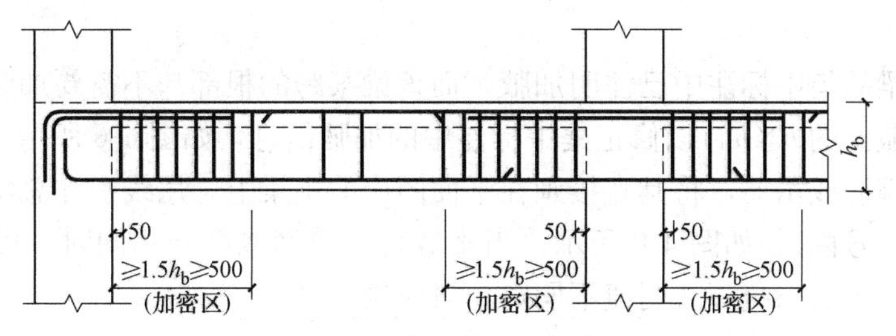

图 4-5　大小跨梁的注写方式

贯穿支座，避免支座两边不同直径的上部纵筋均在支座内锚固。

b. 对于以边柱、角柱为端支座的屋面框架梁，梁的上部钢筋应尽可能只配置一层，以避免梁柱纵筋在柱顶处因层数过多、密度过大导致不方便施工和影响混凝土浇筑质量。

（2）梁下部纵筋。

① 当下部纵筋多于一排时，用斜线“/”将各排纵筋自上而下分开。

② 当同排纵筋有两种直径时，用加号“+”将两种直径的纵筋相连，注写时角筋写在前面。

③ 当梁下部纵筋不全部伸入支座时，将梁支座下部纵筋减少的数量写在括号内。

④ 当梁的集中标注中已按上述第 3）条第（4）款的规定分别注写了梁上部和下部均为通长的纵筋值时，则不需在梁下部重复作原位标注。

⑤ 当梁设置竖向加腋时，加腋部位下部斜纵筋应在支座下部以 Y 打头注写在括号内，如图 4-6 所示。11G101-1 图集中框架梁竖向加腋构造适用于加腋部位参与框架梁计算，其他情况设计者应另行给出构造。当梁设置水平加腋时，水平加腋内上、下部斜纵筋应在加腋支座上部以 Y 打头注写在括号内，上下部斜纵筋之间用“/”分隔，如图 4-7 所示。

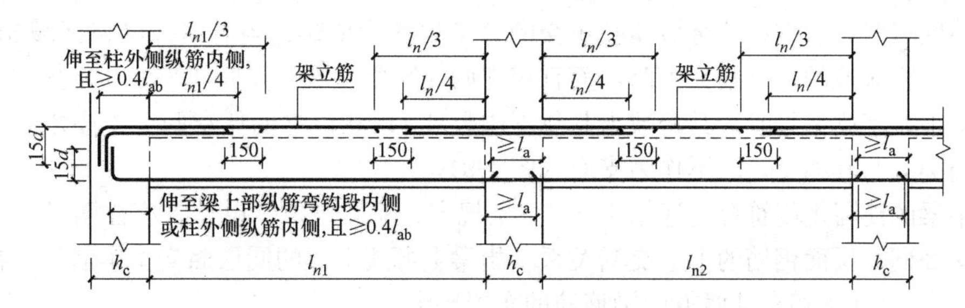

图 4-6　梁加腋平面注写方式表达示例

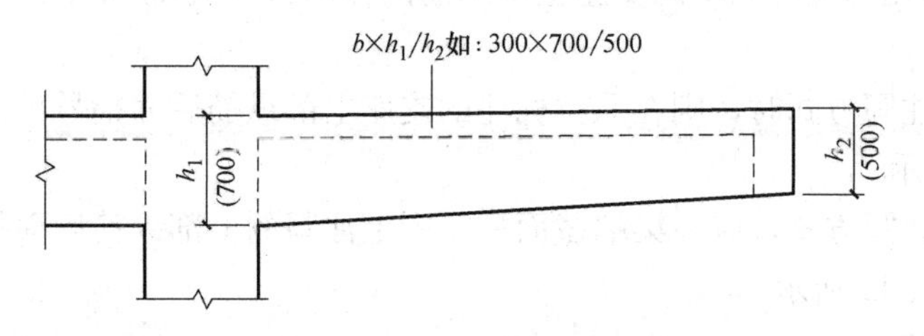

图 4-7　梁水平加腋平面注写方式表达示例

（3）当在梁上集中标注的内容（即梁截面尺寸、箍筋、上部通长筋或架立筋，梁侧面纵向构造钢筋或受扭纵向钢筋，以及梁顶面标高高差中的某一项或几项数值）不适用于某跨或某悬挑部分时，则将其不同数值原位标注在该跨或该悬挑部位，施工时应按原位标注数值取用。

当在多跨梁的集中标注中已注明加腋，而该梁某跨的根部却不需要加腋时，则应在该跨原位标注等截面的 $b \times h$，以修正集中标注中的加腋信息，如图 4-6 所示。

(4) 附加箍筋或吊筋，将其直接画在平面图中的主梁上，用线引注总配筋值（附加箍筋的肢数注在括号内），如图 4-8 所示。当多数附加箍筋或吊筋相同时，可在梁平法施工图上统一注明，少数与统一注明值不同时，再原位引注。

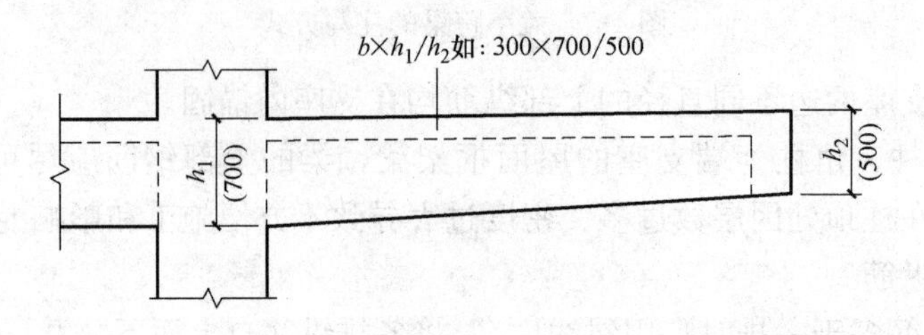

图 4-8　附加箍筋和吊筋的画法示例

施工时应注意：附加箍筋或吊筋的几何尺寸应按照标准构造详图，结合其所在位置的主梁和次梁的截面尺寸而定。

5）井字梁一般由非框架梁构成，并且以框架梁为支座（特殊情况下以专门设置的非框架大梁为支座）。在此情况下，为明确区分井字梁与作为井字梁支座的梁，井字梁用单粗虚线表示（当井字梁顶面高出板面时可用单粗实线表示），作为井字梁支座的梁用双细虚线表示（当梁顶面高出板面时可用双细实线表示）。

井字梁是指在同一矩形平面内相互正交所组成的结构构件，井字梁所分布范围称为“矩形平面网格区域”（简称“网格区域”）。当在结构平面布置中仅有由四根框架梁框起的一片网格区域时，所有在该区域相互正交的井字梁均为单跨；当有多片网格区域相连时，贯通多片网格区域的井字梁为多跨，而且相邻两片网格区域分界处即为该井字梁的中间支座。对某根井字梁编号时，其跨数为其总支座数减 1；在该梁的任意两个支座之间，无论有几根同类梁与其相交，均不作为支座（图 4-9）。

井字梁的注写规则符合上述第 1)～4) 条规定。除此之外，设计者应注明纵横两个方向梁相交处同一层面钢筋的上下交错关系（指梁上部或下部的同层面交错钢筋何梁在上何梁在下），以及在该相交处两方向梁箍筋的布置要求。

6）井字梁的端部支座和中间支座上部纵筋的伸出长度值 a_0 应由设计者在原位加注具体数值予以注明。

当采用平面注写方式时，则在原位标注的支座上部纵筋后面括号内加注具体伸出长度值，如图 4-10 所示。

若采用截面注写方式，应在梁端截面配筋图上注写的上部纵筋后面括号内加注具体伸出长度值，如图 4-11 所示。

设计时应注意：

(1) 当井字梁连续设置在两片或多排网格区域时，才具有井字梁中间支座。

(2) 当某根井字梁端支座与其所在网格区域之外的非框架梁相连时，该位置上部钢筋的连续布置方式需由设计者注明。

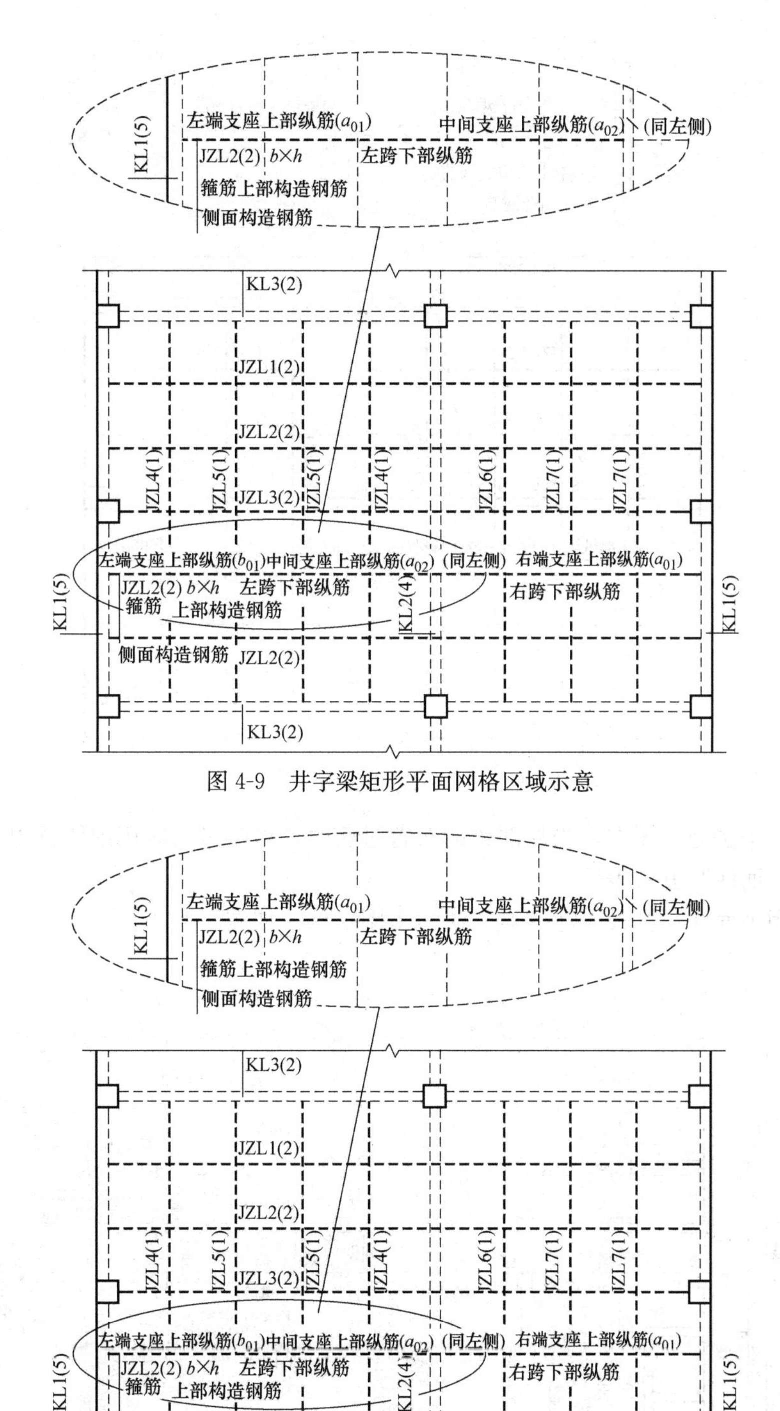

图 4-9　井字梁矩形平面网格区域示意

图 4-10　井字梁平面注写方式示例

注：图中仅示意井字梁的注写方法，未注明截面几何尺寸 $b×h$，支座上部纵筋伸出长度 a_{01}～a_{03}。以及纵筋与箍筋的具体数值。

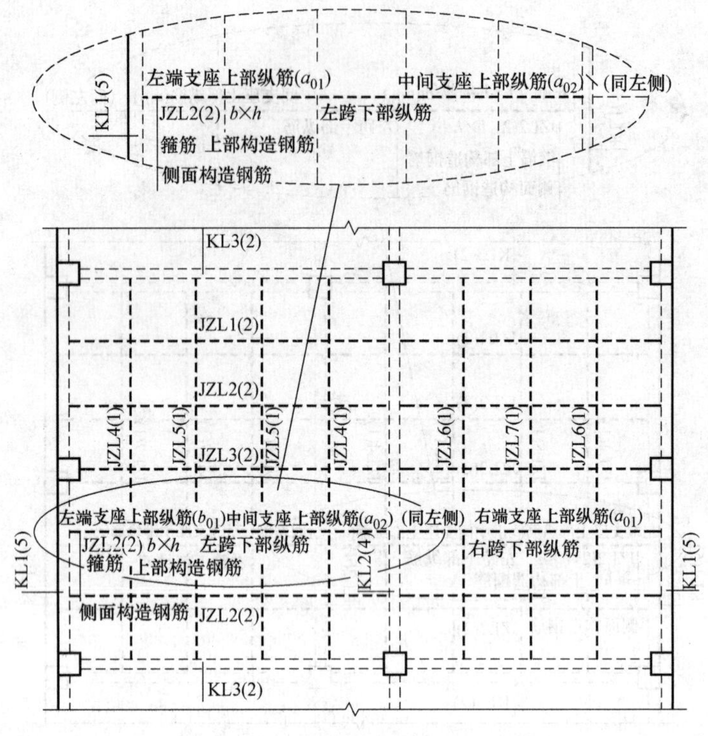

图 4-11 井字梁截面注写方式示例

（3）在梁平法施工图中，当局部梁的布置过密时，可将过密区用虚线框出，适当放大比例后再用平面注写方式表示。

（4）采用平面注写方式表达的梁平法施工图示例，如图 4-12 所示。

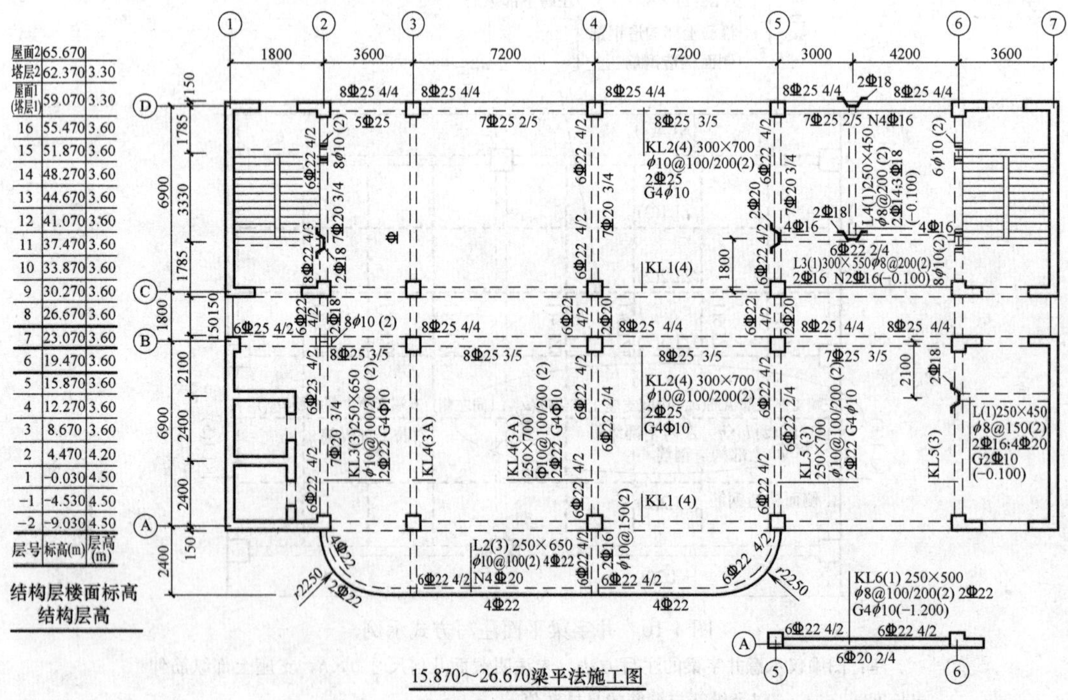

图 4-12 梁平法施工图平面注写方式示例

三、截面注写方式

（1）截面注写方式是在分标准层绘制的梁平面布置图上，分别在不同编号的梁中各选择一根梁用剖面号引出配筋图，并在其上注写截面尺寸和配筋具体数值的方式来表达梁平法施工图。

（2）对所有梁按表 4-1 的规定进行编号，从相同编号的梁中选择一根梁，先将“单边截面号”画在该梁上，再将截面配筋详图画在图中或其他图上。当某梁的顶面标高与结构层的楼面标高不同时，尚应继其梁编号后注写梁顶面标高高差（注写规定与平面注写方式相同）。

（3）在截面配筋详图上注写截面尺寸 $b \times h$、上部筋、下部筋、侧面构造筋或受扭筋以及箍筋的具体数值时，其表达形式与平面注写方式相同。

（4）截面注写方式既可以单独使用，也可以与平面注写方式结合使用。

注：在梁平法施工图的平面图中，当局部区域梁布置过密时，除了采用截面注写方式表达外，也可采用本节平面注写方式所述的措施来表达。当表达异形截面梁的尺寸与配筋时，用截面注写方式相对比较方便。

（5）应用截面注写方式表达的梁平法施工图示例，如图 4-13 所示。

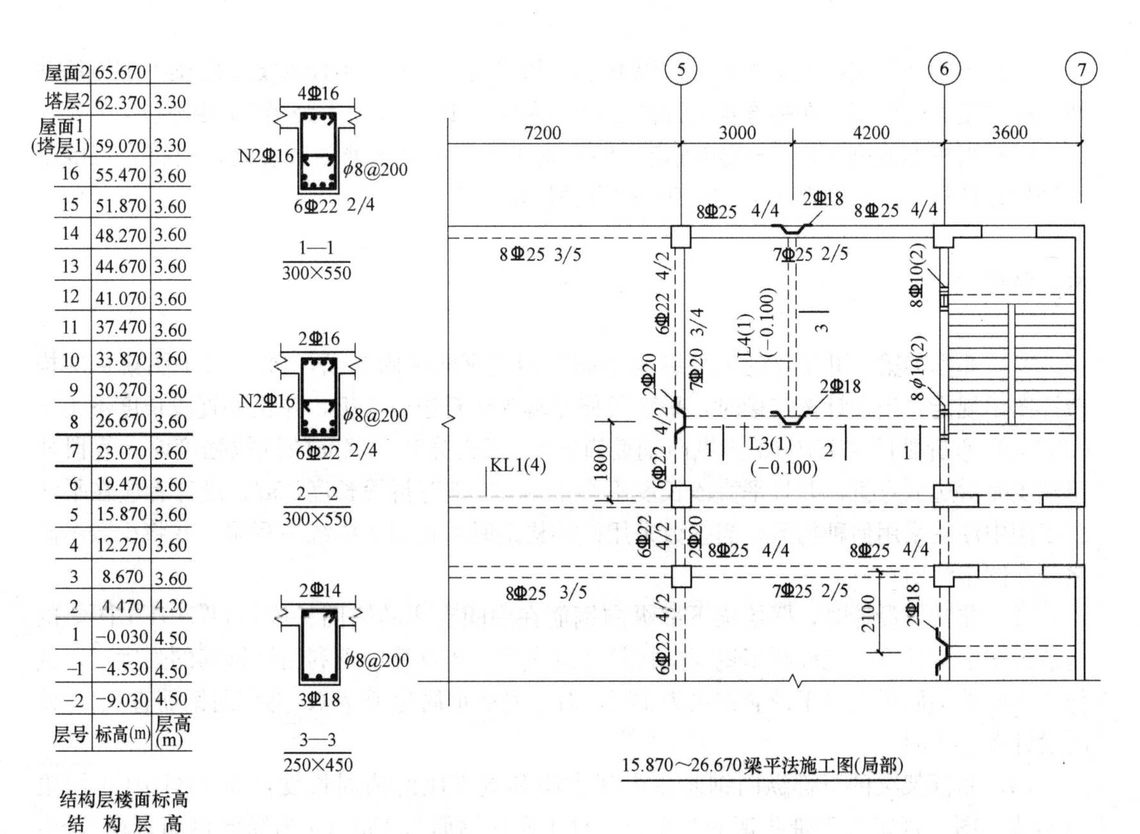

图 4-13　梁平法施工图截面注写方式示例

四、梁支座上部纵筋的长度规定

（1）为方便施工，凡框架梁的所有支座和非框架梁（不包括井字梁）的中间支座上部纵筋的伸出长度 a_0 值在标准构造详图中统一取值为：第一排非通长筋及与跨中直径不同的通长筋从柱（梁）边起伸出至 $l_n/3$ 位置；第二排非通长筋伸出至 $l_n/4$ 位置。l_n 的取值规定为：对于端支座，l_n 为本跨的净跨值，对于中间支座，l_n 为支座两边较大一跨的净跨值。

（2）悬挑梁（包括其他类型梁的悬挑部分）上部第一排纵筋伸出至梁端头并下弯，第二排伸出至 $3l/4$ 位置，l 为自柱（梁）边算起的悬挑净长。当具体工程需要将悬挑梁中的部分上部钢筋从悬挑梁根部开始斜向弯下时，应由设计者另加注明。

（3）设者在执行上述第（1）、（2）条关于梁支座端上部纵筋伸出长度的统一取值规定时，特别是在大小跨相邻和端跨外为长悬臂的情况下，还应注意按《混凝土结构设计规范》（GB 50010—2010）的相关规定进行校核，若不满足时应根据规范规定进行变更。

五、不伸入支座的梁下部纵筋长度规定

（1）当梁（不包括框支梁）下部纵筋不全部伸入支座时，不伸入支座的梁下部纵筋截断点距支座边的距离，在标准构造详图中统一取为 $0.1l_n$（l_{ni}为本跨梁的净跨值）。

（2）当按上述第（1）条规定确定不伸入支座的梁下部纵筋的数量时，应符合《混凝土结构设计规范》（GB 50010—2010）的有关规定。

六、其他

（1）非框架梁、井字梁的上部纵向钢筋在端支座的锚固要求，11G101-1 图集标准构造详图中规定：当设计按铰接时，平直段伸至端支座对边后弯折，并且平直段长度不小于 $0.35l_{ab}$，弯折段长度 $15d$（d 为纵向钢筋直径）；当充分利用钢筋的抗拉强度时，直段伸至端支座对边后弯折，并且平直段长度不小于 $0.6l_{ab}$，弯折段长度 $15d$。设计者应在平法施工图中注明采用何种构造，当多数采用同种构造时可在图注中统一写明，并将少数不同之处在图中注明。

（2）非抗震设计时，框架梁下部纵向钢筋在中间支座的锚固长度，11G101-1 图集的构造详图中按计算中充分利用钢筋的抗拉强度考虑。当计算中不利用该钢筋的强度时，其伸入支座的锚固长度对于带肋钢筋为 $12d$，对于光面钢筋为 $15d$（d 为纵向钢筋直径），此时设计者应注明。

（3）非框架梁的下部纵向钢筋在中间支座和端支座的锚固长度，在 11G101-1 图集的构造详图中规定对于带肋钢筋为 $12d$，对于光面钢筋为 $15d$（d 为纵向钢筋直径）。当计算中需要充分利用下部纵向钢筋的抗压强度或抗拉强度，或具体工程有特殊要求时，其锚固长度应由设计者按照《混凝土结构设计规范》（GB 50010—2010）的相关规定进

行变更。

(4) 当非框架梁配有受扭纵向钢筋时，梁纵筋锚入支座的长度为 l_a，在端支座直锚长度不足时可伸至端支座对边后弯折，并且平直段长度不小于 $0.6l_{ab}$，弯折段长度 $15d$。设引应在图中注明。

(5) 当梁纵筋兼作温度应力钢筋时，其锚入支座的长度由设计确定。

(6) 当两楼层之间设有层间梁时（如结构夹层位置处的梁），应将设置该部分梁的区域划出另行绘制梁结构布置图，然后在其上表达梁平法施工图。

(7) 11G101-1 图集 KZL 用于托墙框支梁，当托柱转换梁采用 KZL 编号并使用 11G101-1 图集构造时，设计者应根据实际情况进行判定，并提供相应的构造变更。

第二节 梁标准构造详图

一、楼层框架梁纵向钢筋构造

抗震楼层框架梁纵向钢筋构造

关于抗震楼层框架梁纵向钢筋构造需要从以下几个方面进行理解分析。

1. 框架梁上部纵筋的构造分析

框架梁上部纵筋包括：上部通长筋、支座上部纵向钢筋（习惯称为支座负筋）和架立筋。此处所讲内容，对于屋面框架梁来说同样适用。

1）框架梁上部通长筋的构造

(1) 从上部通长筋的概念出发，上部通长筋的直径可以小于支座负筋。这时，处于跨中的上部通长筋就在支座负筋的分界处（$l_n/3$），与支座负筋进行连接（据此，可算出上部通长筋的长度）。

由《建筑抗震设计规范》(GB 50011—2010) 第 6.3.4 条可知，抗震框架梁需要布置 2 根直径 14mm 以上的上部通长筋。当设计的上部通长筋（即集中标注的上部通长筋）直径小于（原位标注）支座负筋直径时，在支座附近可以使用支座负筋执行通长筋的职能，此时，跨中处的通长筋就在一跨的两端 1/3 跨距的地方与支座负筋进行连接。

(2) 当上部通长筋与支座负筋的直径相等时，上部通长筋可以在 $l_n/3$ 的范围内进行连接（这种情况下，上部通长筋的长度可以按贯通筋计算）。

2）框架梁支座负筋的延伸长度

框架梁“支座负筋延伸长度”，端支座和中间支座是不同的。具体如下：

(1) 框架梁端支座的支座负筋延伸长度：第一排支座负筋从柱边开始延伸至 $l_n/3$ 位置；第二排支座负筋从柱边开始延伸至 $l_{n1}/4$ 位置。

(2) 框架梁中间支座的支座负筋延伸长度：第一排支座负筋从柱边开始延伸至 $l_n/3$ 位置；第二排支座负筋从柱边开始延伸至 $l_n/4$ 位置。

3）框架梁架立筋的构造

架立钢筋是梁的一种纵向构造钢筋。当梁顶面箍筋转角处无纵向受力钢筋时，应设置架立钢筋。架立钢筋的作用是形成钢筋骨架和承受温度收缩应力。

框架梁不一定具有架立筋，例如11G101图集第34页（即图4-12）例子工程的KL1，由于KL1所设置的箍筋是两肢箍，两根上部通长筋已经充当了两肢箍的架立筋了，所以在KL1的上部纵筋标注中就不需要注写架立筋了。

（1）架立筋的根数＝箍筋的肢数－上部通长筋的根数

（2）架立筋的长度＝梁的净跨长度－两端支座负筋的延伸长度＋150×2

2. 框架梁下部纵筋的构造分析

此处所讲内容，对于屋面框架梁来说同样适用。

1）框架梁下部纵筋的配筋方式：基本上是“按跨布置”，即是在中间支座锚固。

2）钢筋“能通则通”一般是对于梁的上部纵筋说的，梁的下部纵筋则不强调“能通则通”，主要原因在于框架梁下部纵筋如果作贯通筋处理的话，很难找到钢筋的连接点。

3）框架梁下部纵筋连接点的分析：

（1）首先，梁的下部钢筋不能在下部跨中进行连接，因为，下部跨是正弯矩最大的地方，钢筋不允许在此范围内连接。

（2）梁的下部钢筋在支座内连接也是不可行的，因为，在梁柱交叉的节点内，梁纵筋和柱纵筋都不允许连接。

（3）框架梁下部纵筋是否可以在靠近支座 $l_n/3$ 的范围内进行连接？

如果是“非抗震框架梁”，在竖向静荷载的作用下，每跨框架梁的最大正弯矩在跨中部位，而在靠近支座的地方只有负弯矩而不存在正弯矩。所以，此时，框架梁的下部纵筋可以在靠近支座 $l_n/3$ 的范围内进行连接，如图4-14所示。

如果是“抗震框架梁”，情况比较复杂，在地震作用下，框架梁靠近支座处有可能会成为正弯矩最大的地方。这样看来，抗震框架梁的下部纵筋似乎找不到可供连接的区域（跨中不行，靠近支座处也不行，在支座内更不行）。

所以说，框架梁的下部纵筋一般都是按跨处理，在中间支座锚固。

3. 框架梁中间支座的节点构造分析

此处所讲内容，对于屋面框架梁来说同样适用。

1）框架梁上部纵筋在中间支座的节点构造

在中间支座的框架梁上部纵筋一般是支座负筋。与支座负筋直径相同的上部通长筋在经过中间支座时，它本身就是支座负筋；与支座负筋直径不同的上部通长筋，在中间支座附近也是通过与支座负筋连接来实现“上部通长筋”功能的。

支座负筋在中间支座上一般有如下做法：

（1）当支座两边的支座负筋直径相同、根数相等时，这些钢筋都是贯通穿过中间支座的。

（2）当支座两边的支座负筋直径相同、根数不相等时，把“根数相等”部分的支座负筋贯通穿过中间支座，而将根数多出来的支座负筋弯锚入柱内。

（3）在施工图设计中要尽量避免出现支座两边的支座负筋直径不相同的情况。

2）框架梁下部纵筋在中间支座的节点构造

框架梁的下部纵筋一般都是以“直形钢筋”在中间支座锚固。其锚固长度同时满足两个条件：锚固长度≥l_{aE}，锚固长度≥0.5h_c＋5d。

前面提到过，框架梁的下部纵筋一般都是按跨处理，在中间支座锚固。然而，在满足钢筋“定尺长度”的前提下，相邻两跨同样直径的框架梁可以而且应该直通贯穿中间支座，这样做既可以节省钢筋，又对降低支座钢筋的密度有好处。

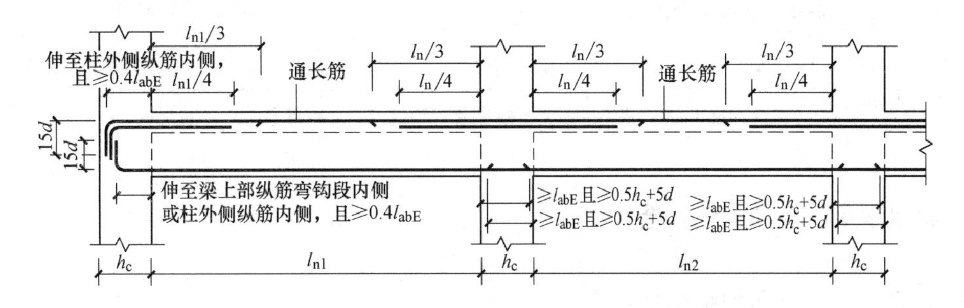

图 4-14　抗震楼层框架梁 KL 纵向钢筋构造

二、非抗震楼层框架梁纵向钢筋构造

非抗震楼层框架梁纵向钢筋构造见图 4-15。

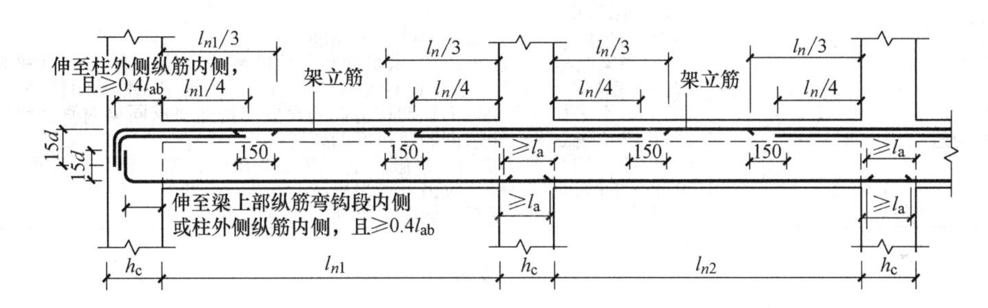

图 4-15　非抗震楼层框架梁 KL 纵向钢筋构造

三、屋面框架梁纵向钢筋构造

1. 抗震屋面框架梁纵向钢筋构造（图 4-16）

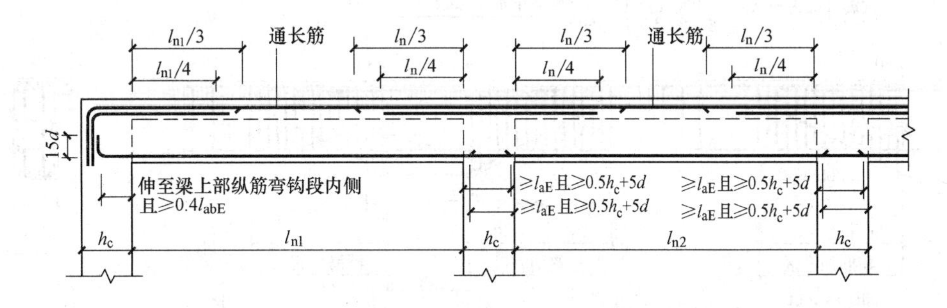

图 4-16　抗震屋面框架梁 WKL 纵向钢筋构造

2. 非抗震屋面框架梁纵向钢筋构造（图 4-17）

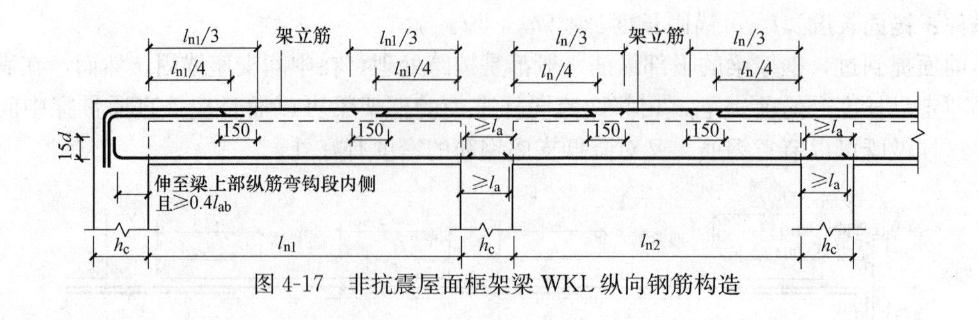

图 4-17 非抗震屋面框架梁 WKL 纵向钢筋构造

四、框架梁水平、竖向加腋构造

框架梁水平、竖向加腋构造见表 4-2、图 4-18。

框架梁水平、竖向加腋构造 **表 4-2**

名称	构造图	构 造 说 明
框架梁水平加腋构造	图 4-18	字母释义： $l_{aE}(l_a)$——受拉钢筋锚固长度，抗震设计时锚固长度用 l_{aE} 表示，非抗震设计用 l_a 表示； c_1、c_2、c_3——加密区长度； h_b——框架梁的截面高度； b_b——框架梁的截面宽度。 构造图解析： (1)括号内为非抗震梁纵筋的锚固长度。 (2)当梁结构平法施工图中，水平加腋部位的配筋设计未给出时，其梁腋上下部斜纵筋(仅设置第一排)直径分别同梁内上下纵筋，水平间距不宜大于200mm；水平加腋部位侧面纵向构造筋的设置及构造要求同梁内侧面纵向构造筋，见本章侧面纵向构造钢筋及拉筋的构造。 (3)图 4-18 中框架梁竖向加腋构造适用于加腋部分参与框架梁计算，配筋由设计标注；其他情况设计应另行给出做法。 (4)加腋部位箍筋规格及脉距与梁端部的箍筋相同
框架梁竖向加腋构造	图 4-18	

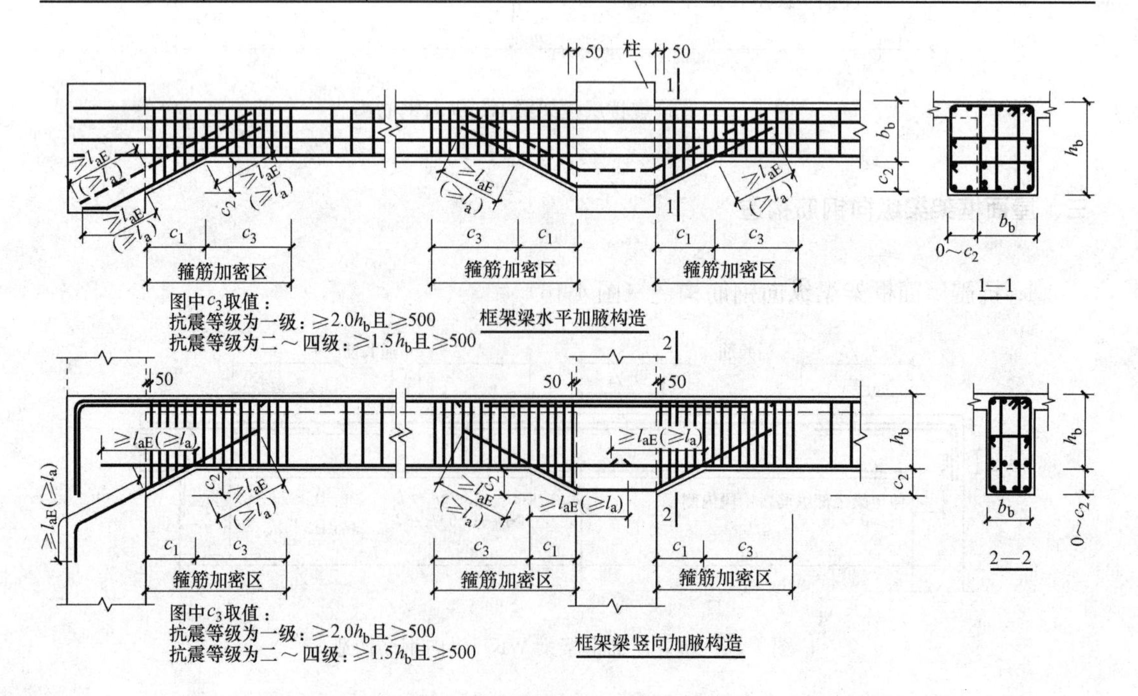

图 4-18 框架梁水平、竖向加腋构造

五、框架梁、屋面框架梁中间支座纵向钢筋构造

框架梁、屋面框架梁中间支座纵向钢筋构造见图 4-19。

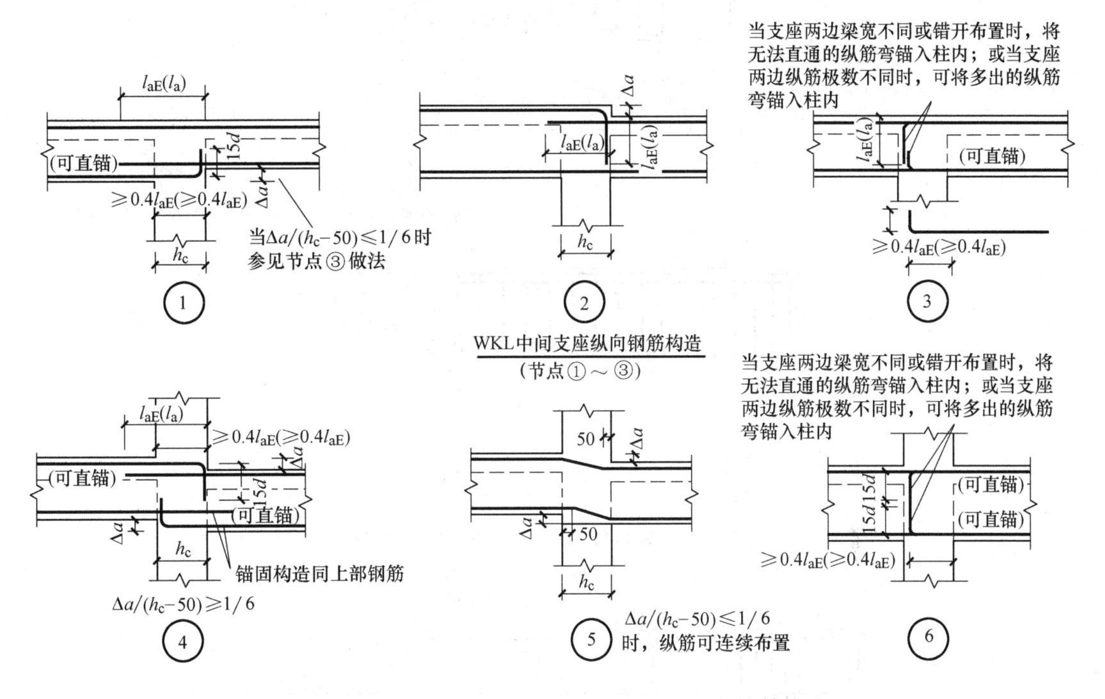

图 4-19　框架梁、屋面框架梁中间支座纵向钢筋构造

六、悬挑梁与各类悬挑端配筋构造

梁悬挑端具有如下构造特点：

(1) 梁的悬挑端在“上部跨中”位置进行上部纵筋的原位标注，这是因为悬挑端的上部纵筋是“伞跨贯通”的。

(2) 悬挑端的下部钢筋为受压钢筋，它只需要较小的配筋就可以了，不同于框架梁第一跨的下部纵筋（受拉钢筋）。

(3) 悬挑端的箍筋一般没有“加密区和非加密区”的区别，只有一种间距。

(4) 在悬挑端进行梁截面尺寸的原位标注。

悬挑梁与各类悬挑端配筋构造见图 4-20。

七、梁箍筋的构造要求

1. 抗震框架梁和屋面框架梁箍筋构造要求

抗震框架梁和屋面框架梁箍筋构造要求见图 4-21。

2. 非抗震框架梁和屋面框架梁箍筋构造要求

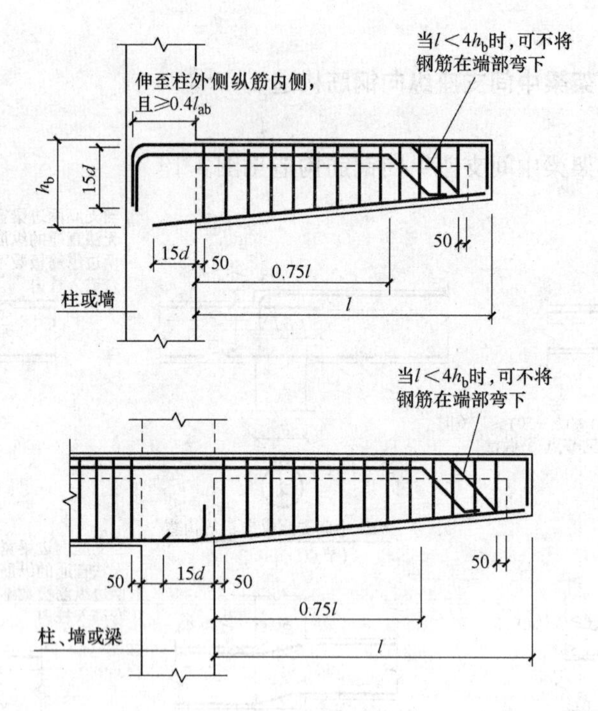

图 4-20　悬挑梁与各类悬挑端配筋构造

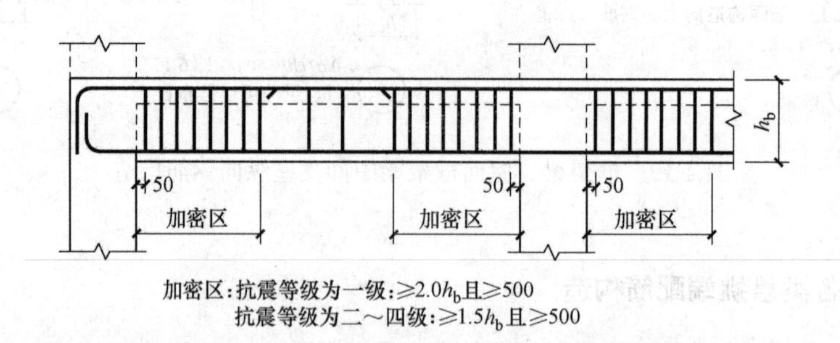

图 4-21　抗震框架梁 KL 和屋面框架梁 WKL 箍筋加密区构造

非抗震框架梁和屋面框架梁箍筋构造要求见图 4-22。

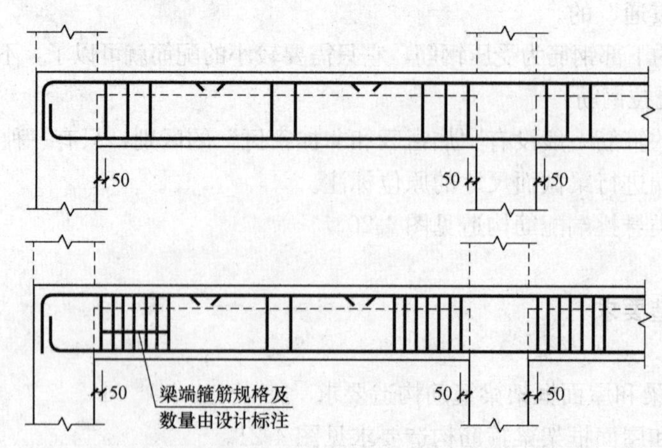

图 4-22　非抗震框架梁和屋面框架梁箍筋构造

八、附加箍筋、吊筋的构造

当次梁作用在主梁上，由于次梁集中荷载的作用，使得主梁上易产生裂缝。为防止裂缝的产生，在主次梁节点范围内，主梁的箍筋（包括加密与非加密区）正常设置，除此以外，再设置上相应的构造钢筋：附加箍筋或附加吊筋，其构造要求如图 4-23 所示。

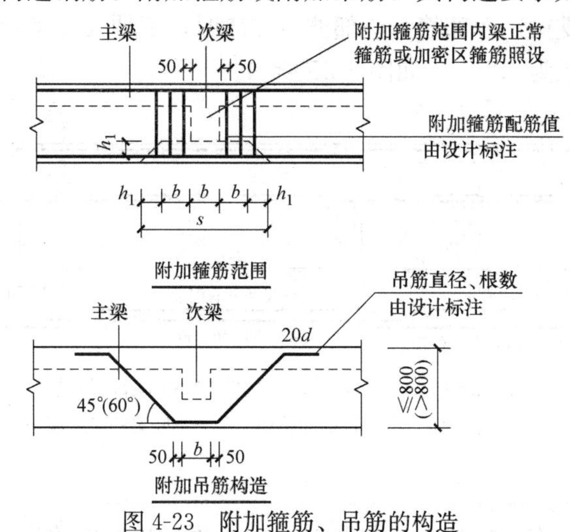

图 4-23　附加箍筋、吊筋的构造

b—次梁宽；h_1—主次梁高蔗；s—附加箍筋的布置范围；d—吊筋直径

（1）附加箍筋：第一根附加箍筋距离次梁边缘的距离为 50mm，布置范围为 $s=3b+2h_1$。

（2）附加吊筋：梁高不大于 800mm 时，吊筋弯折的角度为 45°，梁高大于 800mm 时，吊筋弯折的角度为 60°；吊筋在次梁底部的宽度为 $b+2\times50$，在次梁两边的水平段长度为 $20d$。

九、侧面纵向构造钢筋及拉筋的构造

梁侧面纵向构造筋和拉筋如图 4-24 所示。

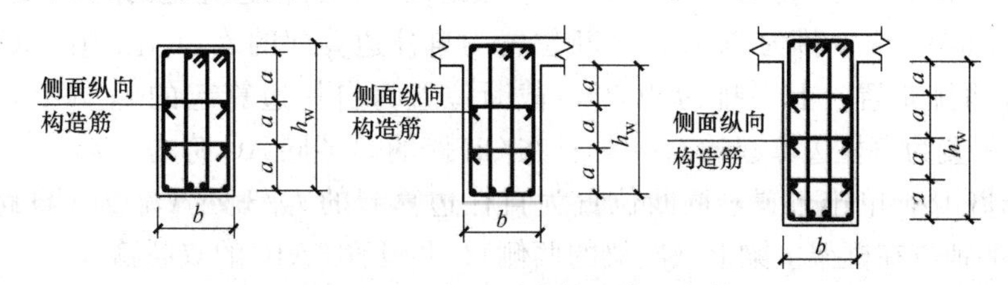

图 4-24　梁侧面纵向构造筋和拉筋

a—纵向构造筋间距；b—梁宽；h_w—梁腹板高度

（1）当 $h_w\geqslant450$mm 时，在梁的两个侧向应沿高度配置纵向构造筋；纵向构造筋间距 $a<200$mm。

（2）当梁侧面配有直径不小于构造纵筋的受扭纵筋时，受扭钢筋可以替代构造钢筋。

（3）梁侧面构造纵筋的搭接与锚固长度可取 $15d$。梁侧面受扭纵筋的搭接长度为 l_{lE}

或 l_l，其锚固长度为 l_{aE} 或 l_a，锚固方式同框架梁下部纵筋。

(4) 当梁宽不大于350mm时，拉筋直径为6mm；梁宽大于350mm时，拉筋直径为8mm。拉筋间距为非加密区箍筋间距的2倍。当设有多排拉筋时，上下两排拉筋竖向错开设置。

十、不伸入支座梁下部纵向钢筋构造

当梁（不包括框支梁）下部筋不全部伸入支座时，不伸入支座的梁下部纵筋截断点距支座边的距离，统一取为 $0.1l_{ni}$，如图4-25所示。

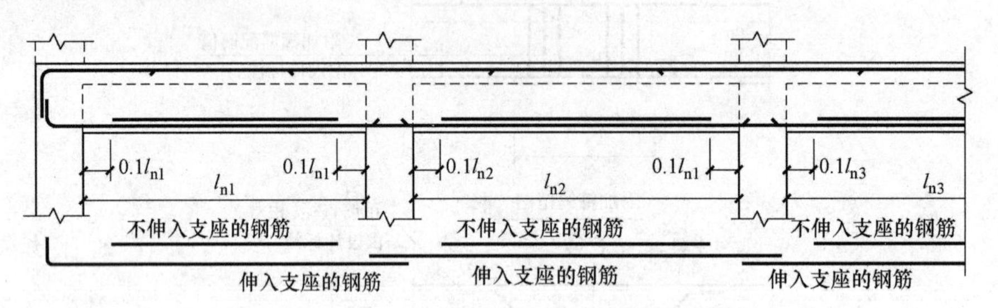

图4-25　不伸入支座梁下部纵向钢筋断点位置

l_{n1}、l_{n2}、l_{n3}—水平跨的净跨值；l_{ni}—本跨梁的净跨值

第三节　梁平法施工图识读实例

由二层梁配筋图图纸（图4-26）可知：

绘图比例为1∶100，该图中框架梁共有8种（KL201、KL202、KL203、KL204、KL205、KL206、KL207、KL208），次梁共有12种（LL201、LL202、LL203、LL204、LL205、LL206、LL207、LL208、LL209、LL210、LL211、LL212）。

KL201：编号为201的框架主梁，两跨，截面宽度为300mm，截面高度为650mm，加密区箍筋A8@100，非加密区A8@200，均为2肢箍，梁中下部通长筋为2C20，搭接长度参见11G101-1，受扭纵向钢筋为4C12，梁中上部钢筋：在AC跨的A端为2C20+4C18，分两排布置，上一排为2C20+2C18，截断位置为自柱边算起的 $l_n/3$ 处（l_n 为AC跨的净跨，下同），下一排为2C18，截断位置为自柱边算起的 $l_n/4$ 处；在AC跨的C端为6C20，分两排布置，上一排为4C20，截断位置为自柱边算起的 $l_n/3$ 处，下一排为2C20，截断位置为自柱边算起的 $l_n/4$ 处；在CD跨的C端同AC跨的C端；在CD跨的D端为2C20+2C18，单排布置，截断位置为自柱边算起的 $l_n/3$ 处（l_n 为CD跨的净跨）；与次梁相连的地方在框架主梁上（次梁的两侧），共设置6A10的双肢箍。

其他编号的框架主梁参照KL201识图。

LL201：编号为201的框架次梁，一跨，截面宽度为250mm，截面高度为500mm，箍筋A8@200，双肢箍，梁的上部配置2C16的通长筋，截断位置为自柱边算起的 $l_n/5$ 处；下部配置两排钢筋，上排为2C20，下排为2C20+2C18。与LL208相交处在LL201上（LL208的两侧），共设置6A10的双肢箍。

其他编号的框架次梁参照LL201识图。

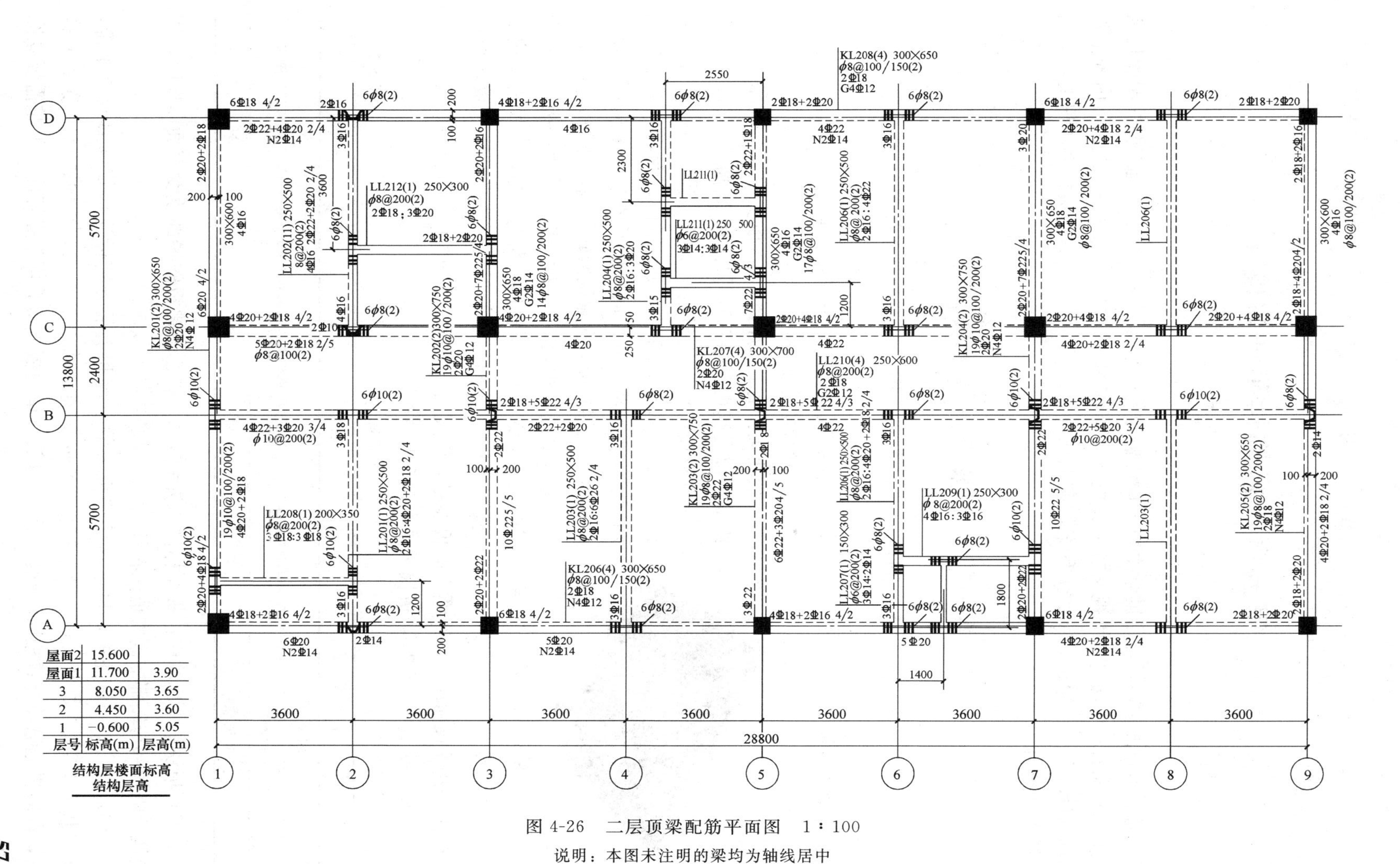

屋面2	15.600	
屋面1	11.700	3.90
3	8.050	3.65
2	4.450	3.60
1	−0.600	5.05
层号	标高(m)	层高(m)

结构层楼面标高
结构层高

图 4-26　二层顶梁配筋平面图　1∶100

说明：本图未注明的梁均为轴线居中

第五章　板构件平法识图

通过本章的学习，能帮助学生熟悉现浇板构件的平法识图，掌握板施工图的制图规则和注写方式。学生通过三维视图能掌握板内主要钢筋的布置，并能理解、记忆板内各主要钢筋的计算公式。通过后续的工程案例实训和习题练习，学生能具备板构件的识图和钢筋计算实操能力。

第一节　有梁楼盖板平法识图

有梁楼盖板指以梁为支座的楼面及屋面板。图 5-1 所示为有梁楼盖楼面板三维示意图。

有梁楼盖板平法施工图平面标注主要包括板块集中标注和板支座原位标注。

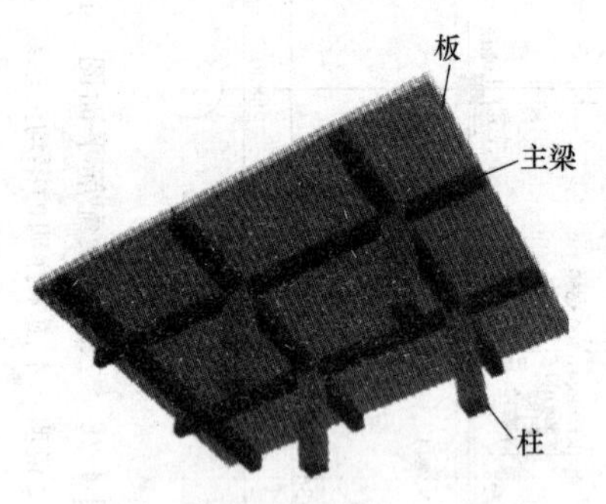

图 5-1　有梁楼盖楼面板三维示意图

1. 板块集中标注

板块集中标注的内容为：板块编号、板厚、贯通纵筋，以及当板面标高不同时的标高高差。

为方便设计表达和施工识图，规定结构平面的坐标方向为：当两向轴网正交布置时，图面从新平法识图钢筋计算左至右为 X 向，从下至上为 Y 向；当轴网转折时，局部坐标方向顺轴网转折角度作相应转折。

对于普通楼面板，XY 向都以一跨为一板块；对于密肋楼盖，XY 向主梁都以一跨为一板块；所有板块都是逐一编号，相同编号的板块可选择其中一板块作集中标注，其他仅标注置于圆圈内的板编号，以及当板面标高不同时的标高高差。

(1) 板块集中标注中，板块编号见表 5-1 的规定。

板编号　　**表 5-1**

板类型	代号	序号
屋面板	WB	××
楼面板	LB	××
悬挑板	XB	××

(2) 板块集中标注中，板厚标注为 h=×××；当悬挑板的端部改变截面厚度时，用斜线分隔根部与端部的高度值，标注为 h=×××/×××。

(3) 板块集中标注中，贯通纵筋按板块的下部和上部分别标注，并以 B 代表下部，以 T 代表上部，B&T 代表下部与上部；X 向贯通纵筋以 X 打头，Y 向贯通纵筋以 Y 打头，两向贯通纵筋配置相同时则以 X&Y 打头。单向板分布筋可不必标注，但是需要在图中统一注明。当贯通筋采用两种规格钢筋“隔一布一”方式时，表达为ϕxx/yy@xxx，表示直径为xx的钢筋和直径为yy的钢筋二者之间间距为xxx，直径xx的钢筋的间距为xxx的2倍，直径yy的钢筋的间距为xxx的2倍。

(4) 板块集中标注中板面标高高差指相对于结构层楼面标高的高差，应将其标注在括号内，且有高差则注，无高差不注。

【例5-1】 有一楼面板块标注为：

LB2 h=150

B：X12@120；Y10@110

表示2号楼面板，板厚150mm，板下部配置的贯通纵筋X向为12@120，Y向为10@110；板上部未配置贯通纵筋。

【例5-2】 有一楼面板块标注为：

LB2 h=150

B：X10/12@100；Y10@110

表示2号楼面板，板厚150mm，板下部配置的贯通纵筋X向为10、12隔一布一，10与12之间间距为100mm；Y向为10@110；板上部未配置贯通纵筋。

【例5-3】 有一悬挑板标注为：

XB2 h=170/120

B：X&Y8@200

表示2号悬挑板，板根部厚170mm，端部厚120mm，板下部配置构造钢筋双向均为8@200。

2. 板支座原位标注

板支座原位标注的主要内容为板支座上部非贯通纵筋，如图5-2所示。

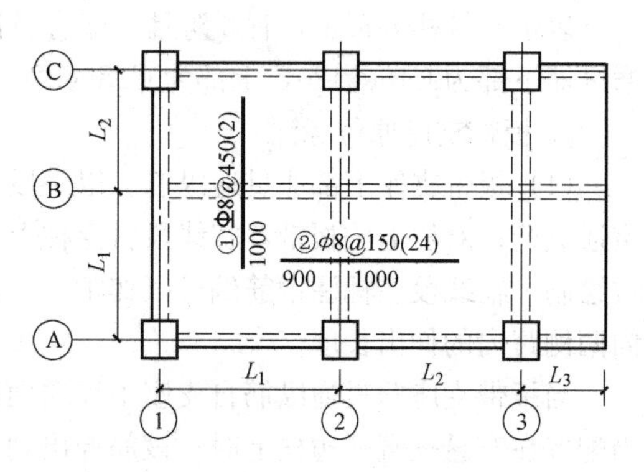

图5-2 板支座原位标注示意图

板支座上部非贯通纵筋为自支座中线向跨内的伸出长度，标注在线段的下方位置。当中间支座上部非贯通纵筋向支座两侧对称伸出时，可仅在支座一侧线段下方标注伸出长度，另一侧不标注。当向支座两侧非对称伸出时，应分别在支座两侧线段下方标注伸出长度。对线段画至对边，贯通全跨或贯通全悬挑长度的上部通长纵筋，贯通全跨或伸出至全悬挑一侧的长度值不标注，只注明非贯通纵筋另一侧的伸出长度值。

第二节 无梁楼盖板平法识图

无梁楼盖板指没有梁的楼盖板，楼板由戴帽的柱头支撑，使同高的楼层扩大净空，节省建材，加快施工进度，而且质地更密，抗压性更高，抗振动冲击更强，结构更合理。图5-3所示为无梁楼盖楼面板三维示意图。

无梁楼盖板平面标注主要包括板带集中标注和板带支座原位标注。

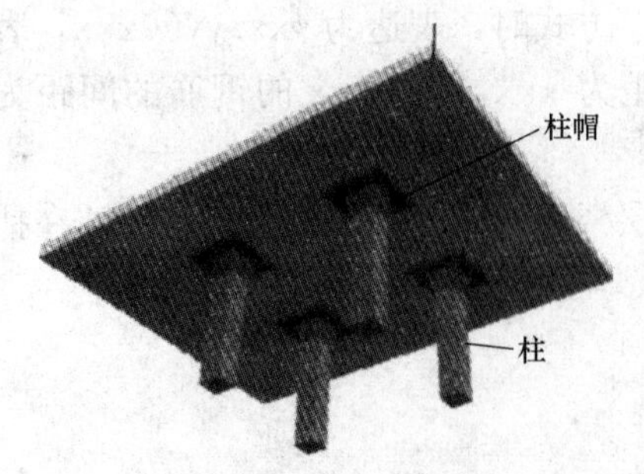

图 5-3　无梁楼盖楼面板三维示意图

1. 板带集中标注

集中标注应在板带贯通纵筋配置相同跨的第一跨标注。

对于相同编号的板带，可择其一板块作集中标注，其他仅标注板带编号。板带集中标注的具体内容为：板带编号、板带厚、板带宽和贯通纵筋。

板带编号方法见表 5-2，跨数按柱网轴线计算，两相邻柱轴线之间为一跨；悬挑不计入跨数。板带厚标注为 h=×××，板带宽标注为 b=×××。

板带编号　　**表 5-2**

板带类型	代号	序号	跨数及有无悬挑	备注
柱上板带	ZSB	××	(××)、(××A)或(××B)	(××A)为一端有悬挑，(××B)为两端有悬挑
跨中板带	KZB	××	(××)、(××A)或(××B)	

贯通纵筋按板带下部和板带上部分别标注，并以 B 代表下部，T 代表上部，B&T 代表下部和上部。

【例 5-4】 有一板带标注为：

ZSB5（3A）　h=300　b=3200

B C16@120

T C18@220

表示 5 号柱上板带，有 3 跨且一端有悬挑；板带厚 300mm，宽 3200mm；板带配置贯通纵筋下部为 C16@120，上部为 C18@220。

2. 板带支座原位标注

（1）板带支座上部非贯通纵筋。以一段与板带同向的中粗实线段代表板带支座上部非贯通纵筋；对柱上的板带，实线段贯穿柱上区域绘制；对跨中的板带，实线段横贯柱网轴线绘制。在线段上标注钢筋编号（如①、②等）、配筋值及在线段的下方标注自支座中线向两侧跨内的伸出长度。

当板带支座非贯通纵筋自支座中线向两侧对称伸出时，其伸出长度可仅在一侧标注；当配置在有悬挑端的边柱上时，该筋伸出到悬挑尽端；当支座上部非贯通纵筋呈放射分布时，图纸上应注明配筋间距的定位位置。

（2）不同部位的板带支座上部非贯通纵筋相同者，可仅在一个部位注写，其余则在代表非贯通纵筋的线段上注写编号。

比如平面布置图的某部位，在横跨板带支座绘制的对称线段上注有⑦C16@200，在线段一侧的下方注有 1200，系表示支座上部⑦号非贯通纵筋为 C16@200，自支座中线向两侧跨内的伸出长度均为 1200mm。

（3）当板带上部已经配有贯通纵筋，但需增加配置板带支座上部非贯通纵筋时，应结合已配同向贯通纵筋的直径与间距，采取“隔一布一”的方式布置。比如有一板带上部已配置贯通纵筋 C16@220，板带支座上部非贯通纵筋为 C16@220，则板带在该位置实际配置的上部纵筋为 C16@110，其中 1/2 为贯通纵筋，1/2 为非贯通纵筋。

再如有一板带上部已配置贯通纵筋 C16@240，板带支座上部非贯通纵筋为 C18@240，则板带在该位置实际配置的上部纵筋为 C16 和 C18 间隔布置，二者之间间距为 120mm。

第三节　板标准构造详图

一、楼面板与屋面板钢筋构造

有梁楼盖楼面板 LB 和屋面板 WB 钢筋构造如图 5-4 所示。

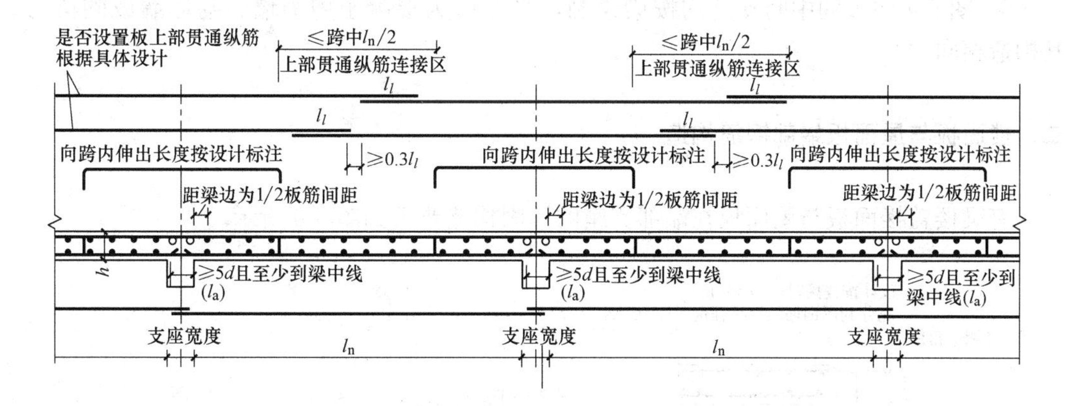

图 5-4　有梁楼盖楼面板 LB 和屋面板 WB 钢筋构造

（括号内的锚固长度 l_s 用于梁板式转换层的板）

l_s—水平跨净跨值；l_l—纵向受拉钢筋非抗震绑扎搭接长度；

l_a—受拉钢筋非抗震锚固长度；d—受拉钢筋直径

1）当相邻等跨或不等跨的上部贯通纵筋配置不同时，应将配置较大者越过其标注的跨数终点或起点伸出至相邻跨的跨中连接区域连接。

2）除图 5-4 所示搭接连接外，板纵筋可采用机械连接或焊接连接。接头位置：上部钢筋如图 5-4 所示连接区，下部钢筋宜在距支座 1/4 净跨内。

3）板贯通纵筋的连接要求见 11G101-1 图集第 55 页，并且同一连接区段内钢筋接头百分率不宜大于 50%。不等跨板上部贯通纵筋连接构造详见图 5-7。

4）当采用非接触方式的绑扎搭接连接时，要求见图 5-5。

（1）在搭接范围内，相互搭接的纵筋与横向钢筋的每个交叉点均应进行绑扎。

（2）抗裂构造钢筋自身及其与受力主筋搭接长度为 150mm，抗温度筋自身及其与受力主筋搭接长度为 l_l。

（3）板上下贯通筋可兼作抗裂构造筋和抗温度筋。当下部贯通筋兼作抗温度钢筋时，其在支座的锚固由设计者确定。

（4）分布筋自身及与受力主筋、构造钢筋的搭接长度为 150mm；当分布筋兼作抗温度筋时，其自身及与受力主筋、构造钢筋的搭接长度为 l_l；其在支座的锚固按受拉要求考虑。

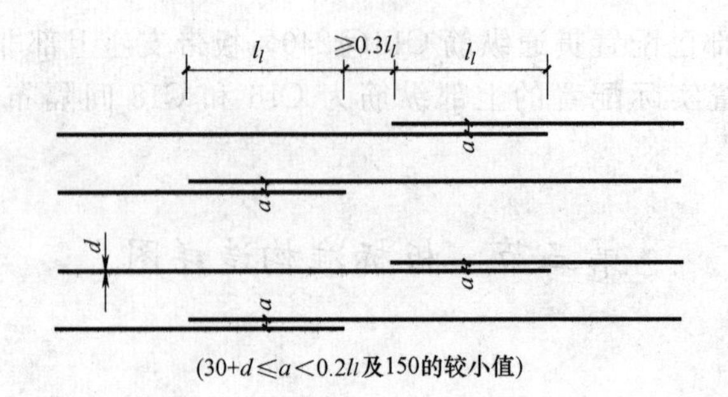

图 5-5　纵向钢筋非接触搭接构造

5）板位于同一层面的两向交叉纵筋何向在下何向在上，应按具体设计说明。

6）图 5-4 中板的中间支座均按梁绘制，当支座为混凝土剪力墙、砌体墙或圈梁时，其构造相同。

二、楼面板与屋面板端部钢筋构造

有梁楼盖楼面板与屋面板在端部支座的锚固构造要求如图 5-6 所示。

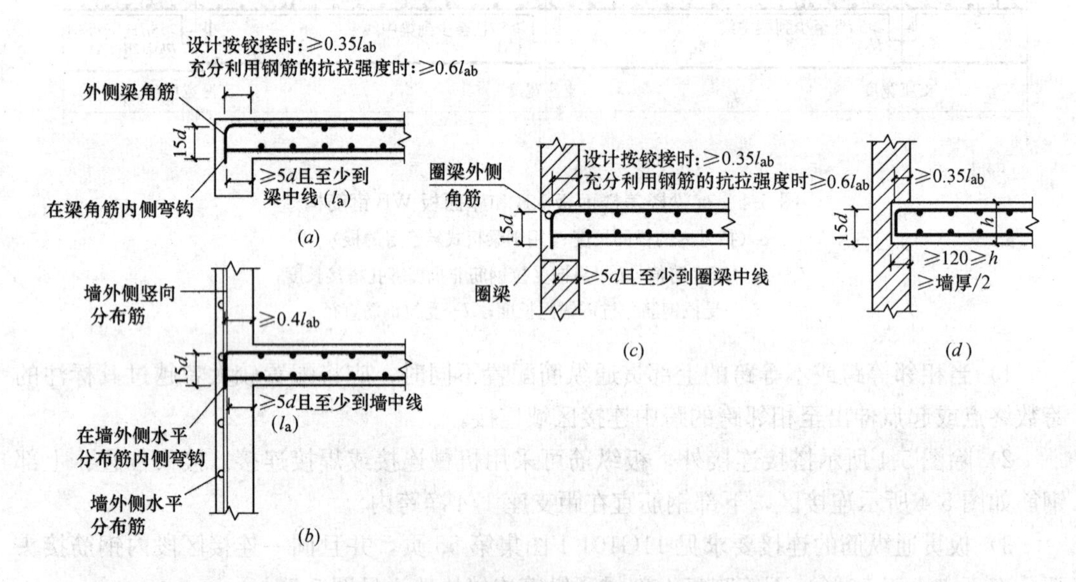

图 5-6　板在端部支座的锚固构造

（a）端部支座为梁；（b）端部支座为剪力墙（当用于屋面处，板上部钢筋锚固要求与图不同时由设计明确）；（c）端部支座为砌体墙的圈梁；（d）端部支座为砌体墙（括号内的锚固长度 Z_0 用于梁板式转换层的板）

l_{ab}—受拉钢筋的非抗震基本锚固长度；

l_a—受拉钢筋的非抗震锚固长度；

d—受拉钢筋直径。

（1）纵筋在端支座应伸至支座（梁、圈梁或剪力墙）外侧纵筋内侧后弯折，当直段长度≥Z_0 时可不弯折。

（2）图中“设计按铰接时”、“充分利用钢筋的抗拉强度时”由设计指定。

三、有梁楼盖不等跨板上部贯通纵筋连接构造

有梁楼盖不等跨板上部贯通纵筋连接构造如图 5-7 所示。

四、有梁楼盖悬挑板钢筋构造

1. 悬挑板钢筋构造

悬挑板钢筋构造如图 5-8 所示。

2. 板翻边构造

板翻边构造如图 5-9 所示。

3. 悬挑板阳角放射筋构造

悬挑板阳角放射筋构造如图 5-10 所示。

五、无梁楼盖柱上板带与跨中板带纵向钢筋构造

无梁楼盖柱上板带与跨中板带纵向钢筋构造如图 5-7 所示。

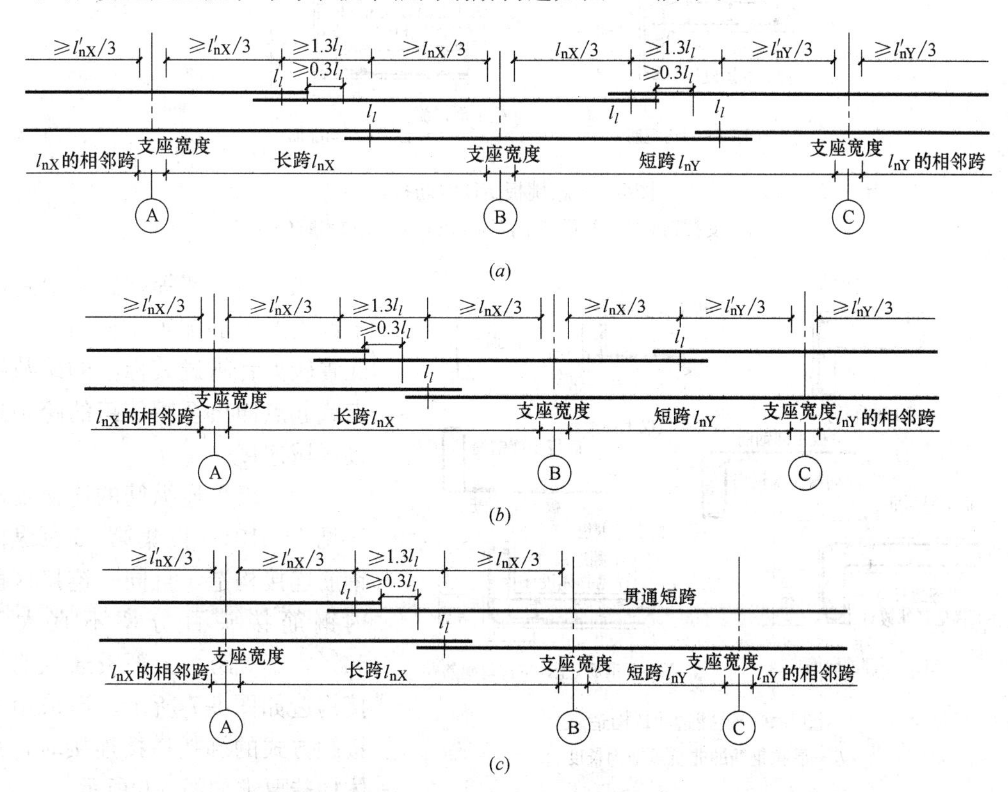

图 5-7　不等跨板上部贯通纵筋连接构造（当钢筋足够长时能通则通）

（a）不等跨板上部贯通纵筋连接构造（一）；（b）不等跨板上部贯通纵筋连接构造（二）；

（c）不等跨板上部贯通纵筋连接构造（三）

l_{nX}—轴线 A 左右两跨的较大净跨度值；l_{nY}—轴线 C 左右两跨的较大净跨度值

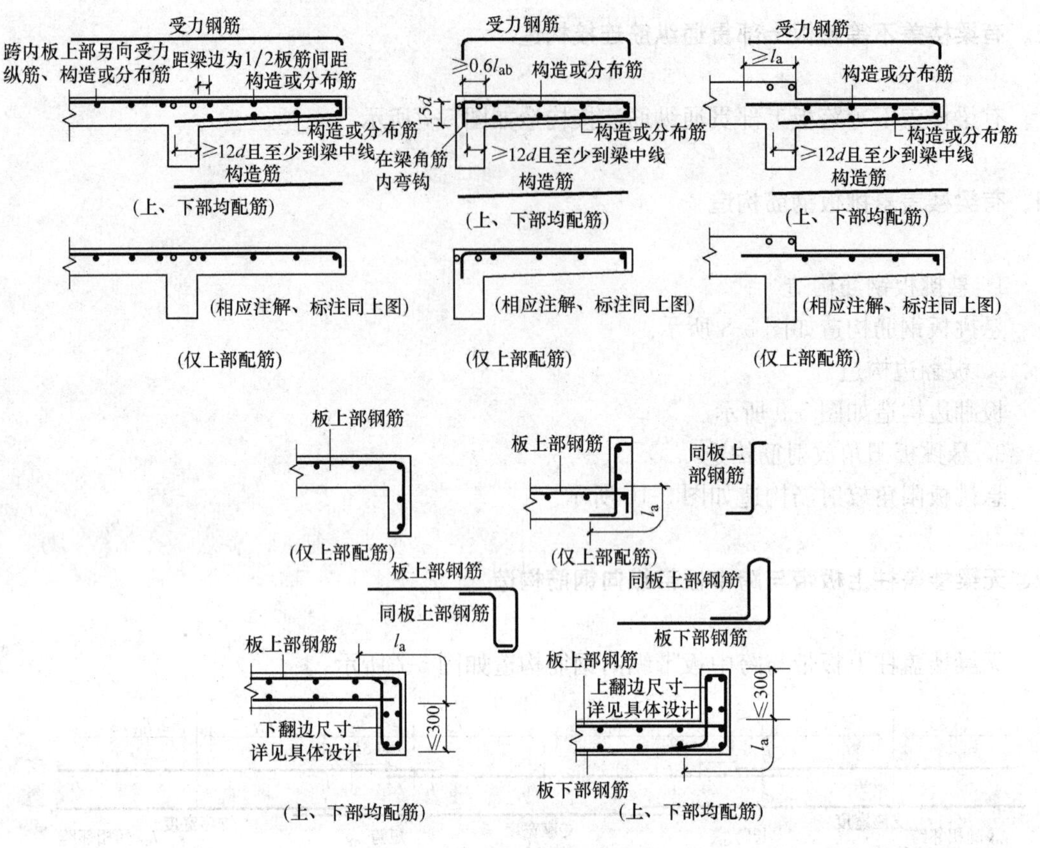

图 5-8　悬挑板 XB 钢筋构造

l_{ab}—受拉钢筋的非抗震基本锚固长度；d—受拉钢筋直径

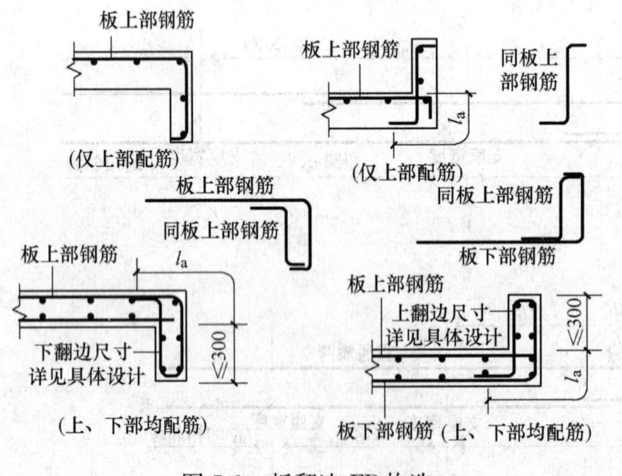

图 5-9　板翻边 FB 构造

l_a—受拉钢筋的非抗震锚固长度

(1) 当相邻等跨或不等跨的上部贯通纵筋配置不同时，应将配置较大者越过其标注的跨数终点或起点伸出至相邻跨的跨中连接区域连接。

(2) 板贯通纵筋的连接要求详见 11G101-1 图集第 55 页纵向钢筋连接构造，且同一连接区段内钢筋接头百分率不宜大于 50%，不等跨板上部贯通纵筋连接构造如图 5-7 所示。当采用非接触方式的绑扎搭接连接时，具体构造要求如图 5-6 所示。

(3) 板贯通纵筋在连接区域内也可采用机械连接或焊接连接。

(4) 板位于同一层面的两向交叉纵筋何向在下何向在上，应按具体设计说明。

(5) 图 5-11 所示的构造同样适用于无柱帽的无梁楼盖。

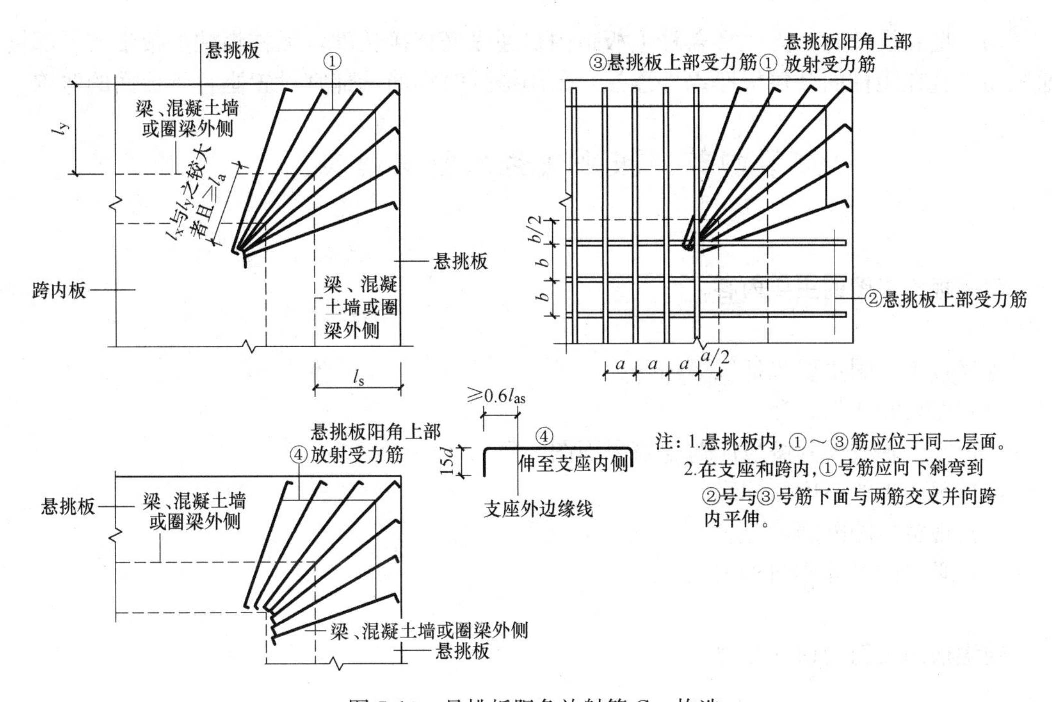

图 5-10 悬挑板阳角放射筋 Ces 构造

l_a—水平向跨度值；l_y—竖直向跨度值；l_{ab}—受拉钢筋的非抗震基本锚固长度；l_a—受拉钢筋的非抗震锚固长度；a—竖直向悬挑板上部受力筋间距；b—水平向悬挑板上部受力筋间距

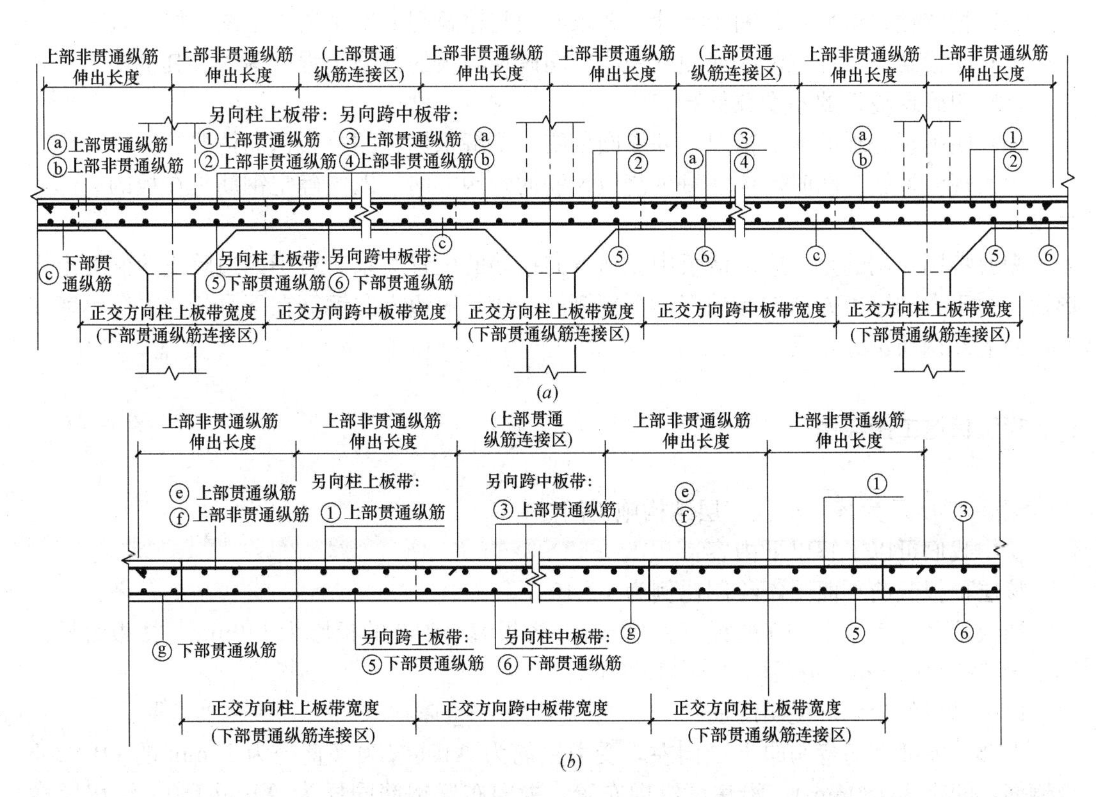

图 5-11 无梁楼盖柱上板带与跨中板带纵向钢筋构造（板带上部非贯通纵筋向跨内伸出长度按设计标注）

（a）柱上板带 ZSB 纵向钢筋构造；（b）跨中板带 KZB 纵向钢筋构造

(6) 抗震设计时，无梁楼盖柱上板带内贯通纵筋搭接长度，无柱帽柱上板带的下部贯通纵筋，宜在距柱面2倍板厚以外连接，采用搭接时钢筋端部宜设置垂直于板面的弯钩。

第四节　板平法施工图识读实例

一、现浇板施工图的主要内容

现浇板施工图主要包括以下内容：

(1) 图名和比例。

(2) 定位轴线及其编号应与建筑平面图一致。

(3) 现浇板的厚度和标高。

(4) 现浇板的配筋情况。

(5) 必要的设计详图和说明。

二、现浇板施工图的识读步骤

现浇板施工图的识读步骤如下：

(1) 查看图名、比例。

(2) 校核轴线编号及其间距尺寸，要求必须与建筑图、梁平法施工图保持一致。

(3) 阅读结构设计总说明或图纸说明，明确现浇板的混凝土强度等级及其他要求。

(4) 明确现浇板的厚度和标高。

(5) 明确现浇板的配筋情况，并参阅说明，了解未标注的分布钢筋情况等。

识读现浇板施工图时，应注意现浇板钢筋的弯钩方向，以便确定钢筋是在板的底部还是顶部。

需要特别强调的是，应分清板中纵横方向钢筋的位置关系。对于四边整浇的混凝土矩形板，由于力沿短边方向传递的多，下部钢筋一般是短边方向钢筋在下，长边方向钢筋在上，而上部钢筋正好相反。

三、现浇板施工图实例

图5-12所示为××工程三层结构施工图。

从中我们可以了解以下内容：

该层顶板配筋平面图，绘制比例为1：100。

楼板编号为4、11～15的板厚为90mm，楼板编号为3的板厚为140mm，楼板编号为10的板厚为160mm，板顶标高为11.700m。

以1号房间为例，说明配筋：

下部：下部钢筋弯钩向上或向左，受力钢筋为A10@180（直径为10mm的HPB235级钢筋，间距为180mm），沿房屋纵向布置，横向布置钢筋同样为A10@180，沿房屋横向布置，下部钢筋中纵向（房间短向）钢筋在下，横向（房间长向）钢筋在上。

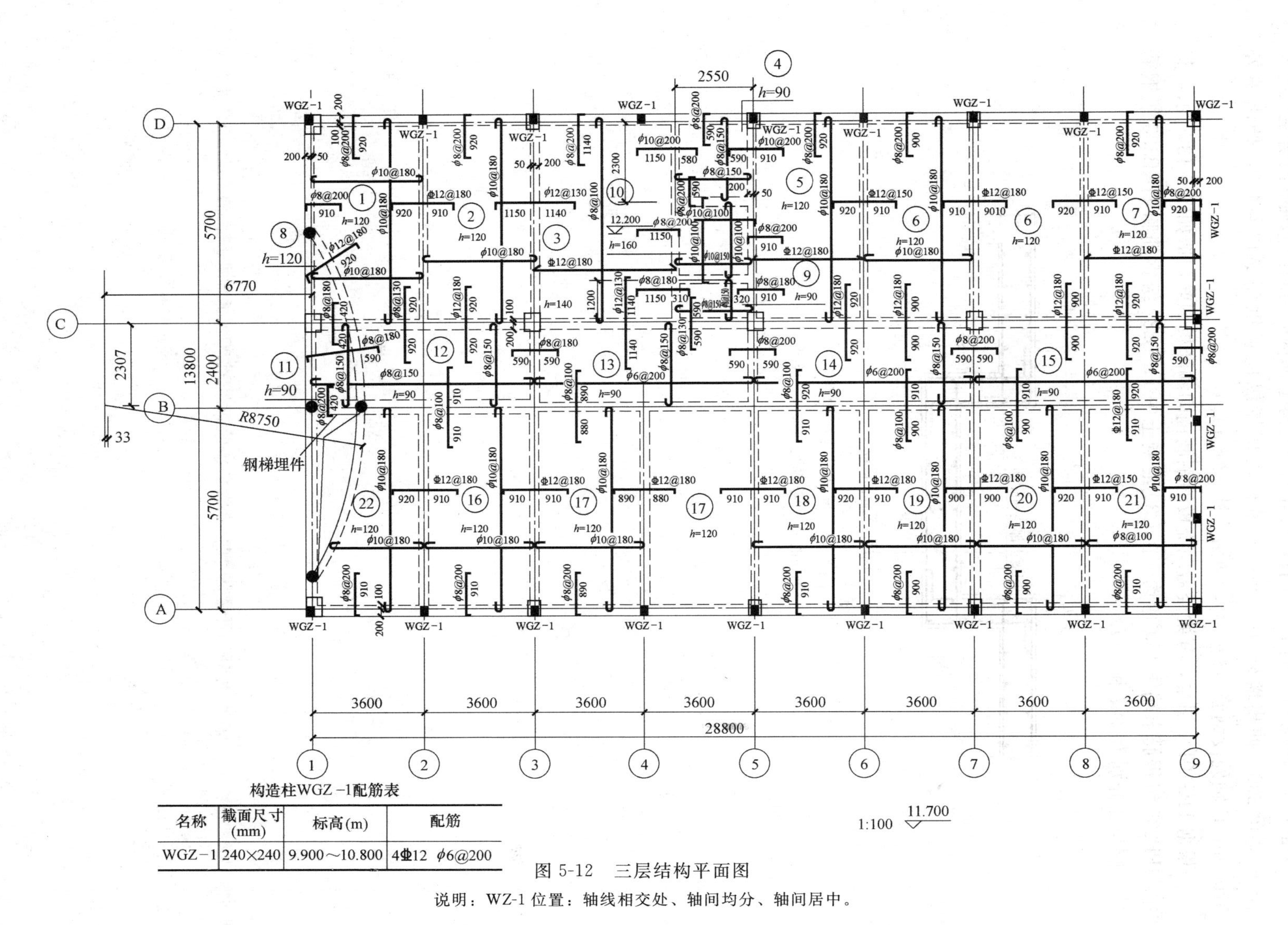

构造柱WGZ-1配筋表

名称	截面尺寸(mm)	标高(m)	配筋
WGZ-1	240×240	9.900～10.800	4⏀12 ϕ6@200

图 5-12　三层结构平面图

说明：WZ-1 位置：轴线相交处、轴间均分、轴间居中。

上部：上部钢筋弯钩向下或向右，与墙相交处有上部构造钢筋，①轴处沿房屋纵向设钢筋 A8@200，伸出墙外 910mm；②轴处沿房屋纵向设钢筋 A12@180，伸出墙外 920mm；D 轴处设钢筋 A8@200，伸出墙外 920mm。

根据 11G101-1 图集，有梁楼盖现浇板的钢筋锚固和降板钢筋构造如图 5-13 所示，其中 HPB235 级钢筋末端作 180°弯钩，在 C30 混凝土中 HPB235 级钢筋和 HRB335 级钢筋的锚固长度分别为 $24d$ 和 $30d$。

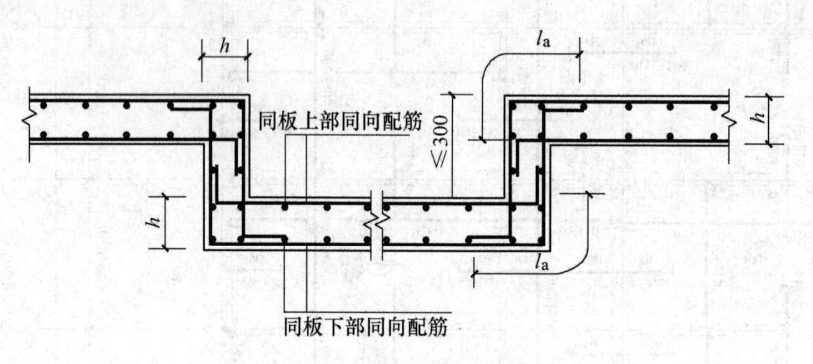

图 5-13　局部升降板构造

l_a—钢筋的非抗震锚固长度；h—板厚

第六章　板式楼梯平法识图

第一节　板式楼梯简介

板式楼梯所包含的构件内容一般有踏步段、层间梯梁、层间平板、楼层梯梁和楼层平板等。

1. 踏步段

任何楼梯都包含踏步段。每个踏步的高度和宽度应该相等。根据“以人为本”的设计原则，每个踏步的宽度和高度一般以上下楼梯舒适为准，例如，踏步高度为150mm，踏步宽度为280mm。而每个踏步的高度和宽度之比，决定了整个踏步段斜板的斜率。

2. 层间平板

楼梯的层间平板就是人们常说的“休息平台”。在11G101-2图集中，“两跑楼梯”包含层间平板；而“一跑楼梯”不包含层间平板，在这种情况下，楼梯间内部的层间平板就应该另行按“平板”进行计算。

3. 层间梯梁

楼梯的层间梯梁起到支承层间平板和踏步段的作用。11G101-2图集的“一跑楼梯”需要有层间梯梁的支承，但是一跑楼梯本身不包含层间梯梁，所以在计算钢筋时，需要另行计算层间梯梁的钢筋。11G101-2图集的“两跑楼梯”没有层间梯梁，其高端踏步段斜板和低端踏步段斜板直接支承在层间平板上。

4. 楼层梯梁

楼梯的楼层梯梁起到支承楼层平板和踏步段的作用。11G101-2图集的“一跑楼梯”需要有楼层梯梁的支承，但是一跑楼梯本身不包含楼层梯梁，所以在计算钢筋时，需要另行计算楼层梯梁的钢筋。11G101-2图集的“两跑楼梯”分为两类：FT和GT没有楼层梯梁，其高端踏步段斜板和低端踏步段斜板直接支承在楼层平板上；HT需要有楼层梯梁的支承，但是这两种楼梯本身不包含楼层梯梁，所以在计算钢筋时，需要另行计算楼层梯梁的钢筋。

5. 楼层平板

楼层平板就是每个楼层中连接楼层梯梁或踏步段的平板，但是，并不是所有楼梯间都包含楼层平板。11G101-2图集的“两跑楼梯”中的FT和GT包含楼层平板；而“两跑楼梯”中的HT，以及“一跑楼梯”不包含楼层平板，在计算钢筋时，需要另行计算楼层平板的钢筋。

第二节　板式楼梯平法施工图制图规则

一、现浇混凝土板式楼梯平法施工图的表示方法

（1）现浇混凝土板式楼梯平法施工图包括平面注写、剖面注写和列表注写三种表达方

式，设计者可根据工程具体情况任选一种。

11G101-2 图集制图规则主要表述梯板的表达方式，与楼梯相关的平台板、梯梁、梯柱的注写方式参见 11G101-1 图集。

（2）楼梯平面布置图，应按照楼梯标准层，采用适当比例集中绘制，需要时绘制其剖面图。

（3）为方便施工，在集中绘制的板式楼梯平法施工图中，应当用表格或其他方式注明各结构层的楼面标高、结构层高及相应的结构层号。

楼梯类型：

1）11G101-2 图集楼梯包含 11 种类型，见表 6-1。

楼梯类型　　表 6-1

梯板代号	适用范围		是否参与结构整体抗震计算	示意图
	抗震构造措施	适用结构		
AT	无	框架、剪力墙、砌体结构	不参与	图 6-1
BT				
CT	无	框架、剪力墙、砌体结构	不参与	图 6-2
DT				
ET	无	框架、剪力墙、砌体结构	不参与	图 6-3
FT				
GT	无	框架结构	不参与	图 6-4
HT		框架、剪力墙、砌体结构		
ATa	有	框架结构	不参与	图 6-5
ATb			不参与	
ATc			参与	

注：

1. ATa 低端设滑动支座支承在梯梁上；ATb 低端设滑动支座支承在梯梁的挑板上；
2. ATa、ATb、ATc 均用于抗震设计，设计者应指定楼梯的抗震等级。

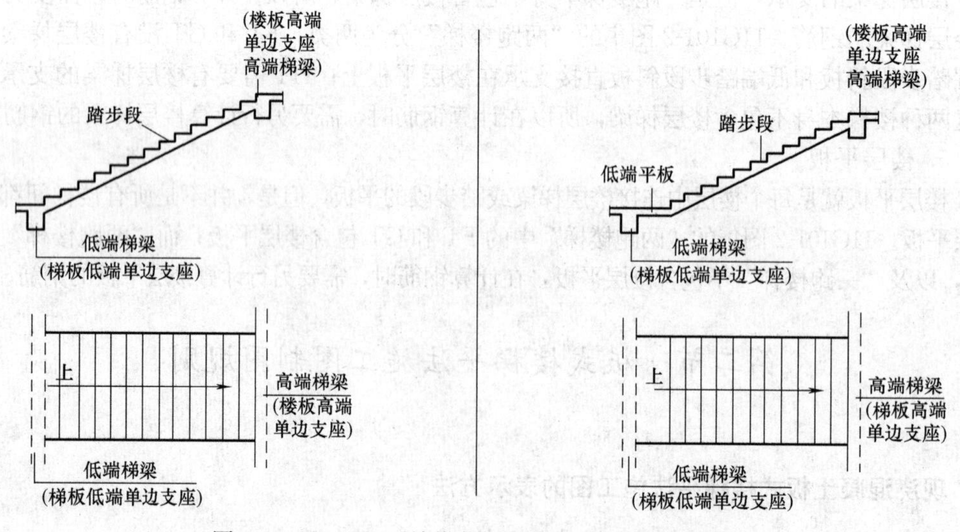

图 6-1　AT、BT 型楼梯截面形状与支座位置示意图

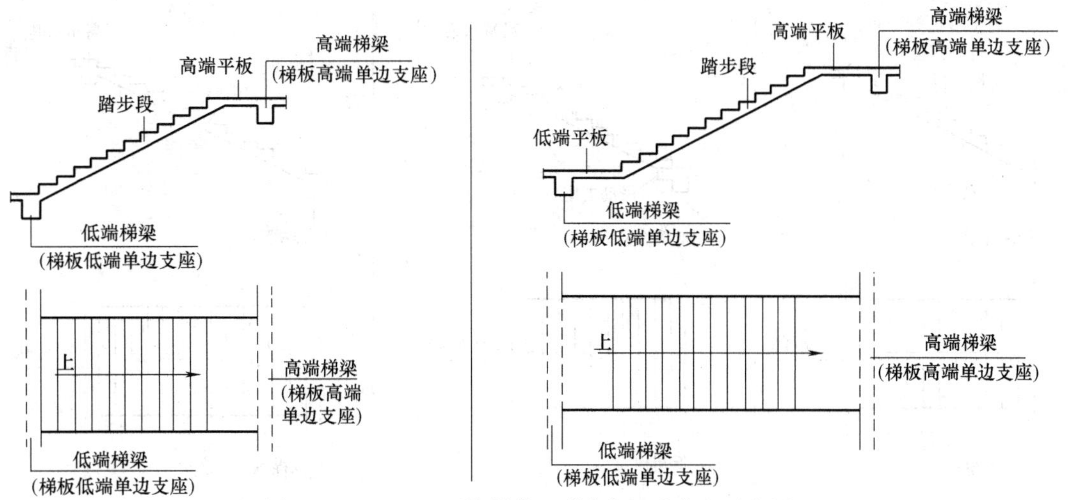

图 6-2　CT、DT 型楼梯截面形状与支座位置示意图

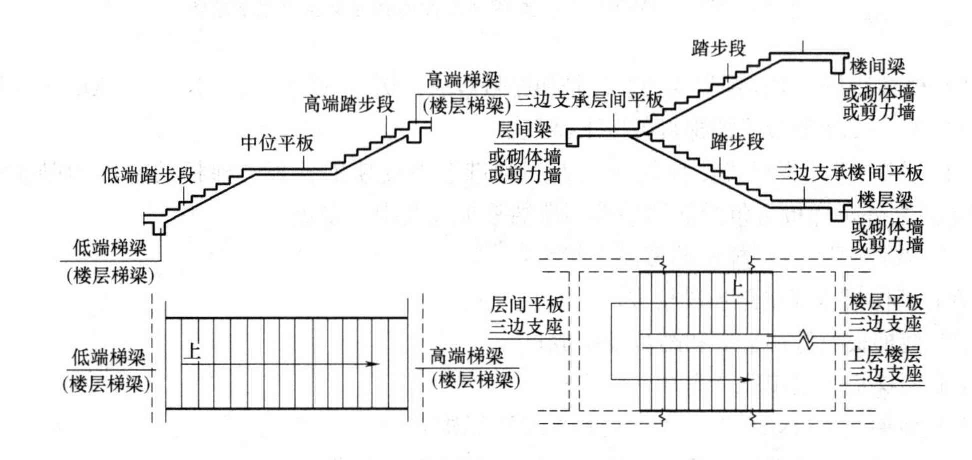

图 6-3　ET、FT 型楼梯截面形状与支座位置示意图

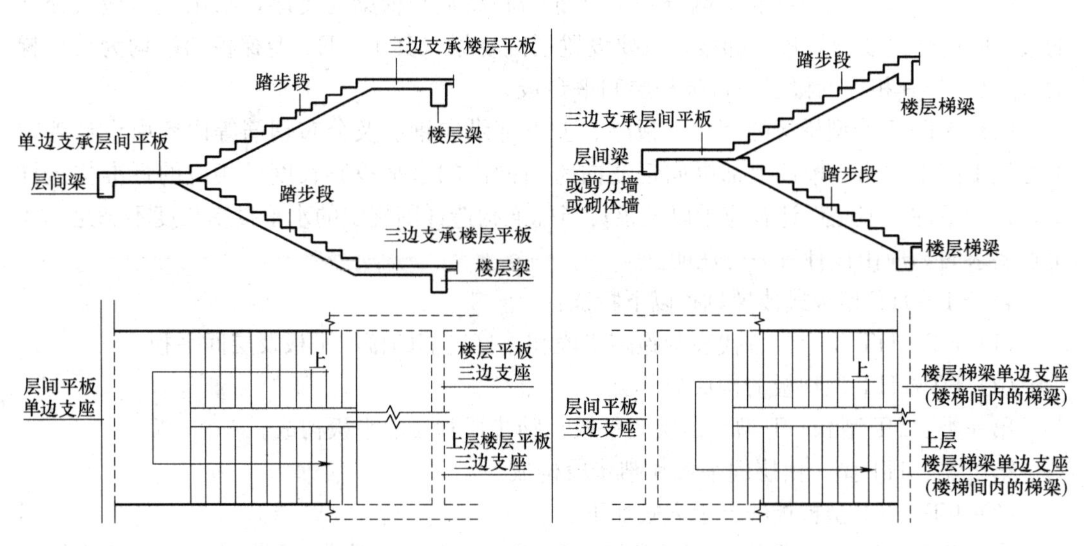

图 6-4　GT、HT 型楼梯截面形状与支座位置示意图

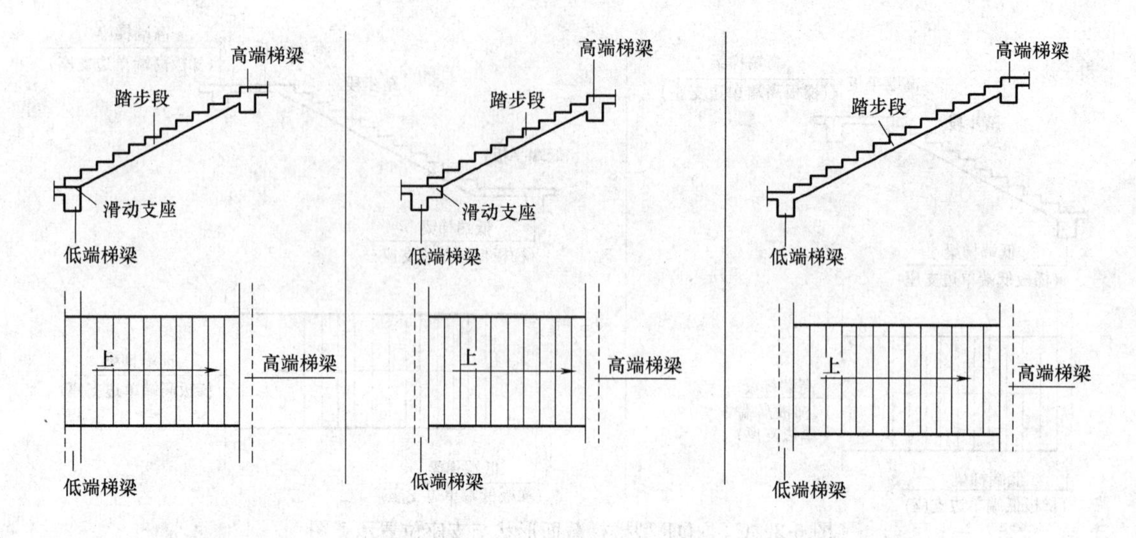

图 6-5　ATa、ATb、ATc 型楼梯截面形状与支座位置示意图

2）楼梯注写：楼梯编号由梯板代号和序号组成；例如 AT××、BT××、ATa ××等。

3）AT～ET 型板式楼梯具备以下特征：

（1）AT～ET 型板式楼梯代号代表一段带上下支座的梯板。梯板的主体为踏步段，除踏步段之外，梯板可包括低端平板、高端平板以及中位平板。

（2）AT～ET 各型梯板的截面形状为：

AT 型梯板全部由踏步段构成；

BT 型梯板由低端平板和踏步段构成；

CT 型梯板由踏步段和高端平板构成；

DT 型梯板由低端平板、踏步板和高端平板构成；

ET 型梯板由低端踏步段、中位平板和高端踏步段构成。

（3）AT～ET 型梯板的两端分别以（低端和高端）梯梁为支座，采用该组板式楼梯的楼梯间内部既要设置楼层梯梁，也要设置层间梯梁（其中，ET 型梯板两端均为楼层梯梁），以及与其相连的楼层平台板和层间平台板。

（4）AT～ET 型梯板的型号、板厚、上下部纵向钢筋及分布钢筋等内容由设计者在平法施工图中注明。梯板上部纵向钢筋向跨内伸出的水平投影长度见相应的标准构造详图，设计不注，但是设计者应予以校核；当标准构造详图规定的水平投影长度不满足具体工程要求时，应由设计者另行注明。

4）FT～HT 型板式楼梯具备以下特征：

（1）FT～HT 每个代号代表两跑踏步段和连接它们的楼层平板及层间平板。

（2）FT～HT 型梯板的构成分两类：

第一类：FT 型和 GT 型，由层间平板、踏步段和楼层平板构成。

第二类：HT 型，由层间平板和踏步段构成。

（3）FT～HT 型梯板的支承方式如下：

① FT 型：梯板一端的层间平板采用三边支承，另一端的楼层平板也采用三边支承。

② GT 型：梯板一端的层间平板采用单边支承，另一端的楼层平板采用三边支承。

③ HT 型：梯板一端的层间平板采用三边支承，另一端的梯板段采用单边支承（在梯梁上）。

以上各型梯板的支承方式见表 6-2。

FT～HT 型梯板支承方式 **表 6-2**

梯板类型	层间平板端	踏步段端(楼层处)	楼层平板端
FT	三边支承		三边支承
GT	单边支承		三边支承
HT	三边支承	单边支承(梯梁上)	

（4）FT～HT 型梯板的型号、板厚、上下部纵向钢筋及分布钢筋等内容由设计者在平法施工图中注明。FT～HT 型平台上部横向钢筋及其外伸长度，在平面图中原位标注。梯板上部纵向钢筋向跨内伸出的水平投影长度见相应的标准构造详图，设计不注，但设计者应予以校核；当标准构造详图规定的水平投影长度不满足具体工程要求时，应由设计者另行注明。

5）ATa、ATb 型板式楼梯具备以下特征：

（1）ATa、ATb 型为带滑动支座的板式楼梯，梯板全部由踏步段构成，其支承方式为梯板高端均支承在梯梁上，ATa 型梯板低端带滑动支座支承在梯梁上，ATb 型梯板低端带滑动支座支承在梯梁的挑板上。

（2）滑动支座做法如图 6-6 所示，采用何种做法应由设计指定。滑动支座垫板可选用聚四氟乙烯板（四氟板），也可选用其他能起到有效滑动的材料，其连接方式由设计者另行处理。

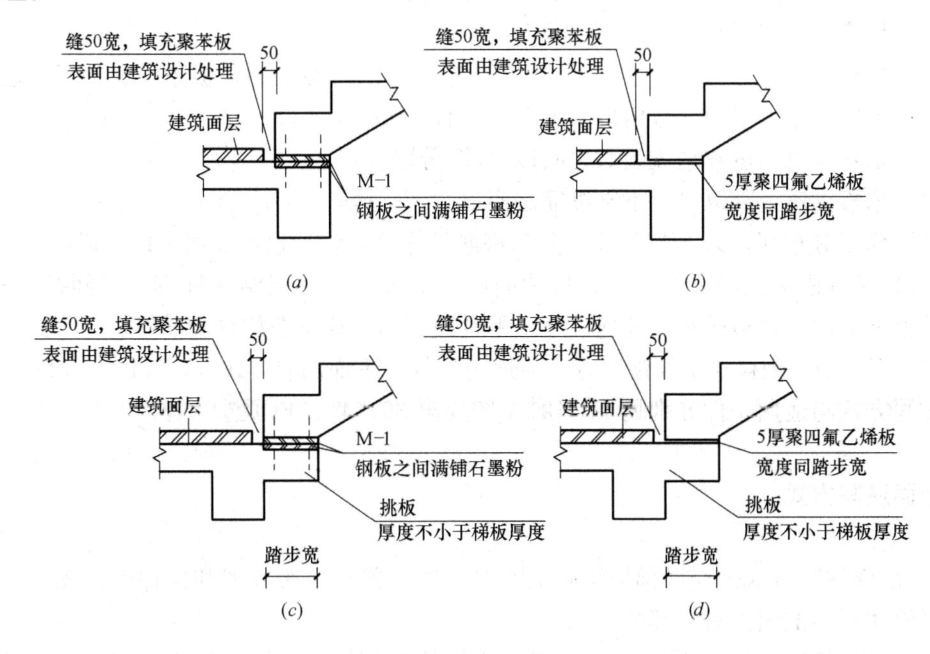

图 6-6 滑动支座构造

（*a*）、（*c*）预埋钢板；（*b*）、（*d*）设聚四氟乙烯垫板（梯段浇筑时应在垫板上铺塑料薄膜）

(3) ATa、ATb 型梯板采用双层双向配筋。梯梁支承在梯柱上时，其构造做法按 11G101-1 图集中框架梁 KL；支承在梁上时，其构造做法按 11G101-1 图集中非框架梁 L。

6）ATc 型板式楼梯具备以下特征：

(1) ATc 型梯板全部由踏步段构成，其支承方式为梯板两端均支承在梯梁上。

(2) ATc 楼梯休息平台与主体结构可整体连接，也可脱开连接。

(3) ATc 型楼梯梯板厚度应按计算确定，并且不宜小于 140mm；梯板采用双层配筋。

(4) ATc 型梯板两侧设置边缘构件（暗梁），边缘构件的宽度取 1.5 倍板厚；边缘构件纵筋数量，当抗震等级为一、二级时不少于 6 根，当抗震等级为三、四级时不少于 4 根；纵筋直径为 12mm 且不小于梯板纵向受力钢筋的直径；箍筋为 A6@200。

梯梁按双向受弯构件计算，当支承在梯柱上时，其构造做法按 11G101-1 图集中框架梁 KL；当支承在梁上时，其构造做法按 11G101-1 图集中非框架梁 L。平台板按双层双向配筋。

7）建筑专业地面、楼层平台板和层间平台板的建筑面层厚度经常与楼梯踏步面层厚度不同，为使建筑面层做好后的楼梯踏步等高，各型号楼梯踏步板的第一级踏步高度和最后一级踏步高度需要相应增加或减少，见楼梯剖面图，若没有楼梯剖面图，其取值方法详见 11G101-2 图集第 45 页。

二、平面注写方式

1）平面注写方式是以在楼梯平面布置图上注写截面尺寸和配筋具体数值的方式来表达楼梯施工图。包括集中标注和外围标注。

2）楼梯集中标注的内容包括五项，具体规定如下：

(1) 梯板类型代号与序号，例如 AT××。

(2) 梯板厚度，注写为 h=×××。当为带平板的梯板且梯段板厚度和平板厚度不同时，可在梯段板厚度后面括号内以字母 P 打头注写平板厚度。

(3) 踏步段总高度和踏步级数之间以“/”分隔。

(4) 梯板支座上部纵筋、下部纵筋之间以“；”分隔。

(5) 梯板分布筋，以 F 打头注写分布钢筋具体值，该项也可在图中统一说明。

3）楼梯外围标注的内容，包括楼梯间的平面尺寸、楼层结构标高、层间结构标高、楼梯的上下方向、梯板的平面几何尺寸、平台板配筋、梯梁及梯柱配筋等。

4）AT～HT 型楼梯平面注写方式与适用条件见下面内容，ATa、ATb、ATc 型楼梯平面注写方式与适用条件分别见 11G101-2 图集第 39、41、43 页。

三、剖面注写方式

1）剖面注写方式需在楼梯平法施工图中绘制楼梯平面布置图和楼梯剖面图，注写方式分平面注写和剖面注写两部分。

2）楼梯平面布置图注写内容，包括楼梯间的平面尺寸、楼层结构标高、层间结构标高、楼梯的上下方向、梯板的平面几何尺寸、梯板类型及编号、平台板配筋、梯梁及梯柱配筋等。

3）楼梯剖面图注写内容，包括梯板集中标注、梯梁梯柱编号、梯板水平及竖向尺寸、楼层结构标高、层间结构标高等。

4）梯板集中标注的内容包括四项，具体规定如下：

（1）梯板类型及编号，例如 ATX×。

（2）梯板厚度，注写为 h=×××。当梯板由踏步段和平板构成，并且踏步段梯板厚度和平板厚度不同时，可在梯板厚度后面括号内以字母 P 打头注写平板厚度。

（3）梯板配筋。注明梯板上部纵筋和梯板下部纵筋，用分号“；”将上部与下部纵筋的配筋值分隔开来。

（4）梯板分布筋，以 F 打头注写分布钢筋具体值，该项也可在图中统一说明。

四、列表注写方式

（1）列表注写方式是用列表方式注写梯板截面尺寸和配筋具体数值的方式来表达楼梯施工图。

（2）列表注写方式的具体要求同剖面注写方式，仅将剖面注写方式中的梯板配筋注写项改为列表注写项即可。

梯板列表格式见表 6-3。

梯板几何尺寸和配筋 **表 6-3**

梯板编号	踏步段总高度/踏步级数	板厚 h	上部纵向钢筋	下部纵向钢筋	分布筋

五、其他

（1）楼层平台梁板配筋可绘制在楼梯平面图中，也可在各层梁板配筋图中绘制；层间平台梁板配筋在楼梯平面图中绘制。

（2）楼层平台板可与该层的现浇楼板整体设计。

第三节　板式楼梯标准构造详图

一、钢筋混凝土板式楼梯平面图

（1）AT 型楼梯的适用条件：两梯梁之间的矩形梯板全部由踏步段构成，即踏步段两端均以梯梁为支座。凡是满足该条件的楼梯均可为 AT 型。

（2）AT 型楼梯平面注写方式如图 6-7 所示。其中：集中注写的内容有 5 项，第 1 项为梯板类型代号与序号 ATXX；第 2 项为梯板厚度 h；第 3 项为踏步段总高度 H_s/踏步级数（m+1）；第 4 项为上部纵筋及下部纵筋；第 5 项为梯板分布筋。

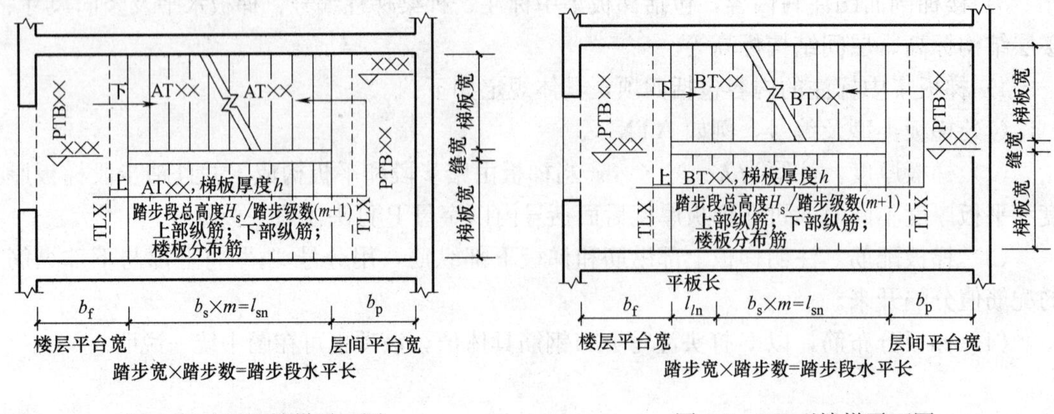

图 6-7　AT 型楼梯平面图

图 6-8　BT 型楼梯平面图

（1）BT 型楼梯的适用条件：两梯梁之间的矩形梯板由低端平板和踏步段构成，两部分的一端各自以梯梁为支座。凡是满足该条件的楼梯均可为 BT 型。

（2）BT 型楼梯平面注写方式如图 6-8 所示。其中：集中注写的内容有 5 项，第 1 项为梯板类型代号与序号 BTXX；第 2 项为梯板厚度 h；第 3 项为踏步段总高度 H_s/踏步级数（m+1）；第 4 项为上部纵筋及下部纵筋；第 5 项为梯板分布筋。

（1）CT 型楼梯的适用条件：两梯梁之间的矩形梯板由高端平板和踏步段构成，两部分的一端各自以梯梁为支座。凡是满足该条件的楼梯均可为 CT 型。

（2）CT 型楼梯平面注写方式如图 6-9 所示。其中：集中注写的内容有 5 项，第 1 项为梯板类型代号与序号 CTXX；第 2 项为梯板厚度 h；第 3 项为踏步段总高度 H_s/踏步级数（m+1）；第 4 项为上部纵筋及下部纵筋；第 5 项为梯板分布筋。

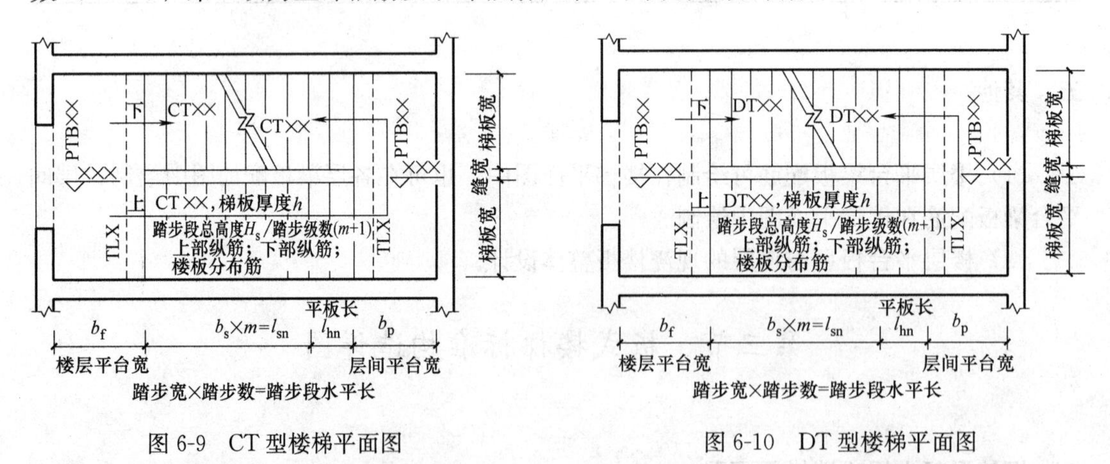

图 6-9　CT 型楼梯平面图

图 6-10　DT 型楼梯平面图

（1）DT 型楼梯的适用条件：两梯梁之间的矩形梯板由低端平板、踏步段和高端平板构成，高低端平板的一端各自以梯梁为支座。凡是满足该条件的楼梯均可为 DT 型。

（2）DT 型楼梯平面注写方式如图 6-10 所示。其中：集中注写的内容有 5 项，第 1 项为梯板类型代号与序号 DTXX；第 2 项为梯板厚度 h；第 3 项为踏步段总高度 H_s/踏步级数（m+1）；第 4 项为上部纵筋及下部纵筋；第 5 项为梯板分布筋。

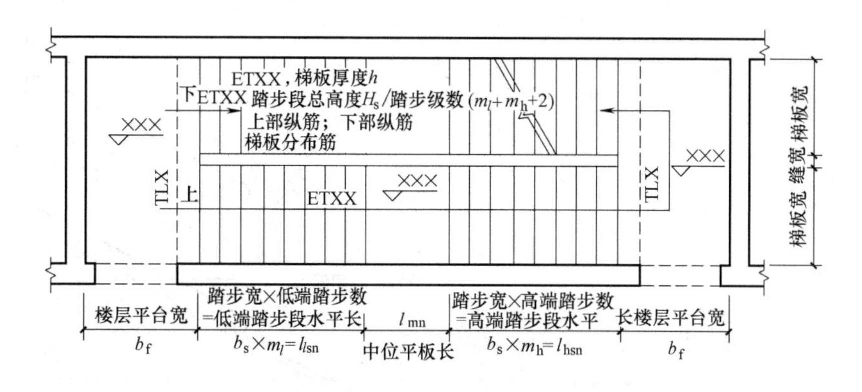

图 6-11　ET 型楼梯平面图

(1) ET 型楼梯的适用条件：两梯梁之间的矩形梯板由低端踏步段、中位平板和高端踏步段构成，高低端踏步段的一端各自以梯梁为支座。凡是满足该条件的楼梯均可为 ET 型。

(2) ET 型楼梯平面注写方式如图 6-11 所示。其中：集中注写的内容有 5 项，第 1 项为梯板类型代号与序号 ETXX；第 2 项为梯板厚度 h；第 3 项为踏步段总高度 H_s/踏步级数（$m_l + m_h + 2$）；第 4 项为上部纵筋及下部纵筋；第 5 项为梯板分布筋。

二、钢筋混凝土板式楼梯钢筋构造

钢筋混凝土板式楼梯钢筋构造见表 6-4。

钢筋混凝土板式楼梯钢筋构造　　　　**表 6-4**

名　称	构造图	构造说明
AT 型楼梯板配筋构造	图 6-12	字母释义： h_s——踏步高； b_s——踏步宽； m——踏步数
BT 型楼梯板配筋构造	图 6-13	h——板厚度； b——楼层梯梁宽度； d——受拉钢筋直径； l_a——纵向受拉钢筋非抗震锚固长度； H_s——踏步段高度
CT 型楼梯板配筋构造	图 6-14	H_{ls}——低端踏步段高度； H_{hs}——高端踏步段高度； l_{ab}——受拉钢筋的非抗震锚固长度； l_n——梯板跨度； l_{sn}——踏步段水平长 l_{ln}——低端平板长
DT 型楼梯板配筋构造	图 6-15	l_{hn}——高端平板长； l_{hsn}——高端踏步段水平长； l_{lsn}——低端踏步段水平长； l_{mn}——中位平板长

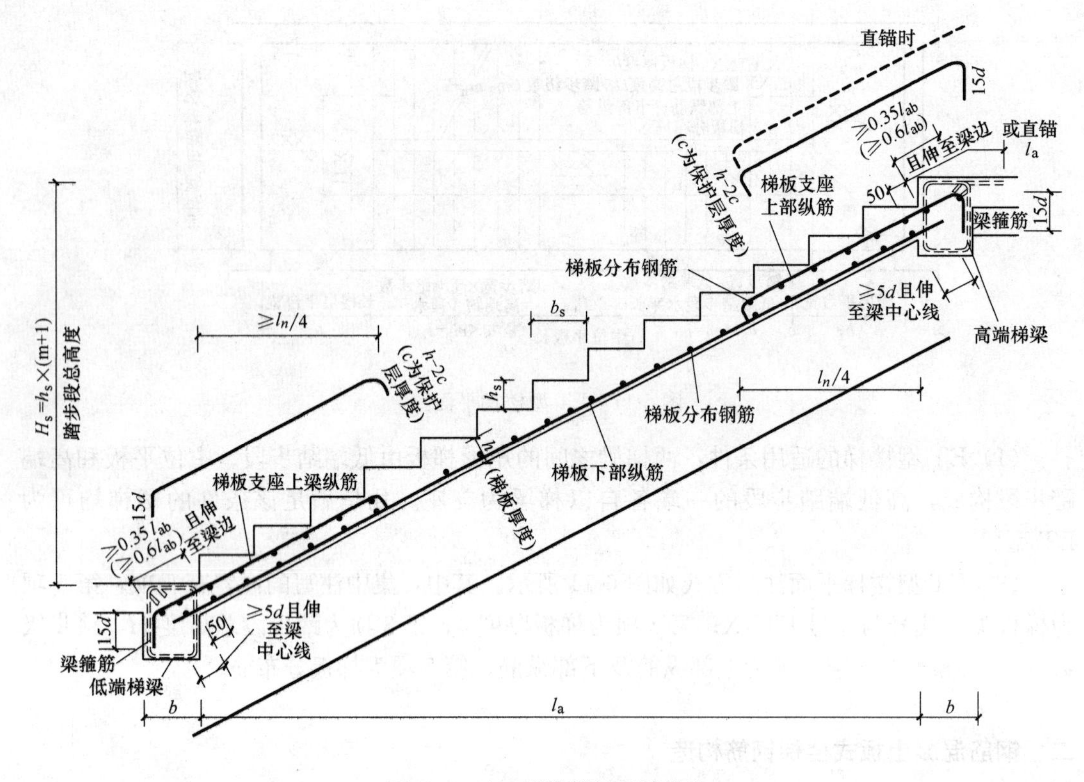

图 6-12　AT 型楼梯板配筋构造

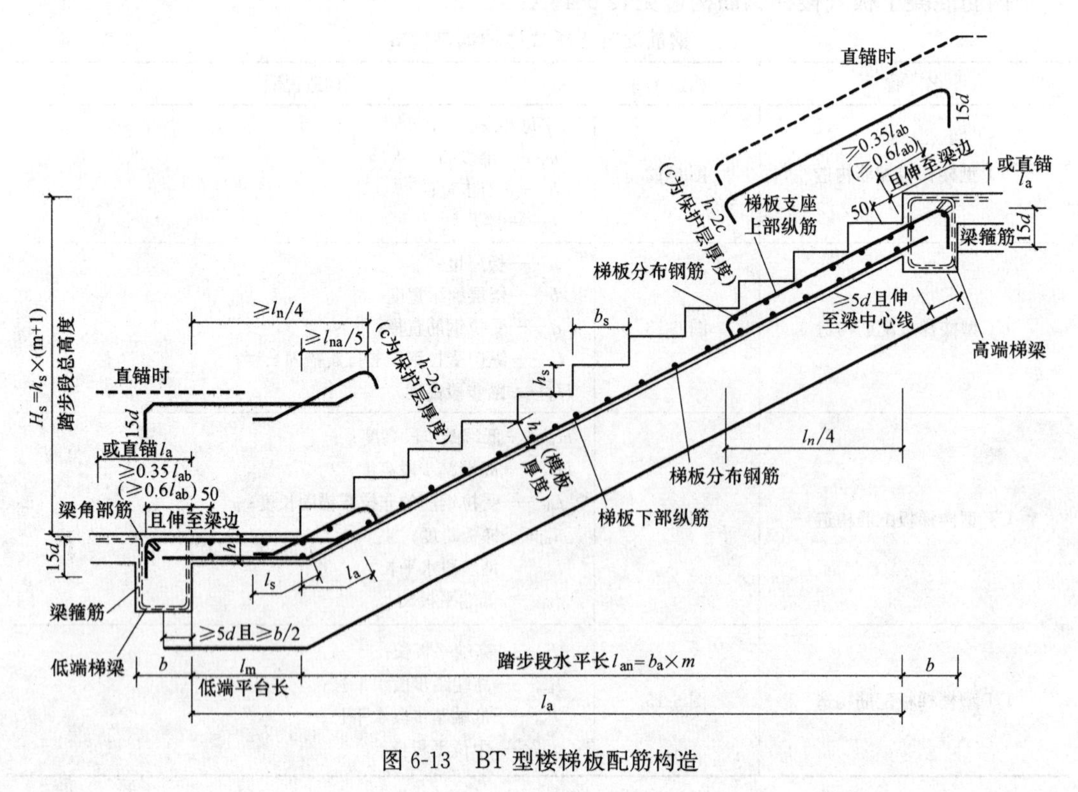

图 6-13　BT 型楼梯板配筋构造

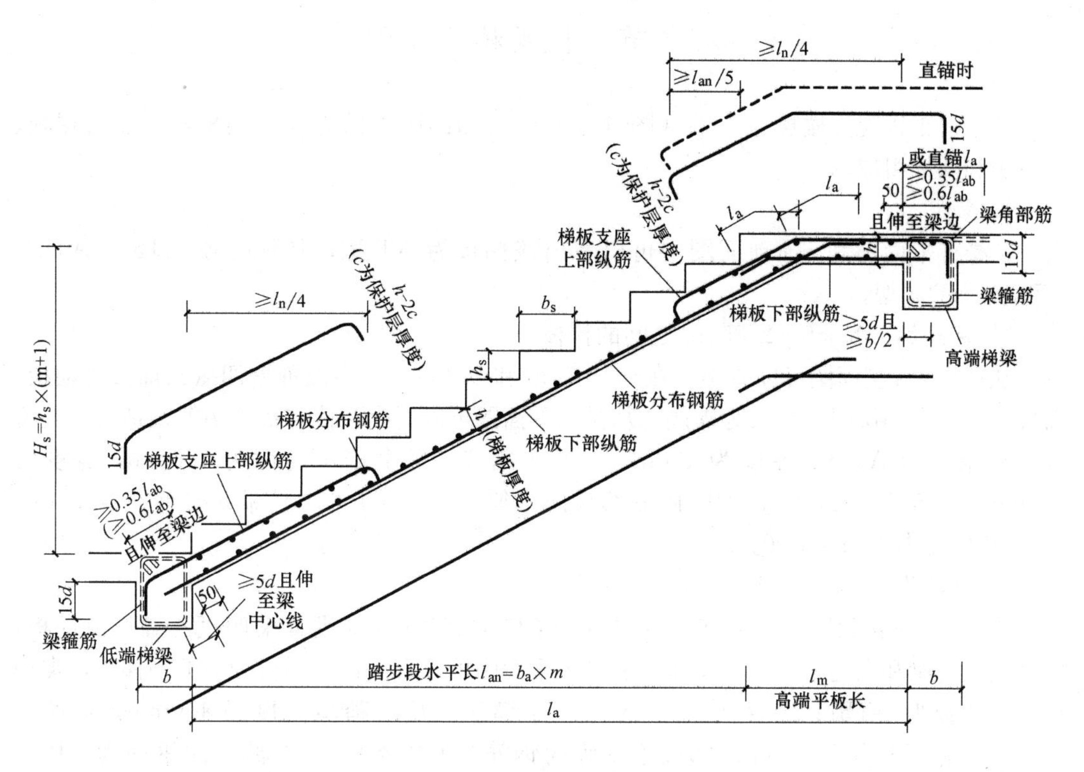

图 6-14　CT 型楼梯板配筋构造

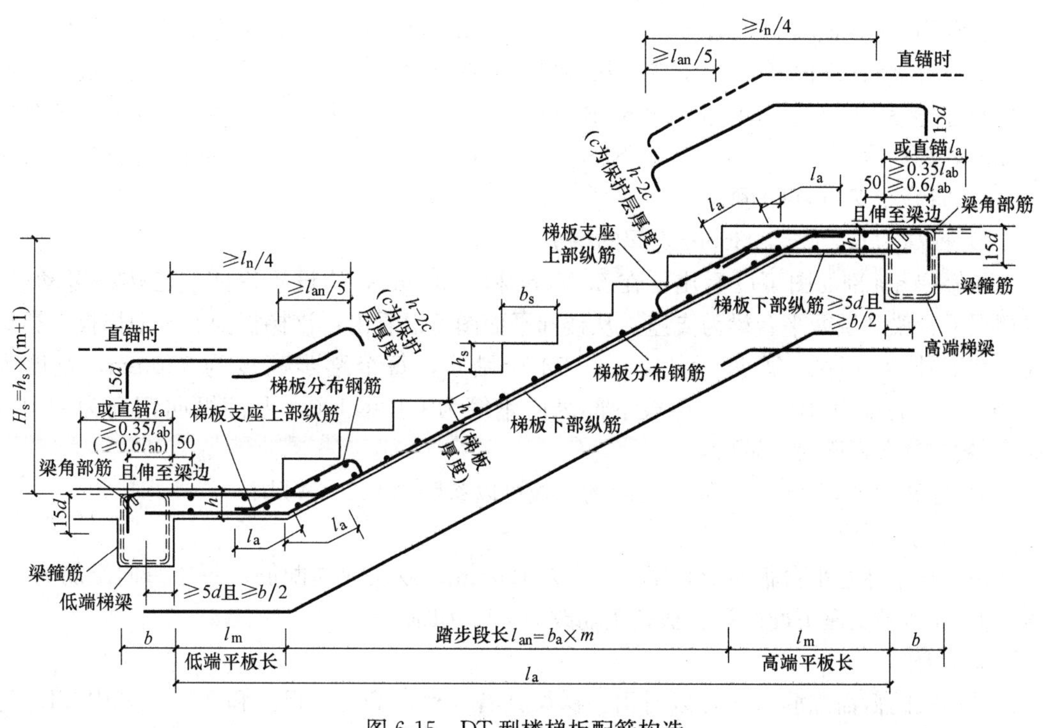

图 6-15　DT 型楼梯板配筋构造

第四节 板式楼梯实例

从××工程现浇楼梯施工图（图 6-16）中可知：该楼梯为板式楼梯，主要由楼板、平台板和梯梁组成。

1. 梯板

从楼梯平面图和 a-a 剖面图中可以看出该梯板为 AT 型，具体分成 ATa1、ATa2、ATb1、ATb2 型。

1）标高为−0.050～2.350m 之间的梯板

从楼梯 a-a 剖面图可以看出：在−0.050m 和 2.350m 处均设置聚四氯乙烯板滑动板，以楼层平台梁和层间平台梁为支座。从楼梯平面图可以看出：该梯板为 AT 型梯板，类型代号和序号为 ATa1；厚度为 170mm，16 个踏步，每个踏步高度为 150mm，宽度为 280mm，总高度为 2400mm；梯板下部纵向钢筋为 C14@100，上部纵向钢筋为 C10@200，横向分布钢筋为 C8@150。

2）标高为 2.350～4.150m 之间的梯板

从楼梯 a-a 剖面图可以看出：在 2.350m 和 4.150m 处均设置聚四氯乙烯板滑动板，以楼层平台梁和层间平台梁为支座。从楼梯平面图可以看出：该梯板为 AT 型梯板，类型代号和序号为 ATb1；厚度为 140mm，12 个踏步，每个踏步高度为 150mm，宽度为 280mm，总高度为 1800mm；梯板下部纵向钢筋为 C12@100，上部纵向钢筋为 C10@200，横向分布钢筋为 C8@200。

3）标高为 4.150～6.250m 之间的梯板

从楼梯 a-a 剖面图可以看出：在 4.150m 和 6.250m 处均设置聚四氯乙烯板滑动板，以楼层平台梁和层间平台梁为支座。从楼梯平面图可以看出：该梯板为 AT 型梯板，类型代号和序号为 ATa2；厚度为 140mm，14 个踏步，每个踏步高度为 150mm，宽度为 280mm，总高度为 2100mm；梯板下部纵向钢筋为 C12@100，上部纵向钢筋为 C10@200，横向分布钢筋为 C8@200。

4）标高为 6.250～8.350m 之间的梯板

从楼梯 a-a 剖面图可以看出：在 6.250m 和 8.350m 处均设置聚四氯乙烯板滑动板，以楼层平台梁和层间平台梁为支座。从楼梯平面图可以看出：该梯板为 AT 型梯板，类型代号和序号为 ATb2；厚度为 140mm，14 个踏步，每个踏步高度为 150mm，宽度为 280mm，总高度为 2100mm；梯板下部纵向钢筋为 C12@100，上部纵向钢筋为 C10@200，横向分布钢筋为 C8@200。

5）标高为 8.350～20.950m 之间的梯板可以参照 ATa2、ATb2

2. 休息平台板

该工程中休息平台板为 PTB1，板厚为 120mm，双层双向配筋，每层每向配筋为 C8@150，在滑动支座下面的平台板处负筋改为 C12@100。

3. 梯梁

从梯梁的截面配筋详图可以看出：梯梁共有 3 种，TL1、TL2 和 TL3。其中 TL1 为矩形截面，截面宽度为 250mm，高度为 400mm，梁下部配筋为 4C18，上部配筋为 2C16，

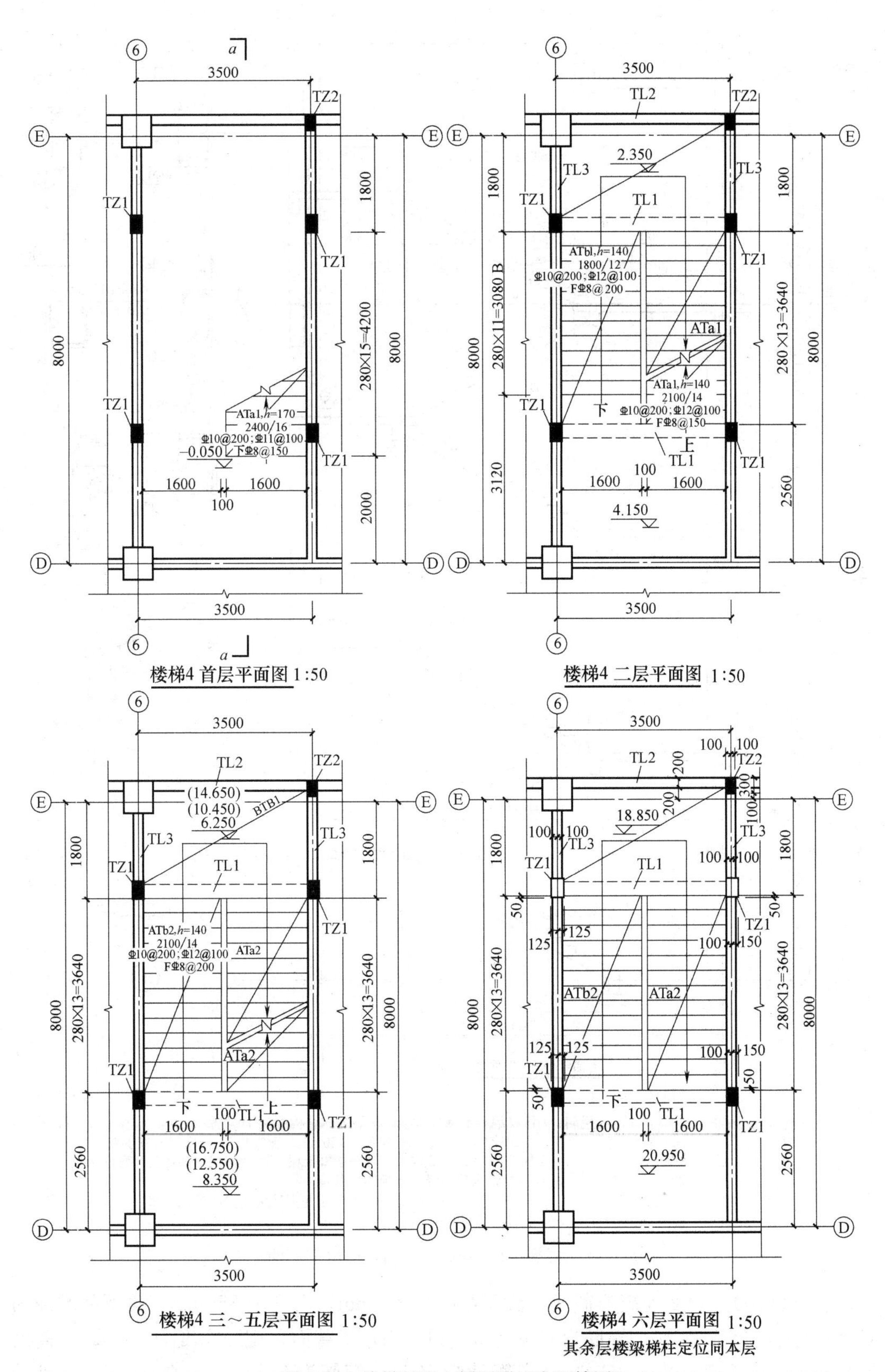

楼梯4 首层平面图 1:50
楼梯4 二层平面图 1:50
楼梯4 三~五层平面图 1:50
楼梯4 六层平面图 1:50
其余层楼梁梯柱定位同本层

图 6-16　楼梯平面、剖面图（含配筋图）

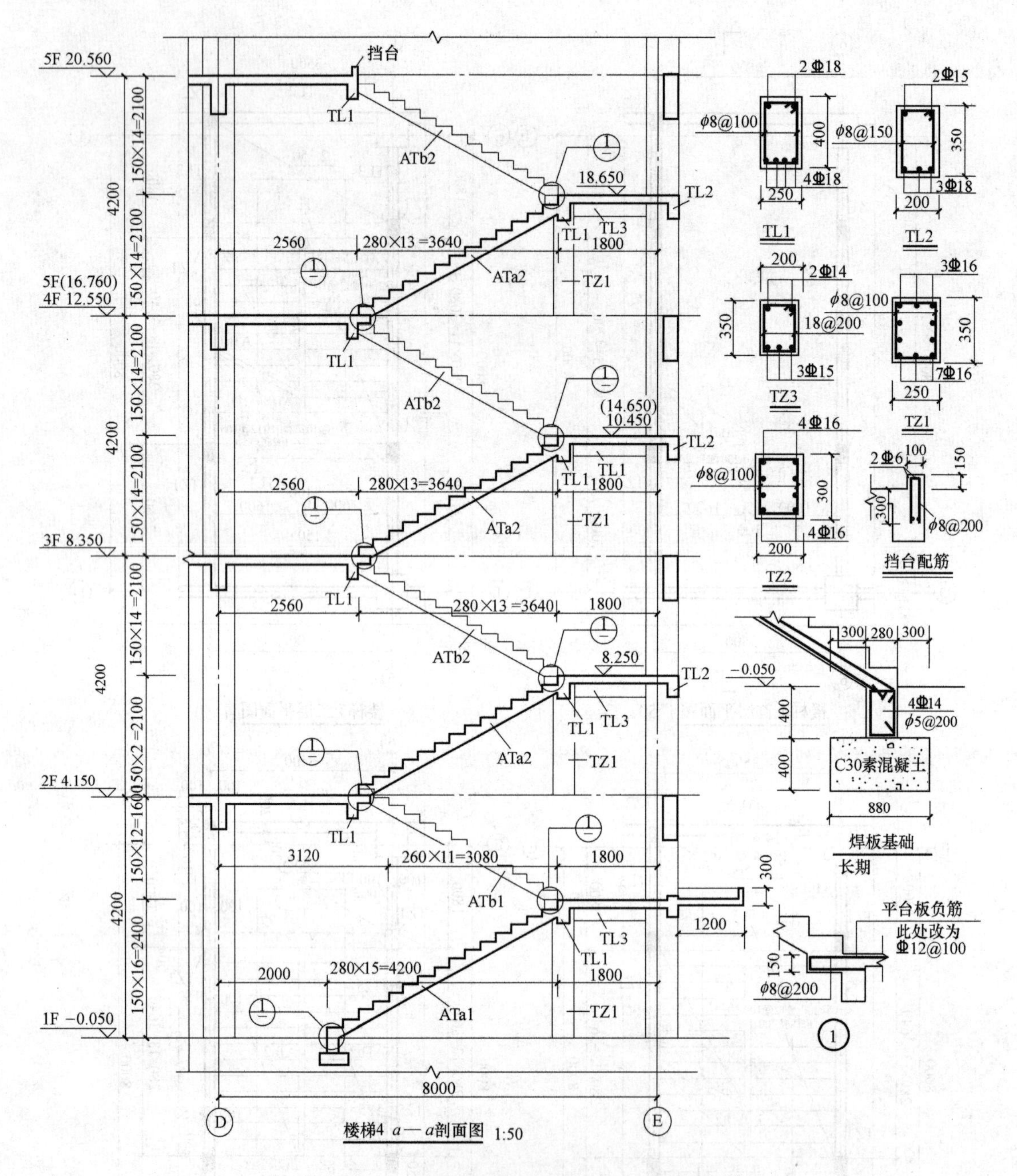

说明：1.楼梯混凝土强度等级同楼层主体结构混凝土。

2.中间休息平台板PTB1板厚为120mm，配筋均为Φ8@150，双层双向。

3.梯柱（TZ1、TZ2）标高：各楼层框架梁上皮至本层中间休息平台板上皮。标高中未包括锚入下部梁内长度。

4.梯板上下钢筋均通长，梯板滑动支座处采用聚四氟乙烯板，未详之处见11G101-2。

图 6-16　楼梯平面、剖面图（含配筋图）（续）

箍筋为 C8@100。TL2 为矩形截面，截面宽度为 200mm，高度为 350mm，梁下部配筋为 3C18，上部配筋为 2C16，箍筋为 C8@150。TL3 为矩形截面，截面宽度为 200mm，高度为 350mm，梁下部配筋为 3C16，上部配筋为 2C14，箍筋为 C8@200。在－0.050m 处的梯梁截面宽度为 280mm，高度为 400mm，梁配筋为 4C14，箍筋为 A6@200。

4. 梯柱

从梯柱的截面配筋详图可以看出：梯柱共有 2 种，TZ1 和 TZ2。其标高为各楼层框架主梁上皮至本层中间休息平台上皮。其中 TZ1 为矩形截面，截面宽度为 250mm，高度为 350mm，纵向受力钢筋为 10C16，箍筋为 C8@100。TZ2 为矩形截面，截面宽度为 200mm，高度为 300mm，纵向受力钢筋为 8C16，箍筋为 C8@100。

5. 挡台

从 20.950m 标高处的挡台的截面配筋详图可以看出：挡台高出楼层标高 150mm，顶部纵向钢筋为 2A6，横向钢筋为 C8@200。

6. 楼梯基础

本楼梯基础采用 C30 素混凝土基础，截面高度为 400mm，宽度为 880mm，长度同梯段宽。

第七章　基础构件平法识图

第一节　条形基础平法识图

条形基础整体上可分为梁板式条形基础和板式条形基础两类。梁板式条形基础适用于钢筋混凝土框架结构、框架—剪力墙结构、框支剪力墙结构和钢结构，平法识图将梁板式条形基础分解为基础梁和条形基础底板分别进行表达。板式条形基础适用于钢筋混凝土剪力墙结构和砌体结构，平法施工图仅表达基础底板。条形基础平法施工图可分为平面标注和截面标注两种方式。

条形基础编号分为基础梁和条形基础底板编号，见表 7-1 的规定。

条形基础编号　　　　**表 7-1**

<table>
<tr><th colspan="2">类　型</th><th>代　号</th><th>序　号</th><th>跨数及有无外伸</th></tr>
<tr><td colspan="2">基础梁</td><td>JL</td><td>××</td><td rowspan="3">(××)端部无外伸、(××A)一端有外伸、(××B)两端有外伸</td></tr>
<tr><td rowspan="2">条形基础底板</td><td>坡形</td><td>TJB_P</td><td></td></tr>
<tr><td>阶形</td><td>TIB_J</td><td></td></tr>
</table>

一、条形基础的平面标注方式

1. 基础梁的平面标注方式

基础梁的平面标注方式分集中标注和原位标注两部分内容。

1）条形基础梁的集中标注

集中标注内容为：基础梁编号、截面尺寸和配筋三项必注内容，以及基础梁底面标高和必要的文字注解两项选注内容。具体规定如下：

（1）标注基础梁编号：JL××。

（2）标注基础梁截面尺寸：标注 $b \times h$，表示梁截面宽度与高度。当为加腋梁时，用 $b \times h$、Y$c_1 \times c_2$ 表示，其中 c_1 为腋长，c_2 为腋高。

（3）标注基础梁配筋：

a. 当具体设计仅采用一种箍筋间距时，标注钢筋级别、直径、间距与肢数（箍筋肢数写在括号内）。

b. 当具体设计仅采用一种箍筋时，用“/”分隔不同箍筋，按照从基础梁两端向跨中的顺序标注。先标注第 1 段箍筋（在前面加注箍筋道数），在斜线后再标注第 2 段箍筋（不再加注箍筋道数）。

【例 7-1】　9ϕ16@100/C 16@200（6），表示配置两种 HRB400 级箍筋，直径 16mm，

从梁两端起向跨内按间距100mm设置9道，梁其余部位的间距为200mm，6肢箍。

标注基础梁底部、顶部及侧面纵向筋：

a. 以B打头，标注梁底部贯通纵筋（不应少于梁底部受力筋总截面面积的1/3）。当跨中所注根数少于箍筋肢数时，需要在跨中增设梁底部架立筋以固定箍筋，采用“+”将贯通纵筋与架立筋相连，架立筋标注在括号后面的括号内。

b. 以T打头，标注梁顶部贯通纵筋。标注时用分号“;”将底部与顶部贯通纵筋分隔开，如有个别跨与其不同者按本规则原位标注的规定处理。

c. 当梁底部或顶部贯通纵筋多于一排时，用“/”将各排纵筋自上而下分开。

d. 以大写字母G打头标注，梁两侧面对称设置纵向构造筋的总配筋值（当梁腹板净高 h_w 不小于450mm时，根据需要配置）。

e. 标注基础梁底面表高（选注内容）。当条形基础的底面标高与基础底面基准标高不同时，将条形基础底面标高标注在“()”内。

2）条形基础梁的原位标注

基础梁的原位标注规定如下：

（1）当梁端或梁在柱下区域的底部纵筋多于一排时，用“/”将各排纵筋自上而下分开。

（2）当同排纵筋有两种直径时，用“+”将两种直径的纵筋相连。

（3）当梁中间支座或梁在柱下区域两边的底部纵筋配置不同时，需在支座两边分别标注；当梁中间支座两边的底部纵筋相同时，可仅在支座的一边标注。

（4）当梁端（柱下）区域的底部全部纵筋与集中标注过的底部贯通纵筋相同时，可不再重复作原位标注。

2. 条形基础底板的平面标注方式

条形基础底板的平面标注方式分为集中标注和原位标注两部分内容。

1）条形基础底板的集中标注

条形基础底板的集中标注内容为：条形基础底板编号、截面竖向尺寸、配筋（这三项是必注内容）、标高和必要的文字注解5项内容。

素混凝土条形基础底板的集中标注，除无底板配筋内容外与钢筋混凝土条形基础底板相同。具体规定如下。

（1）条形基础底板编号：

a. 阶形截面编号加下标“J”，如 TJB_J××（××）。

b. 阶形截面编号加下标“P”，如 TJB_P××（××）。

（2）基础底板截面竖向尺寸标注为：$h_1/h_2/\cdots\cdots h_1/h_2$ 不同截面高，见图7-1。

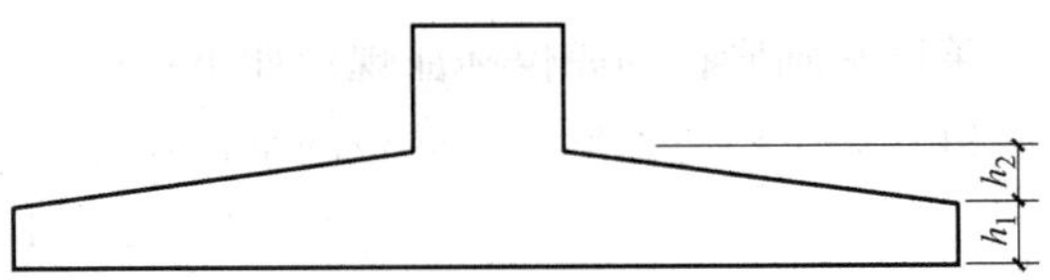

图7-1

当基础底板为坡形截面 TJB_P××，其截面竖向尺寸注写为350/300时，表示 $h_1=350$mm、$h_2=300$mm，基础底板根部总厚度为650mm。

（3）标注条形基础底板底部及顶部配筋（图7-2、图7-3）：以B打头，标注条形基础底板底部的横向受力钢筋；以 T 打头，标注条形基础底板顶部的横向受力钢筋；标注时，用“/”分隔条形基础底板的横向受力钢筋与构造配筋。

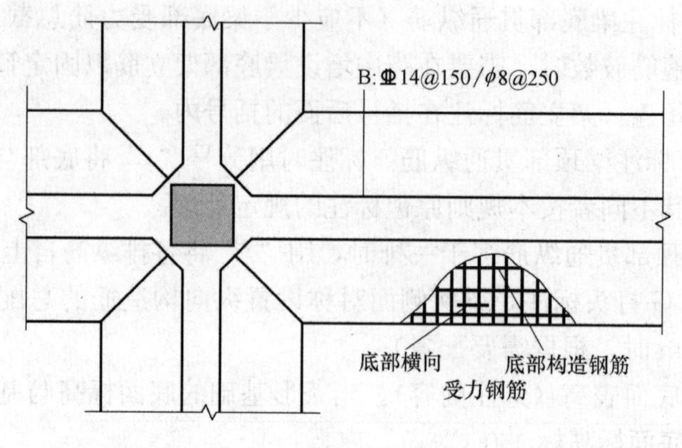

图 7-2

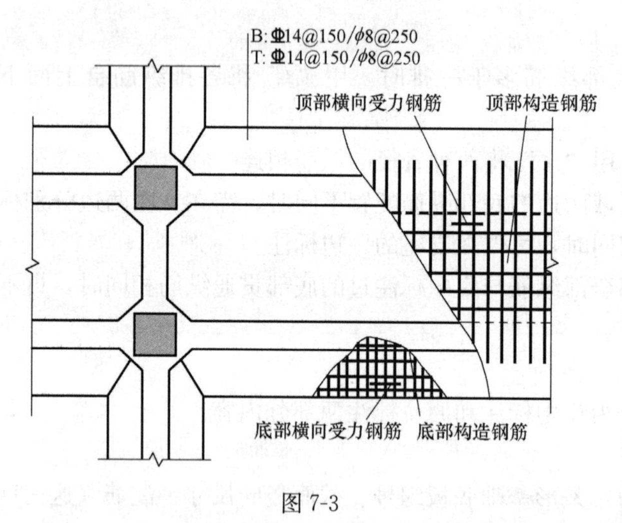

图 7-3

图 7-2 标注为：

B：ϕ14@150/A8@250

表示条形基础底板底部配置 HRB400 级横向受力钢筋，直径为 14mm，分布间距 150mm；配置 HPB300 级构造钢筋，直径为 8mm，分布间距 250mm。

图 7-3 标注为：

B：ϕ14@150/A8@250

表示条形基础底板底部配置 HRB400 级横向受力钢筋，直径为 14mm，分布间距 150mm；配置 HPB300 级构造钢筋，直径为 8mm，分布间距 250mm。

T：ϕ14@200/A8@250

表示条形基础底板底部配置 HRB400 级横向受力钢筋，直径为 14mm，分布间距 200mm；配置 HPB300 级构造钢筋，直径为 8mm，分布间距 250mm。

2）条形基础底板的原位标注

条形基础底板的原位标注规定如下：

(1) 原位标注条形基础底板的平面尺寸。

$$b、b_i、i=1,2\cdots\cdots$$

式中 b——基础底板总宽度；

b_i——基础底板台阶的宽度，当基础底板采用对称于基础梁的坡形截面或单阶形截面时，b_i 可不注。

(2) 梁板式条形基础存在双梁共用同一基础底板、墙下条形基础也存在双墙共用同一基础底板的情况，当为双梁或为双墙且梁或墙荷载差别较大时，条形基础两侧可取不同的宽度，实际宽度以原位标注的基础底板两侧非对称的不同台阶宽度 b_i 进行表达。

(3) 原位注写修正内容。当在条形基础底板上集中标注的某项内容，如底板截面竖向尺寸、底板配筋、底板底标高等，不适用于条形基础底板的某跨或某外伸部分时，可将其修正内容原位标注在该跨或该外伸部位，施工时原位标注取值优先。

二、条形基础的截面标注方式

条形基础的截面标注方式，又可分为截面标注和列表标注（结合截面示意图）两种表达方式。采用截面标注方式时，应在基础平面布置图上对所有条形基础进行编号，见表7-2 的规定。

条形基础编号 **表 7-2**

类型		代号	序号	跨数及有无外伸
基础梁		JL	××	(××)端部无外伸、(××A)一端有外伸、(××B)两端有外伸
条形基础板	坡形	TJB_P		
	阶形	TJB_J		

对条形基础进行截面标注的内容和形式，与传统的"单构件正投影表示方法"基本相同。对于已在基础平面布置图上原位标注清楚的该条形基础梁和条形基础底板的水平尺寸可不在截面图上重复表达。

对多个条形基础可采用列表标注的方式进行集中表达。表中内容为条形基础截面的几何数据和配筋，截面示意图上应标注与表中栏目相对应的代号。列表的具体内容规定如下：

(1) 基础梁。基础梁列表集中标注栏目为：

a. 编号。标注 JL××（××）、JL××（××A）或 JL××（××B）。

b. 几何尺寸。梁截面宽度与高度 $b\times h$。当为加腋梁时，标注 $b\times h$、$Yc_1\times c_2$。

c. 配筋。标注基础梁底部贯通纵筋、非贯通纵筋、顶部贯通纵筋、箍筋。当设计为两种箍筋时，箍筋标注为：第一种箍筋/第二种箍筋，第一种箍筋为梁端部箍筋，标注内容箍筋的箍数、钢筋级别、直径、间距与肢数。

基础梁列表格式见表 7-3。

基础梁几何尺寸和配筋表 **表 7-3**

基础梁编号/截面号	截面几何尺寸		配筋	
	$b\times h$	加腋 $c_1\times c_2$	底部贯通纵筋、非贯通纵筋、顶部贯通纵筋	第一种箍筋/第二种箍筋

(2) 条形基础板。条形基础板列表集中标注栏目为：

① 编号。坡形截面编号为 $TJB_{p\times\times(\times\times)}$、$TJB_{p\times\times(\times\times A)}$ 或 $TJB_{p\times\times(\times\times B)}$，阶形截面编号为 $TJB_{J\times\times(\times\times)}$、$TJB_{J\times\times(\times\times A)}$ 或 $TJB_{J\times\times(\times\times B)}$。

② 几何尺寸。水平尺寸 b、b_i、$i=1$，2……竖向尺寸 h_1/h_2。

③ 配筋。B：××@×××/××@××。

基础底板列表格式见表 7-4。

条形基础底板几何尺寸和配筋表　　表 7-4

基础底板编号	截面几何尺寸			底部配筋(B)	
	b	b_i	h_1/h_2	横向受力筋	纵向受力筋

第二节　条形基础钢筋构造与三维图解

条形基础分为有梁式条形基础和无梁式条形基础，如图 7-4 所示，条形基础的钢筋见表 7-5。

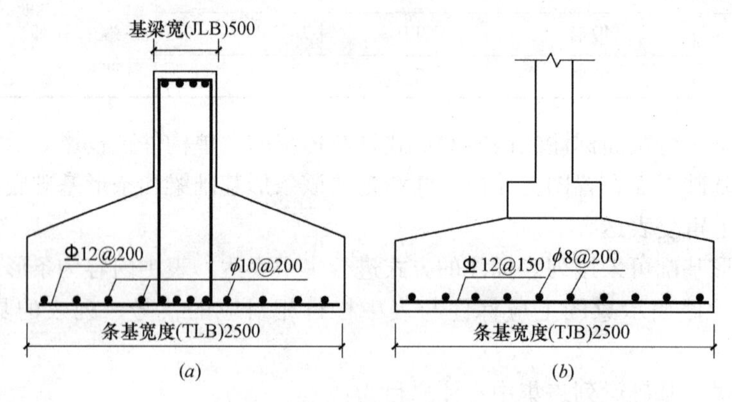

图 7-4　条形基础

(*a*) 有梁式；(*b*) 无梁式

条形基础需要计算的钢筋　　表 7-5

构件	钢筋类别	钢筋种类
基础梁 JL	纵筋	底部贯通筋
		顶部贯通筋
		底部非贯通筋
		侧面构造筋
	其他钢筋	加腋钢筋
		附加吊筋
	箍筋	箍筋
基础底板	底部钢筋	受力筋
		分布筋

有梁式条形基础除了计算基础底板的横向受力筋与分布筋外，还要计算梁的纵筋以及箍筋，条形基础的钢筋在底部形成钢筋网。

第三节　筏形基础的平法识图

筏形基础亦称筏板基础。当建筑物上不荷载较大而地基承载能力又比较弱时，用简单的独立基础或条形基础已不能满足地基变形的需要，这时常将墙或柱下基础连成一片，使整个建筑物的荷载承受在一块整板上，这种满堂式的板式基础称筏形基础，筏形基础是建筑物与地基紧密接触的平板形的基础结构。筏形基础根据其构造的不同，又分为“梁板式筏形基础”和“平板式筏形基础”。

一、梁板式筏形基础的平法识图

梁板式筏形基础组合形式主要是由三部分构件构成：基础主梁、基础次梁（图 7-5）和基础平板。梁板式筏形基础三维示意图见图 7-6。

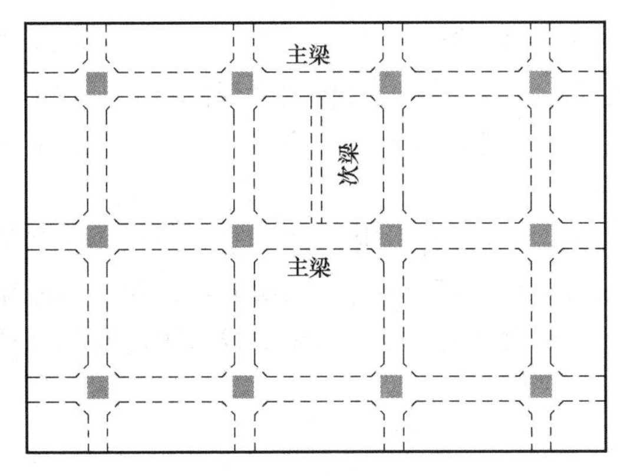

图 7-5　基础梁

图 7-6　梁板式筏形基础三维示意图

1. 梁板式筏形基础主梁与次梁的平法识图

梁板式筏形基础主梁 JL、次梁 JCL 平面标注表示方式分为集中标注与原位标注两部分内容。

1）基础主梁与次梁的集中标注内容为：基础梁编号、截面尺寸、配筋以及基础梁底面标高高差（相对于筏形基础平板底面标高）。其中，基础梁编号、截面尺寸、配筋三项为必注内容，高差一项为选注内容。基础主梁集中标注示例见图 7-7。

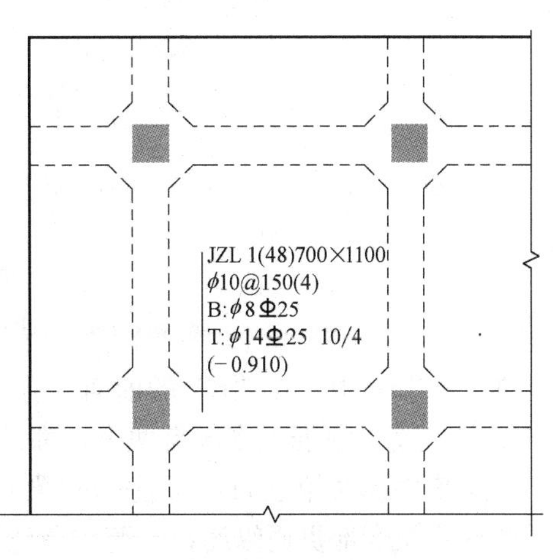

图 7-7　基础主梁

（1）梁板式筏形基础构件编号的规定见表 7-6。

（2）梁板式筏形基础集中标注第一行：标注基础梁编号及截面尺寸（图 7-8）。

梁板式筏形基础构件编号表 **表 7-6**

构件类型	代号	序号	
基础主梁(柱下)	JL	××	(××)、(××A)、(××B)
基础次梁	JCL	××	(××)、(××A)、(××B)
梁板式筏形基础平板	LPB	××	(××)、(××A)、(××B)

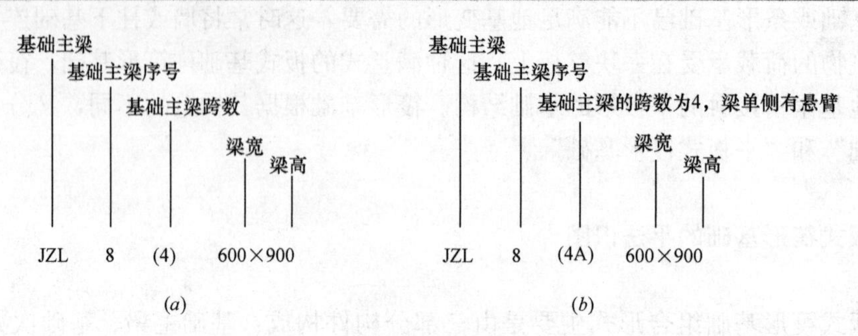

图 7-8 基础梁编号及截面尺寸

(a) 示例 1；(b) 示例 2

示例 1 中与示例 2 中所不同之处在于，示例 2 中在第一行括号中多了一个 A 字母，A 字母表示基础梁有单侧悬臂，如果括号中字母为 B，B 字母表示基础梁双侧均有悬臂。截面尺寸以 $b \times h$ 表示梁截面宽度与高度；当为加腋梁时，用 $b \times h$、$Yc_1 \times c_2$表示，其中 c_1 为腋长，c_2为腋高。

(3) 集中标注第二行：标注基础梁箍筋（图 7-9)。当采用一种箍筋间距时，注写钢筋级别、直径、间距与肢数，当采用两种箍筋时，用“/”分隔不同箍筋，按照从基础梁两端向跨中的顺序注写。先注写第 1 段箍筋（在前面加注箍数)，在斜线后再注写第 2 段箍筋（不再加注箍数)。

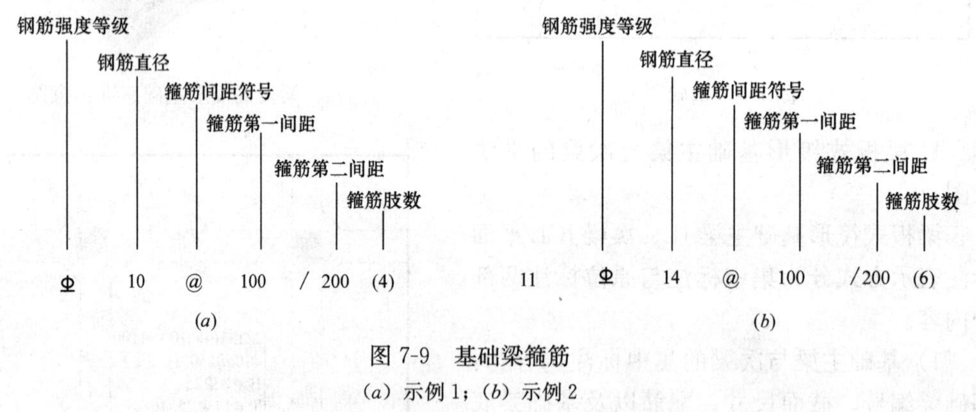

图 7-9 基础梁箍筋

(a) 示例 1；(b) 示例 2

图 7-9 (b) 中，在“B”的前面，有“11”字样。它指的是箍筋加密区的箍筋道数是 11 道。请注意，箍筋加密区有两个，都是靠近柱子的区域。

(4) 集中标注第三行：标注基础梁底部、顶部及侧面纵向钢筋（图 7-10)。以 B 打头，先注写梁底部贯通纵筋，当跨中所注根数少于箍筋肢数时，需要在跨中加设架立筋以固定箍筋，注写时，用加号将贯通纵筋与架立筋相连，架立筋注写在加号后面的括号内。以 T 打头注写梁顶部贯通纵筋值，注写时用分号将底部与顶部纵筋分隔开。当梁底部或顶部贯通纵筋多于一排时，用斜线将各排纵筋自上而下分开。

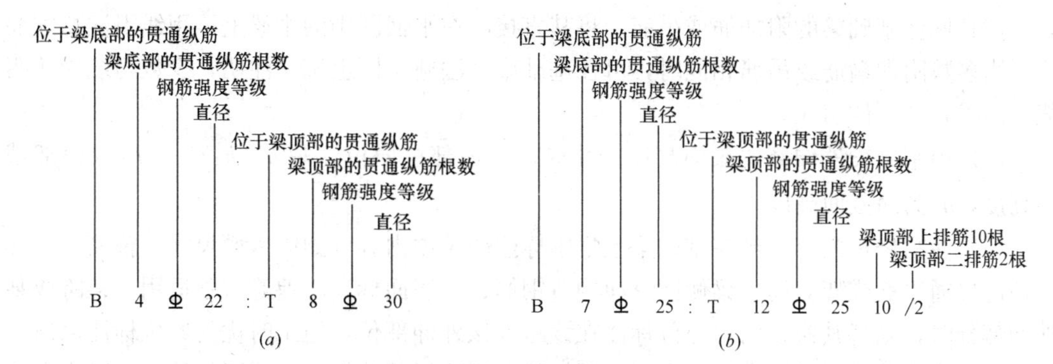

图 7-10　基础梁纵向钢筋

(*a*) 示例 1；(*b*) 示例 2

(5) 集中标注第四行：标注基础梁两侧的纵向构造钢筋（图 7-11）。以大写字母 G 打头注写基础梁两侧面对称设置的纵向构造钢筋的总配筋值（当梁腹板高度 h_w 不小于 450mm 时，根据需要配置）。当需要配置抗扭纵向钢筋时，梁两个侧面设置的抗扭纵向钢筋以 N 打头。N 表示抗扭筋，属于腰筋的一种，是用以承受扭矩的钢筋。

(6) 集中标注末行：标注基础梁底面标高高差。指相对于筏形基础平板底面标高的高差值，有高差时需要将高差写入括号内，无高差时不注。

图 7-12 中（—4.200）表示梁的底面标高，比基准标高低 4.200m。

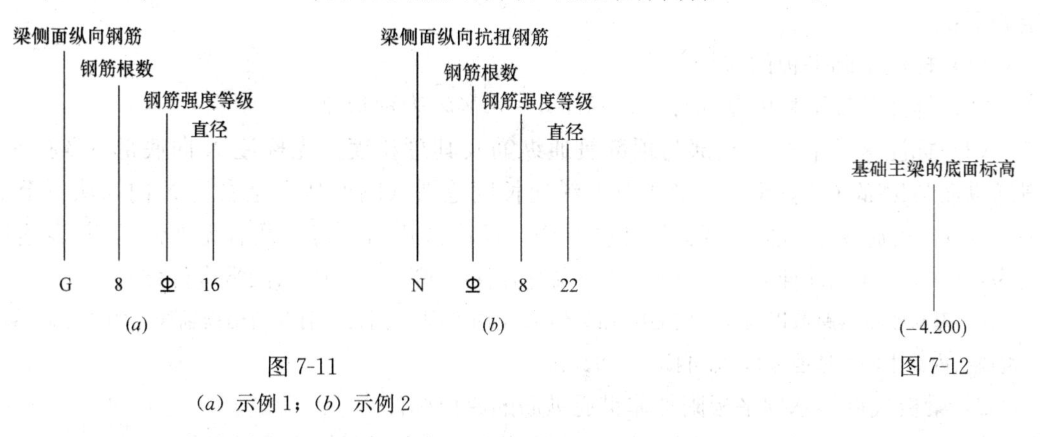

图 7-11

(*a*) 示例 1；(*b*) 示例 2

图 7-12

2) 基础主梁与基础次梁的原位标注

基础主梁与基础次梁的原位标注有以下规定：

(1) 标注梁端区域的底部全部纵筋，包括已经集中注写过的贯通纵筋在内的所有纵筋。

① 当梁端区域的底部全部纵筋多于一排时，用斜线将各排纵筋自上而下分开。

② 当同排纵筋有两种直径时，用加号将两种直径的纵筋相连。

③ 当梁中间支座两边的底部纵筋配置不同时，需要在支座两边分别标注；当梁中间支座两边的底部纵筋相同时，可仅在支座的一边标注配筋值。

④ 当梁端区域的底部全部纵筋与集中注写过的贯通纵筋相同时，可不再重复作原位标注。

⑤ 加腋梁加腋部位钢筋，需在设置加腋的支座处以 Y 打头注写在括号内。

（2）标注基础梁的附加筋或吊筋。将其直接画在平面图中的主梁上，用线引注总配筋值，当多数附加箍筋或吊筋相同时，可在基础梁平法施工图上统一注明，少数与统一注明值不同时，再原位引注。

（3）当基础梁外伸部位截面高度变化时，在该部位原位注写 $b \times h_1/h_2$，h_1 为根部截面高度，h_2 为净截面高度。

（4）注写修正内容。当在基础梁上集中标注的某项内容（如梁截面尺寸、箍筋、底部与顶部贯通纵筋或架立筋、梁侧面纵向构造钢筋、梁底面标高高差等）不适用于某跨或某外伸部分时，则将其修正内容原位标注在该跨或该外伸部位，施工时优先原位标注取值。

当在多跨基础梁的集中标注中已注明加腋，而该梁某跨根部不需要加腋时，则应在该跨原位标注等截面的 $b \times h$，以修正集中标注的加腋信息。

2. 梁板式筏形基础平板的平法识图

梁板式筏形基础平板的平法标注，分板底部与顶部贯通纵筋的集中标注与底板底部附加非贯通纵筋的原位标注两部分内容。当仅设置贯通纵筋而未设置附加贯通纵筋时，则仅作集中标注。

1）梁板式筏形基础平板贯通纵筋的集中标注

梁板式筏形基础平板贯通纵筋的集中标注，应在所表达的板区双向均为第一跨（X与Y双向首跨）的板上引出（图面从左至右为X向，从下至上为Y向）。集中标注的内容规定如下：

（1）标注基础平板的编号。

（2）标注基础平板的截面尺寸。标注 h=×××表示板厚。

（3）标注基础平板的底部与顶部贯通纵筋及其总长度。先标注X向底部（B打头）贯通纵筋与顶部（T打头）贯通纵筋及纵向长度范围（图面从左至右为X向，从下至上为Y向）。贯通纵筋的总长度标注在括号中，标注方式为“跨数及有无外伸”，其表达形式为：（××）（无外伸）、（××A）（一端有外伸）或（××B）（两端有外伸）。

注：基础平板的跨数以构成柱网的主轴线为准；两主轴线之间无论有几道辅助轴线（例如框筒结构中混凝土内筒中的多道墙体），均可按一跨考虑。

2）梁板式筏形基础平板附加非贯通纵筋的原位标注

梁板式筏形基础平板的原位标注，主要是表示板底部附加非贯通纵筋。

（1）原位标注位置及内容。板底部原位标注的附加非贯通纵筋，应在配置相同跨的第一跨表达。在配置相同跨的第一跨，垂直于基础梁绘制一段中粗虚线，在虚线上标注编号（如①、②等）、配筋值、横向布置的跨数及是否布置到外伸部位。

原位标注的底部附加非贯通纵筋与集中标注的底部贯通钢筋，宜采用“隔一布一”的方式布置，即基础平板（X向或Y向）底部附加非贯通纵筋与贯通纵筋间隔布置，其标注间距与底部贯通纵筋相同（两者实际组合后的间距为各自标注间距的1/2）。

（2）标注修正内容。当集中标注的某些内容不适用于梁板式筏形基础平板某板区的某一板跨时，应由设计者在该板跨内注明，施工时应按注明内容取用。

（3）当若干基础梁下基础平板的底部附加非贯通纵筋配置相同时，可仅在一根基础梁下作原位标注，并在其他梁上注明“该梁下基础平板底部附加非贯通纵筋同××基础梁”。

二、平板式筏形基础的制图规则及平面表示

平板式筏形基础是没有基础梁的筏形基础，基础的顶面和底面都是平的。图 7-13 为平板式筏形基础立体示意图。

平板式筏形基础平法施工图主要采用平面标注方式表达。平板式筏形基础可划分为柱下板带和跨中板带；也可不分板带，按基础平板进行表达。平板式筏形基础构件编号见表 7-7 的规定。

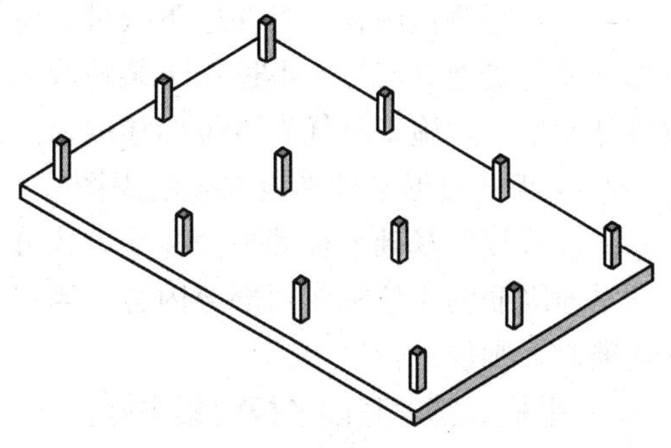

图 7-13　平板式筏形基础

平板式筏形基础构件编号　表 7-7

构件类型	代号	序号	跨数及有无延伸	备注
柱下板带	ZXB	××	(××)或(××A)或(××B)	(××A)为一端有外伸,(××B)为两端有外伸。外伸不计入跨数
跨中板带	KZB	××	(××)或(××A)或(××B)	
平板式筏形基础平板	BPB	××		其跨数及是否有外伸分别在 X、Y 两向的贯通纵筋之后表达。图面从左至右为 X 向,从下至上为 Y 向

1. 柱下板带、跨中板带的平面标注方式

柱下板带与跨中板带的平面标注，分板带底部与顶部贯通纵筋的集中标注与板带底部附加非贯通纵筋的原位标注两部分内容。

1）板下板带与跨中板带的集中标注

柱下板带与跨中板带的集中标注：应在第一跨（X 向为左端跨，Y 向为下端跨）引出。具体规定如下：

（1）标注编号。

（2）标注截面尺寸，标注 b=×××表示板带宽度。当柱下板带宽度确定后，跨中板带宽度亦随之确定（即相邻两平行柱下板带之间的距离）。当柱下板带中心线偏离柱中心线时，应在平面图上标注其定位尺寸。

（3）标注底部与顶部贯通纵筋。标注底部贯通纵筋（B 打头）与顶部贯通纵筋（T 打头）的规格与间距，用分号“;”将其分隔开。柱下板带的柱下区域，通常在其底部贯通纵筋的间隔内插空设有（原位标注的）底部附加非贯通纵筋。

2）板下板带与跨中板带的原位标注

柱下板带与跨中板带的原位标注：主要为底部附加非贯通纵筋。具体规定如下：

（1）标注内容，以一段与板带同向的中粗虚线代表附加非贯通纵筋；柱下板带：贯穿其柱下区域绘制；跨中板带：横贯柱中线绘制。在虚线上标注底部附加非贯通纵筋的编号（如①、②等）、钢筋级别、直径、间距，以及自柱中线分别向两侧跨内的伸出长度值。当向两侧对称伸出时，长度值可仅在一侧标注，另一侧不注。外伸部位的伸出长度与方式按标准构造，设计不注。对同一板带中底部附加非贯通筋相同者，可仅在一根钢筋上标注，

其他可仅在中粗虚线上标注编号。原位标注的底部附加非贯通筋与集中标注的底部贯通纵筋，宜采用“隔一布一”的方式布置，即柱下板带或跨中板带底部附加非贯通筋与贯通纵筋交错插空布置，其标注间距与底部贯通纵筋相同。

（2）注写修正内容，当在柱下板带、跨中板带上集中标注的某些内容（如截面尺寸、底部与顶部贯通纵筋等）不适用于某跨或某外伸部分时，则将修正的数值原位标注在该跨或该外伸部位，施工时优先原位标注取值。

2. 平板式筏形基础平板的平法识图

平板式筏形基础平板的平面标注方式分板底部与顶部贯通纵筋的集中标注与板底部附加非贯通纵筋的原位标注两部分内容。当仅设置底部与顶部贯通纵筋而未设置底部附加非贯通筋时，则仅进行集中标注。

1）平板式筏形基础平板的集中标注

（1）标注基础平板的编号。

（2）标注基础平板的截面尺寸。标注 h=×××表示板厚。

（3）标注基础平板的底部与顶部贯通纵筋及其总长度。先标注 X 向底部（B 打头）贯通纵筋与顶部（T 打头）贯通纵筋及纵向长度范围；再标注 Y 向底部（B 打头）贯通纵筋与顶部（T 打头）贯通纵筋及纵向长度范围（图面从左至右为 X 向，从下至上为 Y 向）。

2）平板式筏形基础平板的原位标注

平板式筏形基础平板的原位标注，主要是表示横跨柱中心线下的板底部附加非贯通纵筋。规定如下：

（1）原位标注位置及内容。板底部原位标注的附加非贯通纵筋，应在配置相同跨的第一跨表达。在配置相同跨的第一跨，垂直于基础梁绘制一段中粗虚线，在虚线上标注编号（如①、②等）、配筋值、横向布置的跨数及是否布置到外伸部位。

当柱中心线下的板底部附加非贯通纵筋沿柱中心线连续若干跨配置相同时，则在该连续跨的第一跨下原位标注，并将同规格配筋连续布置的跨数写在括号内，当有些跨数配置不同时，则应分别原位标注，外伸部分的底部附加非贯通纵筋应单独标注。

当底部附加非贯通纵筋横向布置在跨内有两种不同间距的底部贯通纵筋区域时，其间距分别对应两种，其标注形式应与贯通纵筋保持一致，即先标注跨内两端的第一间距，并在前面标注纵筋根数，再标注跨中部的第二种间距，两者用“/”隔开。

（2）当某些柱中心线下的基础平板底部附加非贯通纵筋横向配置相同时，可仅在一条中心线下进行原位标注，并在其他柱的中心线上进行说明。

第四节　筏形基础钢筋构造

筏形基础需要计算的主要钢筋根据其位置和功能不同，主要有梁板式筏形基础主梁、次梁、基础平板钢筋和平板式筏形基础平台钢筋。

一、梁板式筏形基础构造类型

梁板式筏形基础按有无外伸分：

（1）端部无外伸构造。

（2）端部外伸构造。

梁板式筏形基础按截面变化形式分：

（1）无变截面构造。

（2）板顶有高差构造。

（3）板顶、板底均有高差构造。

（4）板底有高差构造。

1. 基础主梁端部外伸构造

基础主梁端部外伸构造示意图见图 7-14，基础主梁端部外伸钢筋构造图见图 7-15。

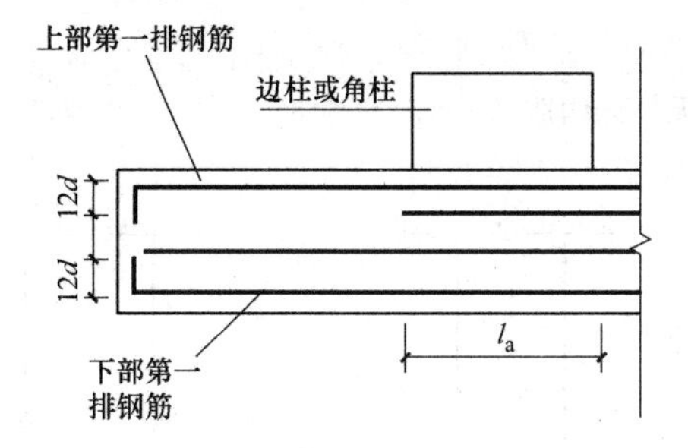

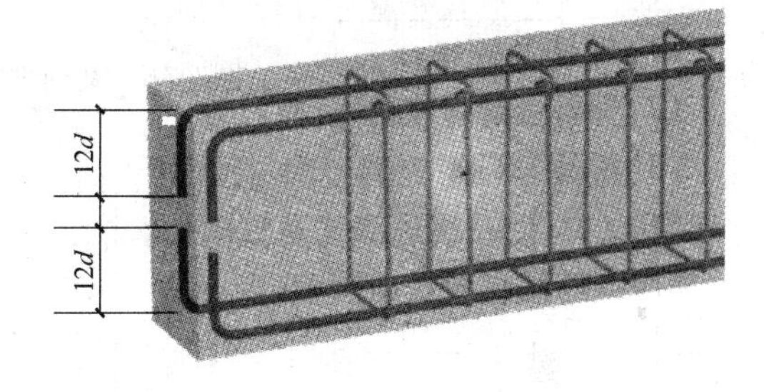

图 7-14　基础主梁端部外伸构造

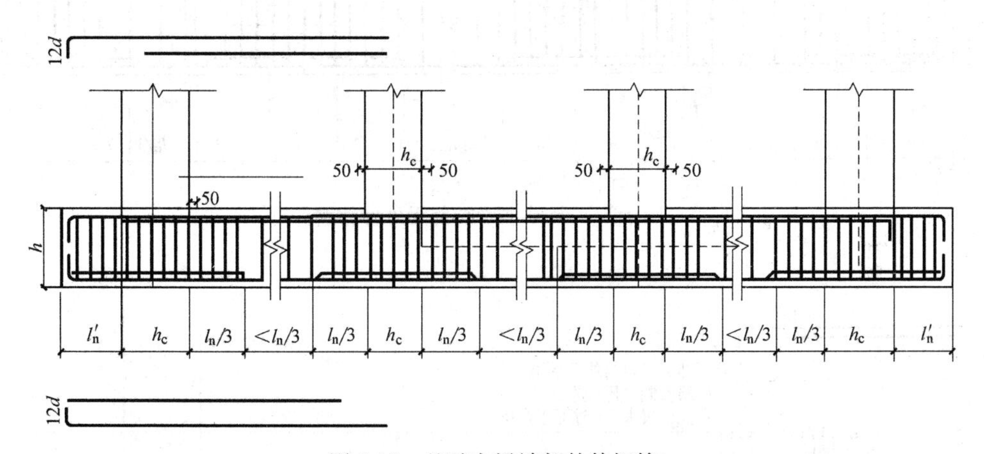

图 7-15　基础主梁端部外伸钢筋

2. 基础主梁端部无外伸构造

基础主梁端部无外伸构造示意图见图 7-16，基础主梁端部无外伸钢筋构造图见图 7-17。

3. 基础主梁变截面变化构造及钢筋计算

11G101-3 图集列举了五种梁板式筏形基础梁截面构造变化情形，下面以最有代表性的梁顶有高差变化构造、梁顶梁底均有高差变化构造和梁宽不同构造变化为例，进行梁板式筏形基础平板标高变化构造及钢筋计算分析。

1）梁顶标高不同时钢筋构造（图 7-18）

2）梁底和梁顶均有高差钢筋构造（图 7-19）

3）梁宽不同钢筋构造（图 7-20）

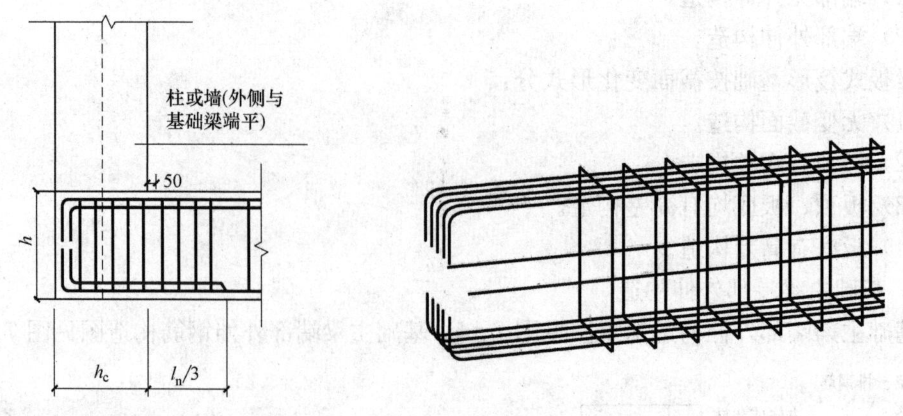

图 7-16　基础主梁端部无外伸构造

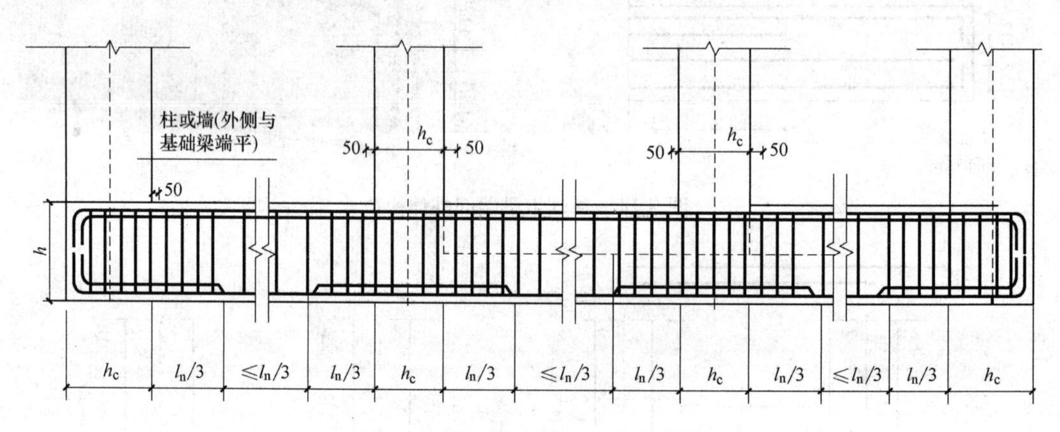

图 7-17　基础主梁端部无外伸钢筋

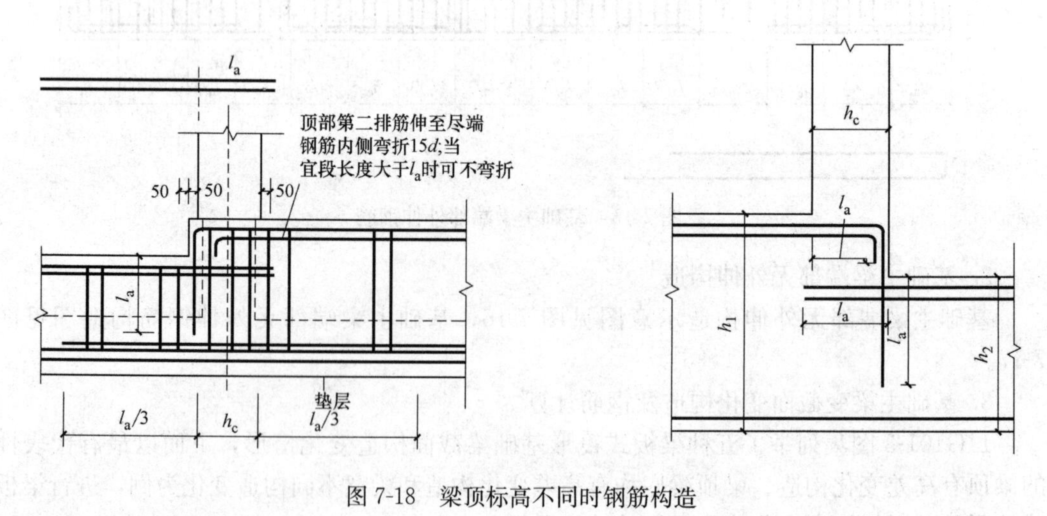

图 7-18　梁顶标高不同时钢筋构造

4. 梁板式筏形基础平板

梁板式筏形基础平板分基础平板外伸构造和基础平板无外伸构造两种形式。

1）基础平板外伸构造（图 7-21）

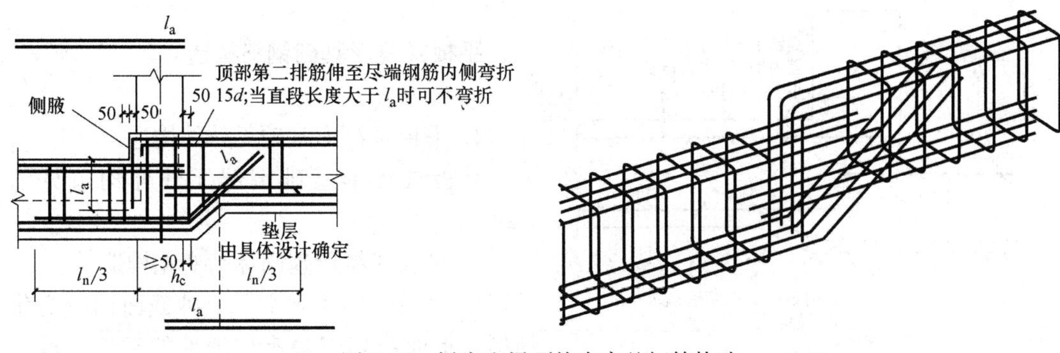

图 7-19 梁底和梁顶均有高差钢筋构造

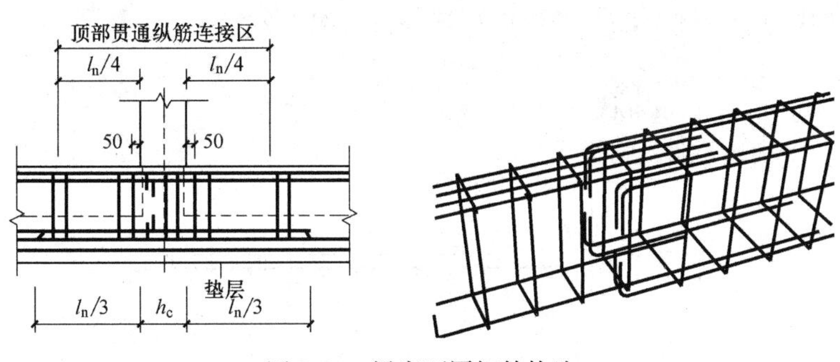

图 7-20 梁宽不同钢筋构造

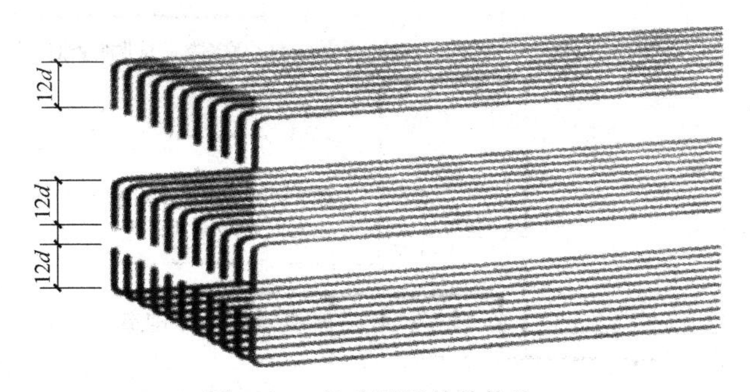

图 7-21 基础平板外伸构造

2）基础平板无外伸构造（图 7-22）

5. 梁板式筏形基础平板标高变化构造

11G101-3 图集列举了三种截面构造变化情形，下面我们以最有代表性的板顶、板底均有高差变化构造为例，进行梁板式筏形基础平板标高变化构造及钢筋计算分析（图 7-23）。

基础次梁与基础主梁的钢筋构造和计算原理一致，在此章节不重复讲解基础次梁的钢筋构造和计算。

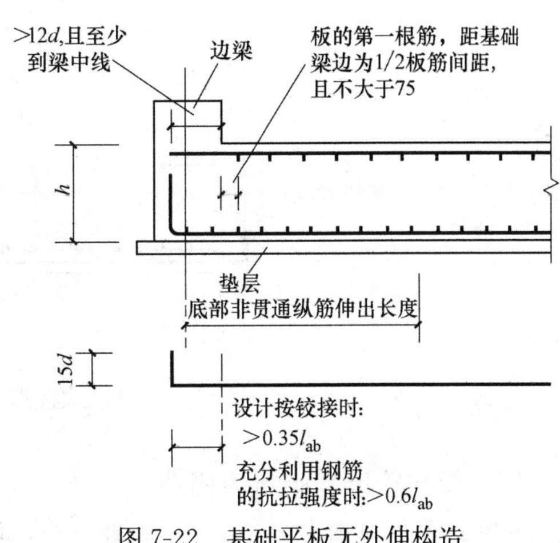

图 7-22 基础平板无外伸构造

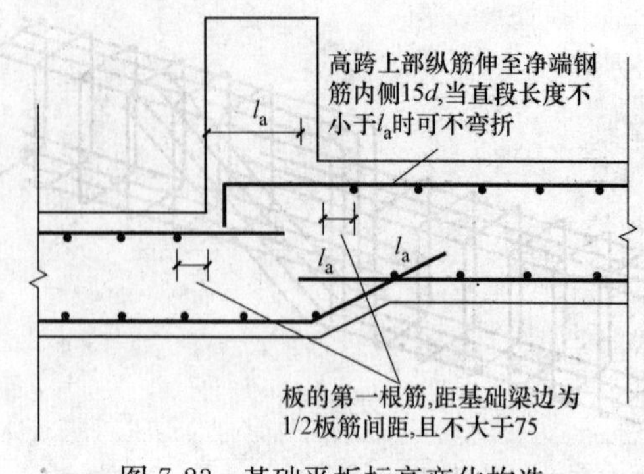

图 7-23　基础平板标高变化构造

二、平板式筏形基础钢筋构造

1. 平板式筏形基础无外伸构造

平板式筏形基础端部无外伸构造见图7-24。

2. 平板式筏形基础标高变化构造

11G101-3 图集列举了三种截面构造变化情形，下面我们以最有代表性的板顶、板底均有高差变化构造为例，进行平板式筏形基础平板标高变化构造（图 7-25）及钢筋计算分析（图 7-26）。

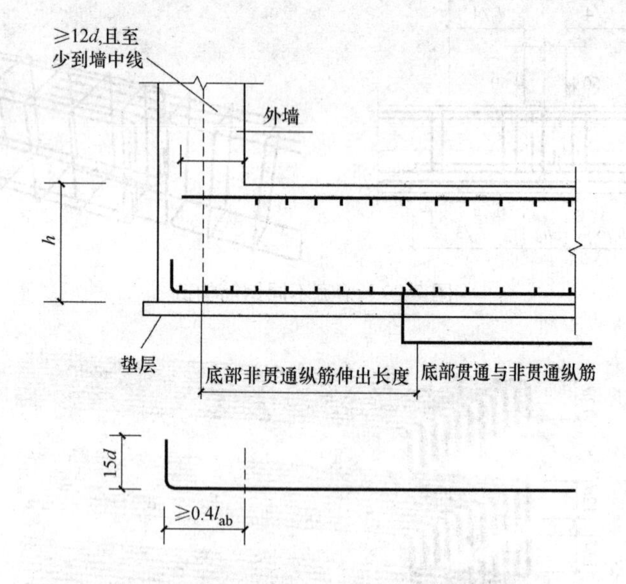

图 7-24　平板式筏形基础端部无外伸构造

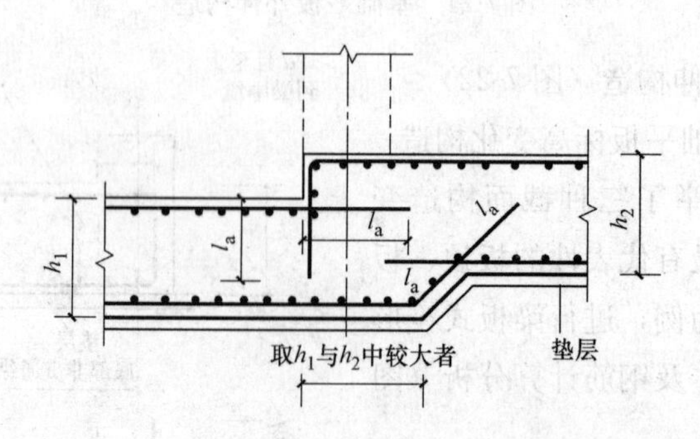

图 7-25　平板式筏形基础平板标高变化构造

3. 平板式筏形基础封边构造

平板式筏形基础封边构造图见图 7-27，U 形封边构造筋见图 7-28。

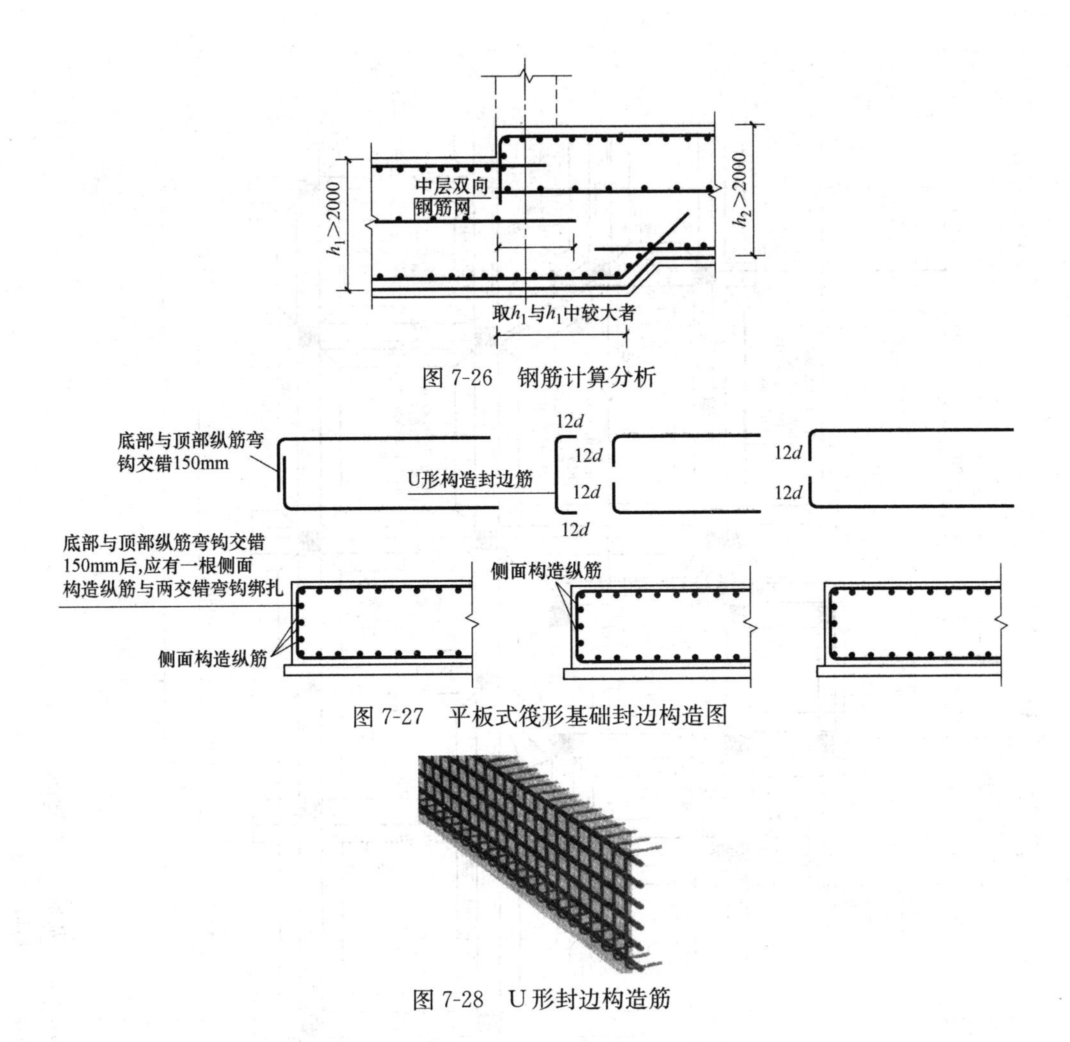

图 7-26　钢筋计算分析

图 7-27　平板式筏形基础封边构造图

图 7-28　U 形封边构造筋

第五节　条形基础实例

从××工程基础平面布置图中可知：该条形基础由基础梁和坡形基础底板组成。

1. 基础梁

从基础平面布置图（图 7-29）中可以看出基础梁有 17 种，为 JL1、JL2、JL3、JL4、JL5、JL6、JL7、JL8、JL9、JL10、JL11、JL12、JL13、JL14、JL15、JL16、JL17。

下面以 JL1、JL15 为例加以说明：

JL1：序号为 1 的基础梁，一跨，截面为 400mm×400mm，上下部配筋均为 4B18，受扭纵向钢筋为 2B14，箍筋为 A8，间距为 200mm，4 肢箍，梁顶标高为－3.300m。

JL15：序号为 15 的基础梁，三跨，截面为 500mm×700mm，梁底配筋为 6B20，梁顶配筋为 6B18，受扭纵向钢筋为 4B14，拉筋为 A8，间距为 400mm，箍筋为 A10，间距为 200mm，6 肢箍。

2. 基础底板

从基础平面布置图（图 7-29）中可以看出基础底板横向受力钢筋为 C12@150，分布钢筋为 A8@200。

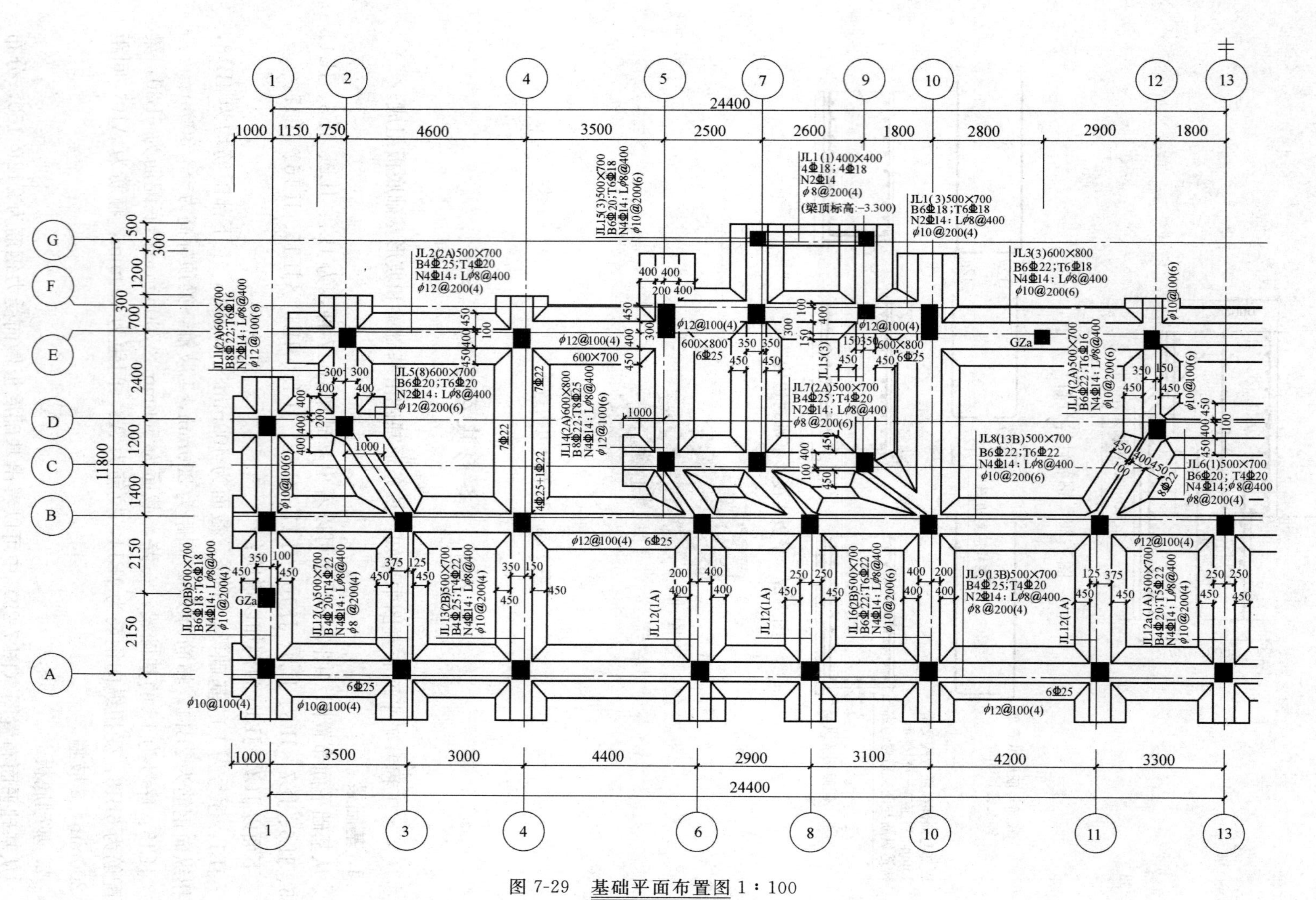

图 7-29　基础平面布置图 1：100

注：基础底板横向受力筋均为：Φ12@150，分布筋为 φ8@200。

第八章　软件画图实例详解

本章以一栋地下一层地上十二层的剪力墙结构的住宅楼为例，应用广联达钢筋算量软件计算钢筋工程量。详细叙述了剪力墙、暗柱、梁、板、基础钢筋的画法步骤。

第一节　工 程 设 置

一、进入软件

双击桌面上的广联达钢筋抽样 GGJ2013，稍等片刻屏幕上会出现“欢迎使用 GGJ2013”对话框→单击“新建向导”进入“新建工程：第一步，工程名称”对话框→填写工程名称为“南湖 12 层住宅楼”→选择计算规则为“11 系新平法规则”，其他按软件默认不变（图 8-1）。

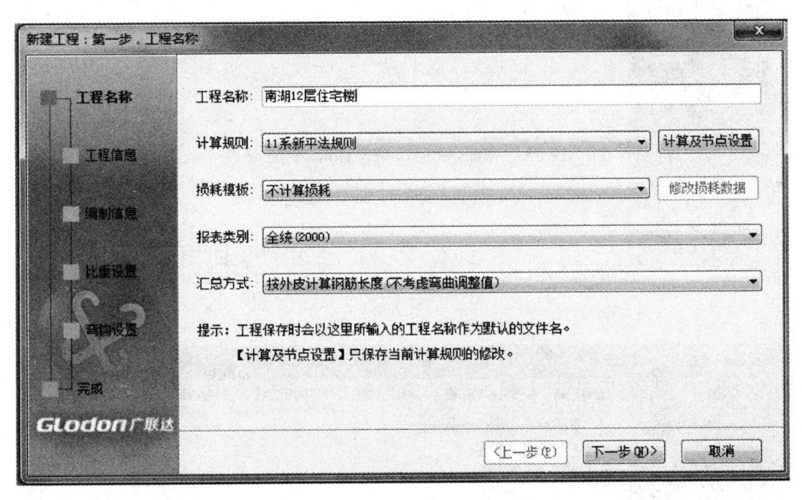

图 8-1

→单击“下一步”出现“确认”对话框，问的是此工程是“按平法 11G 原理建立的，不能与 03G 系列相互切换，是否进行下一步”，不用管它，继续前进。→单击“是”，进入“新建工程：第二步，工程信息”对话框→根据“结施-01”修改“结构类型”为“剪力墙结构”，“设防烈度”为“8”，“檐高”为“36.2”，“抗震等级”为“二级抗震”（图 8-2）。

→单击“下一步”进入“新建工程：第三步，编制信息”对话框，此对话框和计算钢筋没有关系，我们在这里不用填写（图 8-3），直接进入下一步。

→单击“下一步”进入“新建工程：第四步，比重设置”对话框→修改第 4 项直径为圆 6 的钢筋比重为“0.26”（图 8-4）。

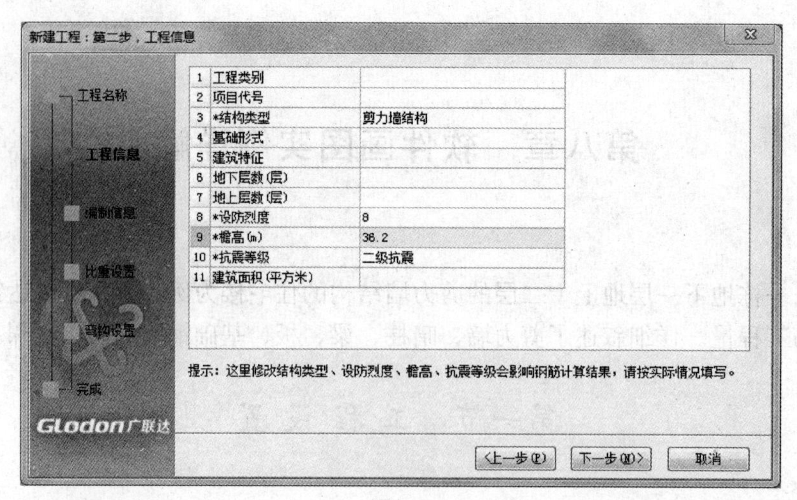
新建工程：第二步，工程信息
工程名称
工程信息
编制信息
比重设置
弯钩设置
完成
1 工程类别
2 项目代号
3 *结构类型 剪力墙结构
4 基础形式
5 建筑特征
6 地下层数(层)
7 地上层数(层)
8 *设防烈度 8
9 *檐高(m) 36.2
10 *抗震等级 二级抗震
11 建筑面积(平方米)
提示：这里修改结构类型、设防烈度、檐高、抗震等级会影响钢筋计算结果，请按实际情况填写。
Glodon广联达
<上一步(P) 下一步(N)> 取消

图 8-2

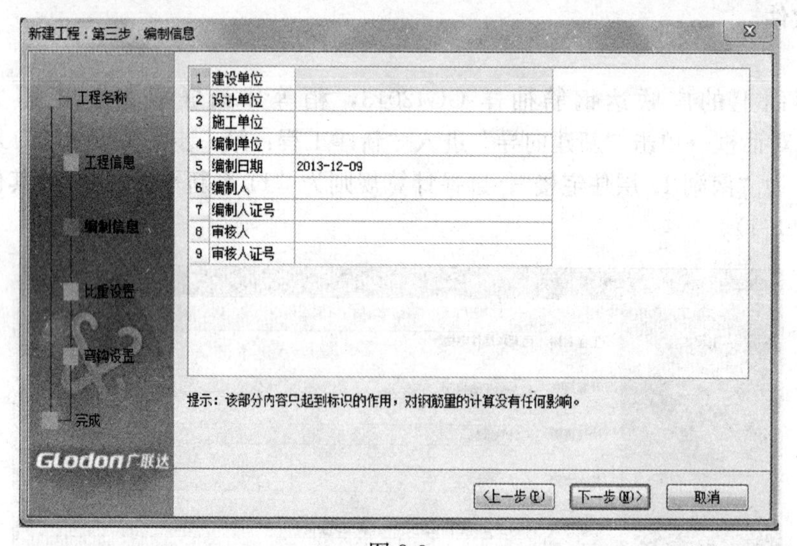
新建工程：第三步，编制信息
工程名称
工程信息
编制信息
比重设置
弯钩设置
完成
1 建设单位
2 设计单位
3 施工单位
4 编制单位
5 编制日期 2013-12-09
6 编制人
7 编制人证号
8 审核人
9 审核人证号
提示：该部分内容只起到标识的作用，对钢筋量的计算没有任何影响。
Glodon广联达
<上一步(P) 下一步(N)> 取消

图 8-3

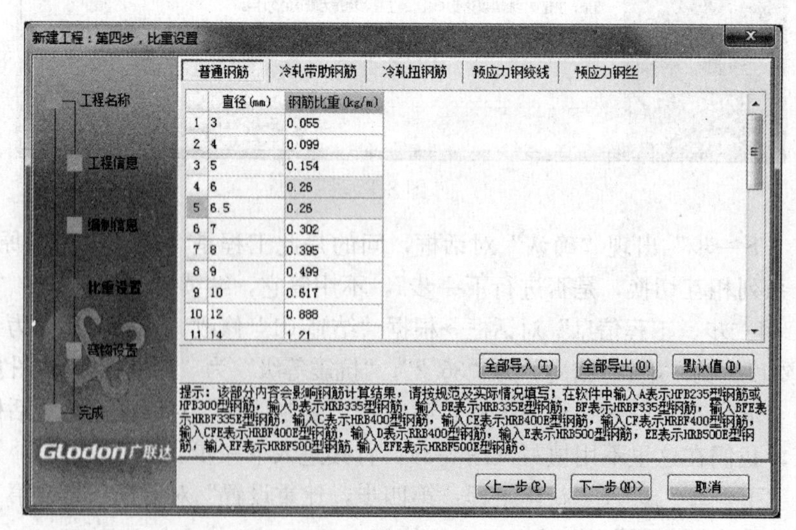
新建工程：第四步，比重设置
普通钢筋 冷轧带肋钢筋 冷轧扭钢筋 预应力钢绞线 预应力钢丝
工程名称
工程信息
编制信息
比重设置
弯钩设置
完成
直径(mm) 钢筋比重(kg/m)
1 3 0.055
2 4 0.099
3 5 0.154
4 6 0.26
5 6.5 0.26
6 7 0.302
7 8 0.395
8 9 0.499
9 10 0.617
10 12 0.888
11 14 1.21
全部导入(I) 全部导出(O) 默认值(D)
提示：该部分内容会影响钢筋计算结果，请按规范及实际情况填写；在软件中输入A表示HPB235型钢筋或HPB300型钢筋，输入B表示HRB335型钢筋，输入BE表示HRB335E型钢筋，BF表示HRBF335型钢筋，输入BFE表示HRBF335E型钢筋，输入C表示HRB400型钢筋，输入CE表示HRB400E型钢筋，输入CF表示HRBF400型钢筋，输入CFE表示HRBF400E型钢筋，输入D表示RRB400型钢筋，输入E表示HRB500型钢筋，EE表示HRB500E型钢筋，输入EF表示HRBF500型钢筋,输入EFE表示HRBF500E型钢筋。
Glodon广联达
<上一步(P) 下一步(N)> 取消

图 8-4

→单击“下一步”进入“新建工程：第五步，弯钩设置”对话框，如果没有特殊要求，此对话框不用填写（图 8-5）。

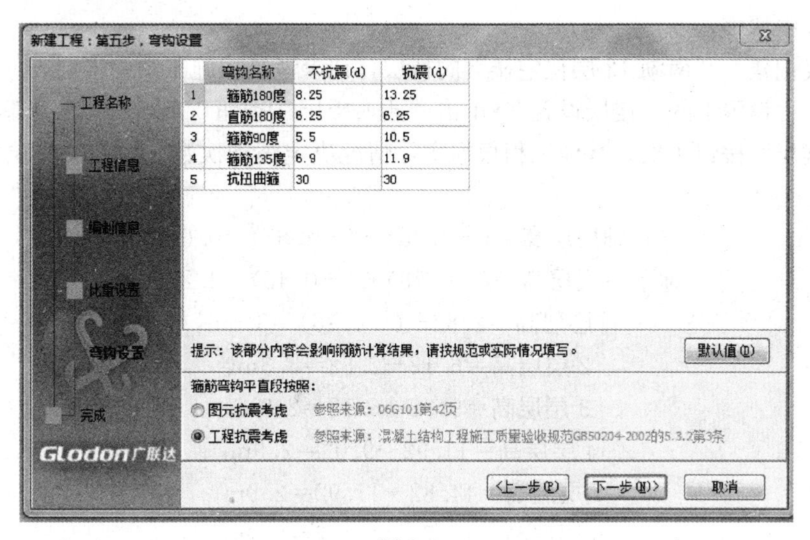

图 8-5

→单击“下一步”进入“新建工程：第六步，完成”对话框（图 8-6）。检查前面填写的信息是否正确，如果不正确，单击“上一步”返回修改，如果没有发现错误向下进行。

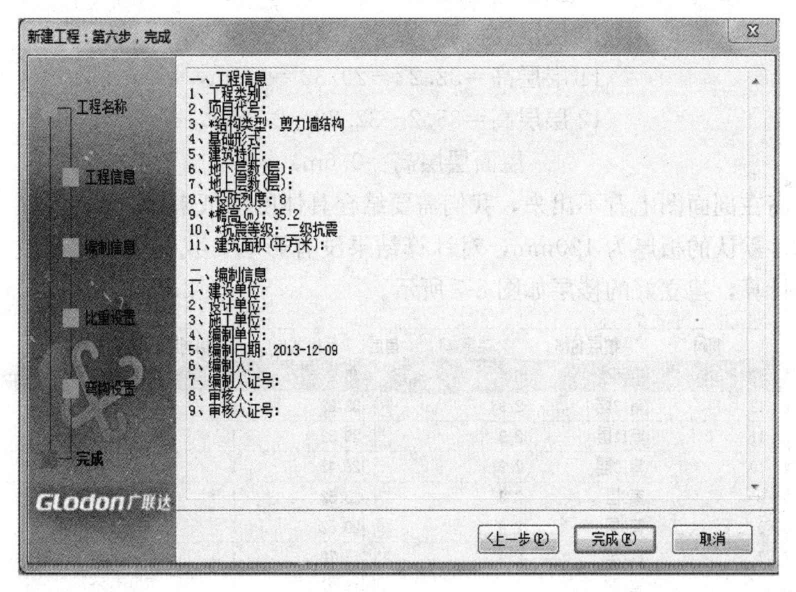

图 8-6

→单击“完成”软件自动进入“工程信息”界面。

二、修改工程设置

（一）建立楼层

建立楼层一般根据工程的剖面图进行，钢筋算量软件中的层高应使用结构层高，可以按以下计算，层高＝当前层层顶结构标高—当前层地面结构标高，基础层高＝基础相邻层地面结构标高—基础底部结构标高。如果基础有多个标高，以最多标高的为准，其他标高在画图过程中调整。

下面我们建立“南湖 12 层住宅楼”的楼层，请参考结构施工图的楼层表。

单击工程设置下的“楼层设置”→单击“插入楼层”按钮 12 次→单击“基础层”→单击“插入楼层”按钮 1 次，其他工程根据实际情况决定添加次数。填写“楼层定义”，如图 8-7 所示。

(基础层层高＝(−4.05)−(−4.65)＝0.6m，
地下一层层高＝(−0.78)−(−0.45)＝3.27m，
首层层高＝2.82−(−0.78)＝3.6m，
2 层层高＝6.12−2.82＝3.3m，
3 层层高＝9.02−6.12＝2.9m，
4 层层高＝11.92−9.02＝2.9m，
5 层层高＝14.82−11.92＝2.9m，
6 层层高＝17.72−14.82＝2.9m，
7 层层高＝20.62−17.72＝2.9m，
8 层层高＝23.52−20.62＝2.9m，
9 层层高＝26.42−20.62＝2.9m，
10 层层高＝29.32−26.42＝2.9m，
11 层层高＝32.22−29.32＝2.9m，
12 层层高＝35.2−32.22＝2.98m，
屋面层层高＝0.6m)。

有些标高在剖面图上看不出来，我们需要结合具体的图纸来看。

这里软件默认的板厚为 120mm，对计算结果没有影响，我们先不用管它，软件按后面画的板厚计算，建立好的楼层如图 8-7 所示。

	编码	楼层名称	层高(m)	首层	底标高(m)	相同层数	板厚(mm)
1	13	屋面层	0.6	☐	35.2	1	120
2	12	第12层	2.98	☐	32.22	1	120
3	11	第11层	2.9	☐	29.32	1	120
4	10	第10层	2.9	☐	26.42	1	120
5	9	第9层	2.9	☐	23.52	1	120
6	8	第8层	2.9	☐	20.62	1	120
7	7	第7层	2.9	☐	17.72	1	120
8	6	第6层	2.9	☐	14.82	1	120
9	5	第5层	2.9	☐	11.92	1	120
10	4	第4层	2.9	☐	9.02	1	120
11	3	第3层	2.9	☐	6.12	1	120
12	2	第2层	3.3	☐	2.82	1	120
13	1	首层	3.6	☑	-0.78	1	120
14	-1	第-1层	3.27	☐	-4.05	1	120
15	0	基础层	0.6	☐	-4.65	1	500

图 8-7

接下来根据结构说明修改“混凝土强度等级”和“保护层厚”（图 8-8）→单击“复制到其他楼层”出现“复制到其他楼层”对话框（图 8-9）→勾选所有楼层→单击“确定”，其他楼层的“混凝土强度等级”和“保护层厚”就复制好了。

	抗震等级	混凝土强度等级	锚固						搭接						保护层厚(mm)
			HPB235 (A) HPB300 (A)	HRB335 (B) HRB335E (BE) HRBF335 (BF) HRBF335E (BFE)	HRB400 (C) HRB400E (CE) HRBF400 (CF) HRBF400E (CFE) RRB400 (D)	HRB500 (E) HRB500E (EE) HRBF500 (EF) HRBF500E (EFE)	冷轧带肋	冷轧扭	HPB235 (A) HPB300 (A)	HRB335 (B) HRB335E (BE) HRBF335 (BF) HRBF335E (BFE)	HRB400 (C) HRB400E (CE) HRBF400 (CF) HRBF400E (CFE) RRB400 (D)	HRB500 (E) HRB500E (EE) HRBF500 (EF) HRBF500E (EFE)	冷轧带肋	冷轧扭	
基础	(二级抗震)	C30	(35)	(34/37)	(41/45)	(50/55)	(41)	(35)	(49)	(48/52)	(58/63)	(70/77)	(58)	(49)	(40)
基础梁/承台梁	(二级抗震)	C30	(35)	(34/37)	(41/45)	(50/55)	(41)	(35)	(49)	(48/52)	(58/63)	(70/77)	(58)	(49)	(40)
框架梁	(二级抗震)	C30	(35)	(34/37)	(41/45)	(50/55)	(41)	(35)	(49)	(48/52)	(58/63)	(70/77)	(58)	(49)	(20)
非框架梁	(非抗震)	C30	(30)	(29/32)	(35/39)	(43/48)	(35)	(35)	(42)	(41/45)	(49/55)	(61/68)	(49)	(49)	(20)
柱	(二级抗震)	C35	(33)	(32/35)	(37/41)	(45/50)	(41)	(35)	(47)	(45/49)	(52/58)	(63/70)	(58)	(49)	(20)
现浇板	(非抗震)	C30	(30)	(29/32)	(35/39)	(43/48)	(35)	(35)	(42)	(41/45)	(49/55)	(61/68)	(49)	(49)	(15)
剪力墙	(二级抗震)	C35	(33)	(32/35)	(37/41)	(45/50)	(41)	(35)	(40)	(39/42)	(45/50)	(54/60)	(50)	(42)	(15)
人防门框墙	(二级抗震)	C30	(35)	(34/37)	(41/45)	(50/55)	(41)	(35)	(49)	(48/52)	(58/63)	(70/77)	(58)	(49)	(15)
墙梁	(二级抗震)	C35	(33)	(32/35)	(37/41)	(45/50)	(41)	(35)	(47)	(45/49)	(52/58)	(63/70)	(58)	(49)	(20)
墙柱	(二级抗震)	C35	(33)	(32/35)	(37/41)	(45/50)	(41)	(35)	(47)	(45/49)	(52/58)	(63/70)	(58)	(49)	(20)
圈梁	(二级抗震)	C25	(40)	(38/42)	(46/51)	(56/61)	(46)	(40)	(56)	(54/59)	(65/72)	(79/86)	(65)	(56)	(25)
构造柱	(二级抗震)	C25	(40)	(38/42)	(46/51)	(56/61)	(46)	(40)	(56)	(54/59)	(65/72)	(79/86)	(65)	(56)	(25)
其他	(非抗震)	C15	(39)	(38/42)	(40/44)	(48/53)	(45)	(45)	(55)	(54/59)	(56/62)	(68/75)	(63)	(63)	(25)

图 8-8

（二）修改搭接设置

楼层建立好后，根据结构设计说明修改计算设置里的搭接设置，具体操作步骤如下：

在“工程设置”界面下，→单击“计算设置”→单击“搭接设置”，修改搭接设置如图 8-10 所示。

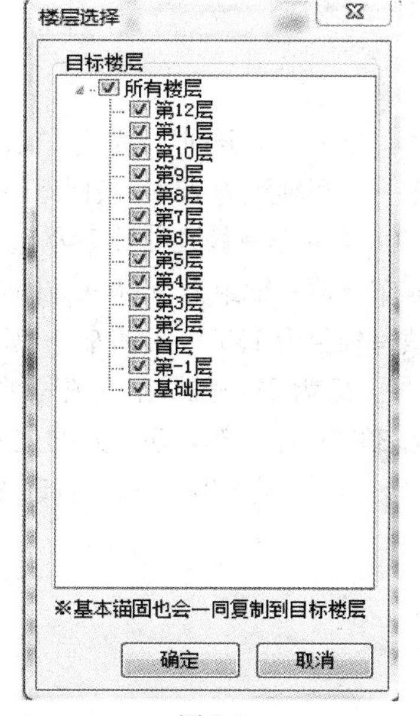

图 8-9

三、建立轴网

建立轴线需要了解以下一些名词：

1. 下开间：就是图纸下边的轴号和轴距。
2. 上开间：就是图纸上边的轴号和轴距。
3. 左开间：就是图纸左边的轴号和轴距。
4. 右开间：就是图纸右边的轴号和轴距。

下面我们开始建立轴网。

建立下开间：单击模块导航栏下“绘图输入”进入绘图界面→单击“轴网”→单击“定义”按钮→单击“新建”下拉菜单→单击“新建正交轴网”→软件默认在“下开间”状态下，我们以地下一层墙体结构平面图为标准建立轴网，具体操作步骤如下：

单击“添加”→修改轴距为 3000→敲回车→填写轴距为 3600→敲回车→修改轴号 3 为 6，填写轴距为 3600→敲回车→修改轴号 7 为 10，填写轴距为 3000→敲回车→填写轴距为 3000→敲回车→修改轴号 12 为 22，填写轴距为 3600→敲回车→修改轴号 23 为 26，填写轴距为 3600→敲回车→修改轴号 27 为 30，填写轴距为 3000→敲回车，建好的下开间如图 8-11 所示。

单击“左进深”→单击“添加”→修改轴距为 1500→敲回车→修改轴号 A 为 D→填写轴距为 2500→敲回车→填写轴距为 1500→敲回车→填写轴距为 700→敲回车→填写轴距为 1350→敲回车→填写轴距为 650→敲回车→填写轴距为 3250→敲回车→填写轴距为

1500→敲回车→填写轴距为 1400→敲回车，建好的左进深如图 8-12 所示。

计算设置 | 节点设置 | 箍筋设置 | 搭接设置 | 箍筋公式

	钢筋直径范围	连接形式								墙柱垂直筋定尺	其余钢筋定尺
		基础	框架梁	非框架梁	柱	板	墙水平筋	墙垂直筋	其他		
1	⊟ HPB235, HPB300										
2	3~10	绑扎	绑扎	绑扎	绑扎	绑扎	绑扎	绑扎	绑扎	12000	12000
3	12~14	绑扎	绑扎	绑扎	绑扎	绑扎	绑扎	绑扎	绑扎	10000	10000
4	16~25	直螺纹连接	直螺纹连接	直螺纹连接	直螺纹连接	直螺纹连接	直螺纹连接	直螺纹连接	直螺纹连接	10000	10000
5	28~32	直螺纹连接	直螺纹连接	直螺纹连接	直螺纹连接	直螺纹连接	直螺纹连接	直螺纹连接	直螺纹连接	9000	9000
6	⊟ HRB335, HRB335E, HRBF335, HRBF335E										
7	3~11.5	绑扎	绑扎	绑扎	绑扎	绑扎	绑扎	绑扎	绑扎	12000	12000
8	12~14	绑扎	绑扎	绑扎	绑扎	绑扎	绑扎	绑扎	绑扎	10000	10000
9	16~25	直螺纹连接	直螺纹连接	直螺纹连接	直螺纹连接	直螺纹连接	直螺纹连接	直螺纹连接	直螺纹连接	10000	10000
10	28~50	直螺纹连接	直螺纹连接	直螺纹连接	直螺纹连接	直螺纹连接	直螺纹连接	直螺纹连接	直螺纹连接	9000	9000
11	⊟ HRB400, HRB400E, HRBF400, HRBF400E, RRB400,										
12	3~10	绑扎	绑扎	绑扎	绑扎	绑扎	绑扎	绑扎	绑扎	12000	12000
13	12~14	绑扎	绑扎	绑扎	绑扎	绑扎	绑扎	绑扎	绑扎	10000	10000
14	16~25	直螺纹连接	直螺纹连接	直螺纹连接	直螺纹连接	直螺纹连接	直螺纹连接	直螺纹连接	直螺纹连接	10000	10000
15	28~50	直螺纹连接	直螺纹连接	直螺纹连接	直螺纹连接	直螺纹连接	直螺纹连接	直螺纹连接	直螺纹连接	9000	9000
16	⊟ 冷轧带肋钢筋										
17	4~12	绑扎	绑扎	绑扎	绑扎	绑扎	绑扎	绑扎	绑扎	8000	8000
18	⊟ 冷轧扭钢筋										
19	6.5~14	绑扎	绑扎	绑扎	绑扎	绑扎	绑扎	绑扎	绑扎	8000	8000

图 8-10

单击“上开间”→单击“添加”→修改轴距为 3000→敲回车→修改轴距为 1550→敲回车→填写轴距为 750→敲回车→填写轴距为 1300→敲回车→修改轴号 5 为 6→填写轴距为 1300 敲回车→修改轴号 7 为 8→敲回车→填写轴距为 750→敲回车→填写轴距为 1550→敲回车→填写轴距为 3000→敲回车→填写轴距为 3000→敲回车→修改轴号为 22→敲回车→填写轴距为 1550→敲回车→填写轴距为 750→敲回车→填写轴距为 2600→敲回车→修改轴号 25 为 28→敲回车→填写轴距为 750→敲回车→填写轴距为 1550→敲回车→填写轴距为 3000→敲回车，建立好的上开间如图 8-13 所示。

由于“左进深”和“右进深”相同，我们在这里就不再重复建立了。

下开间 | 左进深 | 上开间 | 右

轴号	轴距	级别
1	3000	2
2	3600	1
6	3600	1
10	3000	1
11	3000	1
22	3600	1
26	3600	1
30	3000	1
31		2

图 8-11

下开间 | 左进深 | 上开间 | 右进

轴号	轴距	级别
D	1500	2
E	2500	1
F	1500	1
G	700	1
H	1350	1
J	650	1
K	3250	1
L	1500	1
M	1400	1
N		2

图 8-12

下开间 | 左进深 | 上开间 | 右

轴号	轴距	级别
1	3000	2
2	1550	1
3	750	1
4	1300	1
6	1300	1
8	750	1
9	1550	1
10	3000	1
11	3000	1
22	1550	1
23	750	1
24	2600	1
28	750	1
29	1550	1
30	3000	1
31		2

图 8-13

单击界面右下方的“生成周网”，然后再单击“绘图”按钮，出现“请输入角度”对话框，如图 8-14 所示。

由于南湖 12 层住宅楼轴网与 X 方向角度为 0，软件默认就是正确的，单击“确定”轴网就建好了，建好的轴网如图 8-15 所示。

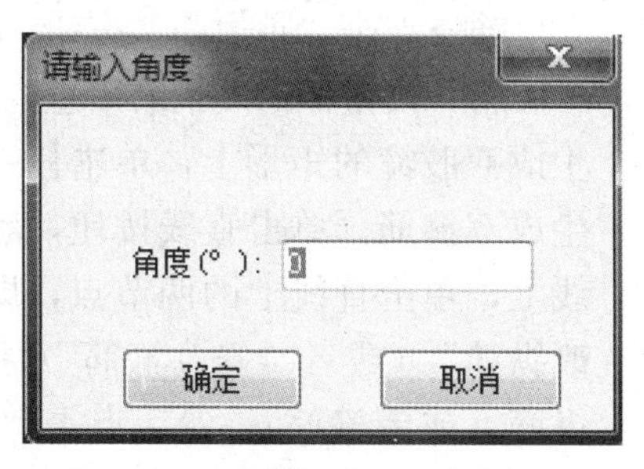

图 8-14

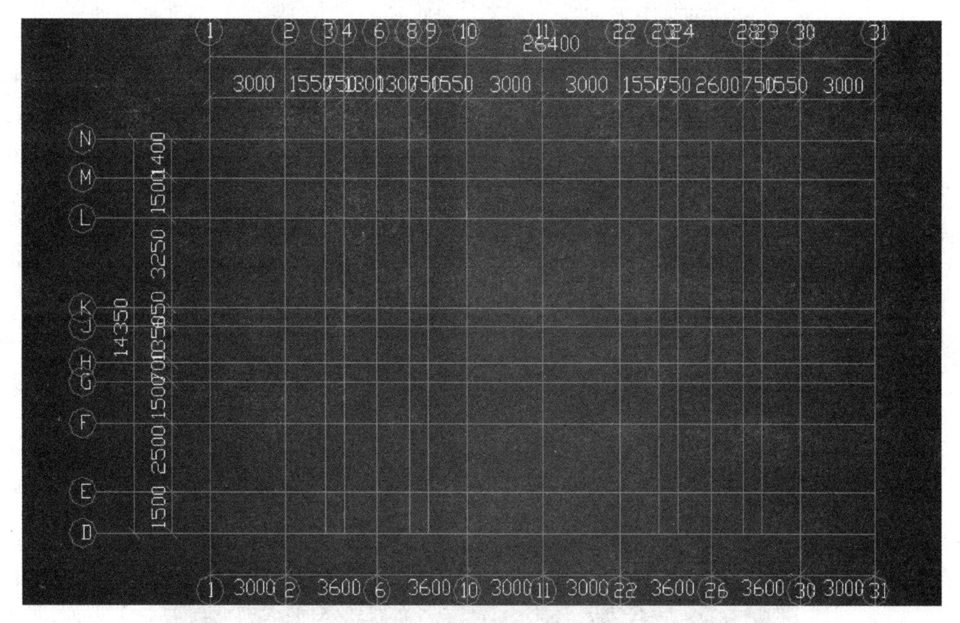

图 8-15

第二节　首层至二层剪力墙暗柱框架属性定义和画法

本节以首层二层剪力墙暗柱框架为例，详细叙述暗柱与剪力墙的定义和画法。

一、首层至二层暗柱和框架的属性和画法

1. 建立暗柱和框架的属性

(1) 建立 YJZ1 的属性

我们根据首层至二层暗柱配筋图来建立各个暗柱的属性，让我们先来定义 YJZ1。

单击“柱”前面的“+”，然后点击“暗柱”→单击“定义”→单击“新建”下拉菜

单→单击“新建参数化暗柱”，进入“选择参数化图形”对话框→在“参数化截面类型”中选择“L 形”→根据 YJZ1 的图形形状选择对应的形状→填写参数，如图 8-16 所示。

→单击“确定”进入暗柱属性编辑对话框→名称修改为 YJZ1→将截面编辑后面的“否”改为“是”，如图 8-17 所示→在截面编辑对话框中，点击“布角筋”按钮，输入钢筋信息，在空白区右键自动生成角筋→点击“布边筋”按钮，输入钢筋信息，在图纸对应处单击即可生成边筋→点击“画箍筋”按钮，输入钢筋信息，单击矩形按钮，然后在需要生成双肢箍的矩形上，单击任一对角线上的两节点，即可生成双箍筋；单击直线按钮，然后在需要生成单肢箍的直线上，单击直线上的两节点，即可生成单箍筋→点击“修改纵筋”（或者“修改箍筋”）按钮，单击选中需要删除的纵筋（或者箍筋），然后点击“删除”按钮可以将其删除。截面编辑完成后如图 8-18 所示。

	属性名称	属性值
1	a(mm)	200
2	b(mm)	650
3	c(mm)	300
4	d(mm)	200

图 8-16

属性编辑

	属性名称	属性值	附加
1	名称	YJZ1	
2	类别	暗柱	☐
3	截面编辑	是	
4	截面形状	L-c形	☐
5	截面宽(B边)(mm)	850	☐
6	截面高(H边)(mm)	500	☐
7	全部纵筋	16⌀22	☐
8	其他箍筋		
9	备注		☐
10	⊞ 其他属性		
22	⊞ 锚固搭接		
37	⊞ 显示样式		

图 8-17

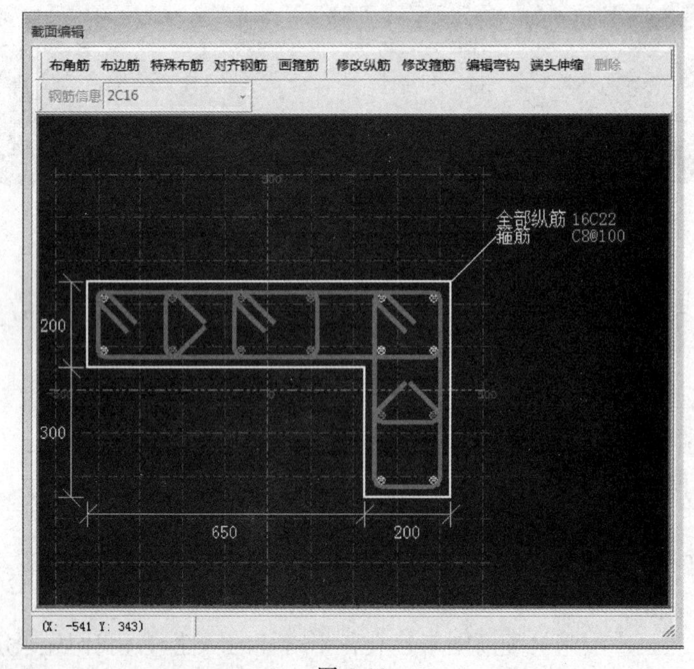

图 8-18

(2) 建立 YAZ2 的属性

用同样的方法定义 YAZ2 的属性，如图 8-19～图 8-21 所示。

	属性名称	属性值
1	b1 (mm)	225
2	b2 (mm)	225
3	h1 (mm)	100
4	h2 (mm)	100

图 8-19

属性编辑

	属性名称	属性值	附加
1	名称	YAZ2	
2	类别	暗柱	
3	截面编辑	是	
4	截面形状	一字形	
5	截面宽 (B边) (mm)	450	
6	截面高 (H边) (mm)	200	
7	全部纵筋	8⌀18	
8	其他箍筋		
9	备注		
10	+ 其他属性		
22	+ 锚固搭接		
37	+ 显示样式		

图 8-20

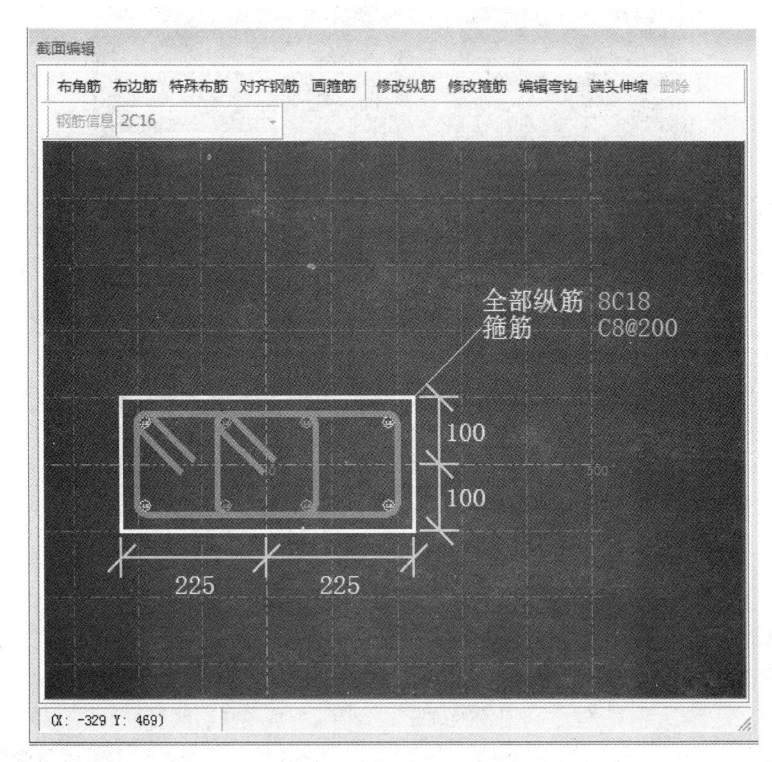

图 8-21

(3) 建立 YJZ3 的属性

用同样的方法定义 YJZ3 的属性，如图 8-22～图 8-24 所示。

	属性名称	属性值
1	a (mm)	200
2	b (mm)	400
3	c (mm)	300
4	d (mm)	200

图 8-22

属性编辑

	属性名称	属性值	附加
1	名称	YJZ3	
2	类别	暗柱	☐
3	截面编辑	是	
4	截面形状	L-d形	☐
5	截面宽（B边）(mm)	600	☐
6	截面高（H边）(mm)	500	☐
7	全部纵筋	14Φ14	☐
8	其他箍筋		
9	备注		☐
10	⊞ 其他属性		
22	⊞ 锚固搭接		
37	⊞ 显示样式		

图 8-23

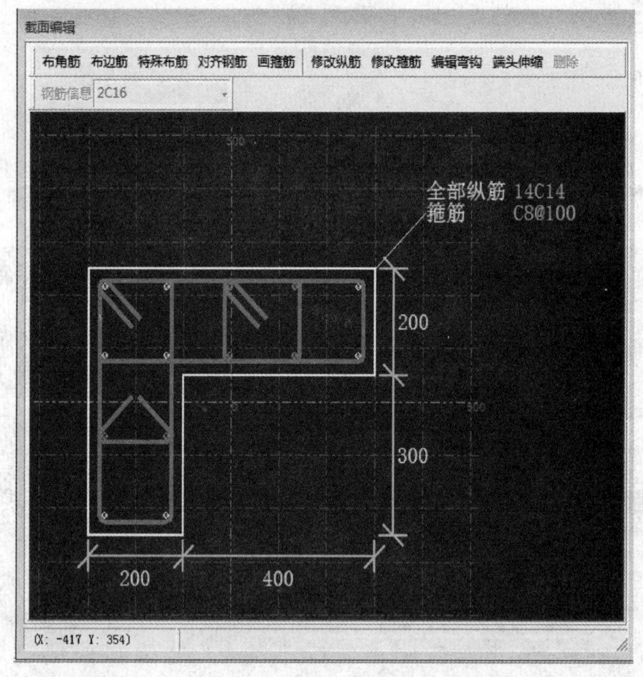

图 8-24

（4）建立 YJZ4 的属性

用同样的方法定义 YJZ4 的属性，如图 8-25～图 8-27 所示。

	属性名称	属性值
1	a(mm)	200
2	b(mm)	650
3	c(mm)	300
4	d(mm)	200

图 8-25

属性编辑

	属性名称	属性值	附加
1	名称	YJZ4	
2	类别	暗柱	☐
3	截面编辑	是	
4	截面形状	L-c形	☐
5	截面宽（B边）(mm)	850	☐
6	截面高（H边）(mm)	500	☐
7	全部纵筋	16Φ14	☐
8	其他箍筋		
9	备注		☐
10	⊞ 其他属性		
22	⊞ 锚固搭接		
37	⊞ 显示样式		

图 8-26

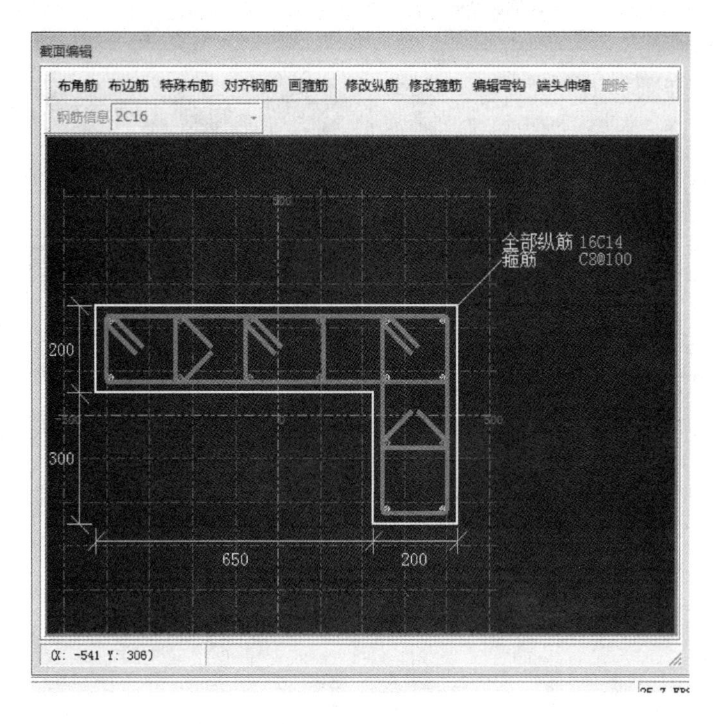

图 8-27

(5) 建立 YYZ5 的属性

用同样的方法定义 YYZ5 的属性，如图 8-28～图 8-30 所示。

	属性名称	属性值
1	a (mm)	10
2	b (mm)	180
3	c (mm)	870
4	d (mm)	200
5	e (mm)	800

图 8-28

属性编辑

	属性名称	属性值	附加
1	名称	YYZ5	
2	类别	暗柱	
3	截面编辑	否	
4	截面形状	T-b形	
5	截面宽(B边)(mm)	1000	
6	截面高(H边)(mm)	1060	
7	全部纵筋	24⌀14	
8	箍筋1	⌀8@100	
9	箍筋2	⌀8@100	
10	拉筋1	4⌀8@100	
11	拉筋2	3⌀8@100	
12	其他箍筋		
13	备注		
14	+ 其他属性		
26	+ 锚固搭接		
41	+ 显示样式		

图 8-29

(6) 建立 YJZ6 的属性

用同样的方法定义 YJZ6 的属性，如图 8-31～图 8-33 所示。

(7) 建立 YAZ7 的属性

用同样的方法定义 YAZ7 的属性，如图 8-34～图 8-36 所示。

(8) 建立 YYZ8 的属性

用同样的方法定义 YYZ8 的属性，如图 8-37～图 8-39 所示。

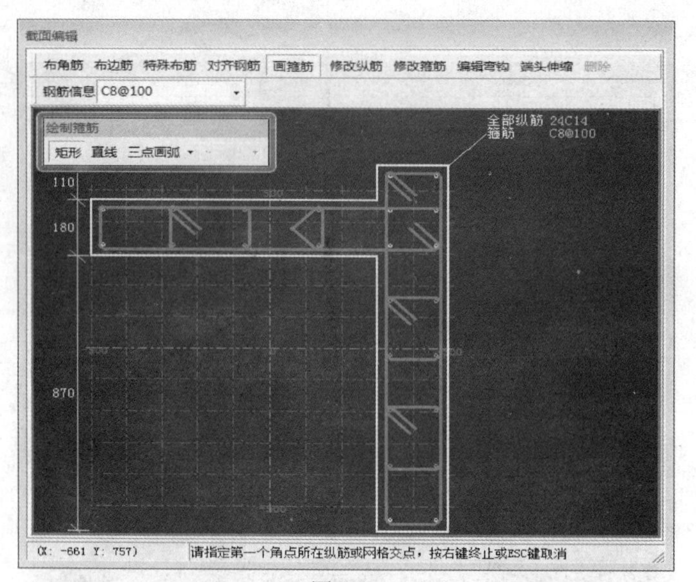

图 8-30

	属性名称	属性值
1	a(mm)	180
2	b(mm)	420
3	c(mm)	80
4	d(mm)	200

图 8-31

属性编辑

	属性名称	属性值	附加
1	名称	YJZ6	
2	类别	暗柱	□
3	截面编辑	是	
4	截面形状	L-c形	□
5	截面宽(B边)(mm)	600	□
6	截面高(H边)(mm)	280	□
7	全部纵筋	12⌀16	□
8	其他箍筋		
9	备注		□
10	+ 其他属性		
22	+ 锚固搭接		
37	+ 显示样式		

图 8-32

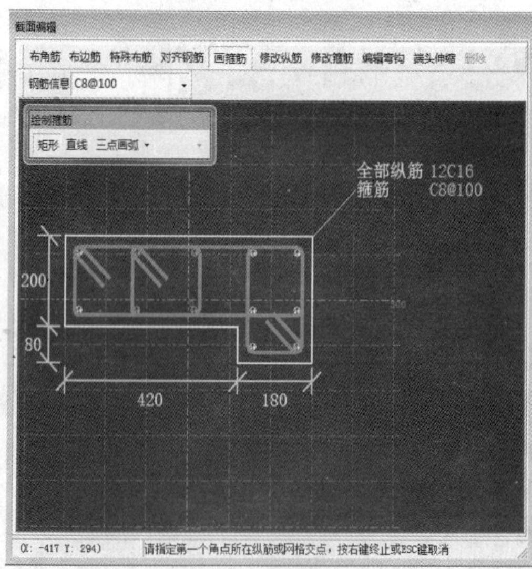

图 8-33

	属性名称	属性值
1	b1(mm)	225
2	b2(mm)	225
3	h1(mm)	100
4	h2(mm)	100

图 8-34

属性编辑

	属性名称	属性值	附加
1	名称	YAZ7	
2	类别	暗柱	□
3	截面编辑	是	
4	截面形状	一字形	□
5	截面宽(B边)(mm)	450	□
6	截面高(H边)(mm)	200	□
7	全部纵筋	8⊈14	□
8	其他箍筋		
9	备注		□
10	+ 其他属性		
22	+ 锚固搭接		
37	+ 显示样式		

图 8-35

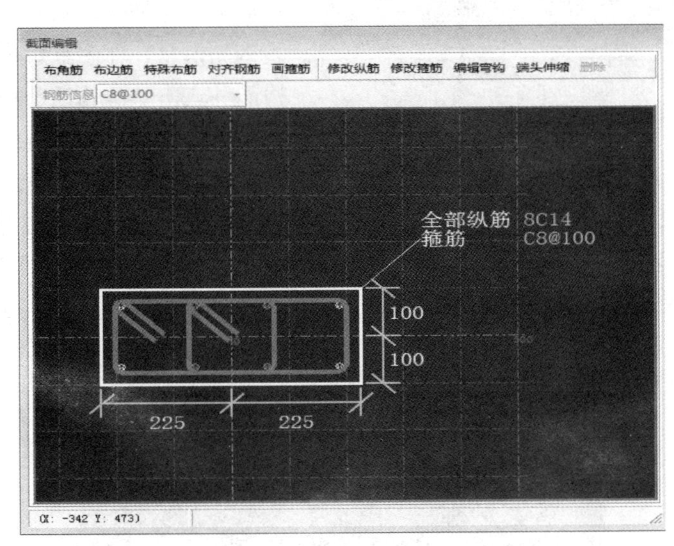

图 8-36

	属性名称	属性值
1	a(mm)	300
2	b(mm)	200
3	c(mm)	600
4	d(mm)	500
5	e(mm)	200

图 8-37

属性编辑

	属性名称	属性值	附加
1	名称	YYZ8	
2	类别	暗柱	□
3	截面编辑	是	
4	截面形状	T-d形	□
5	截面宽(B边)(mm)	1100	□
6	截面高(H边)(mm)	700	□
7	全部纵筋	22⊈14	□
8	其他箍筋		
9	备注		□
10	+ 其他属性		
22	+ 锚固搭接		
37	+ 显示样式		

图 8-38

(9) 建立 YYZ9 的属性

单击“柱”前面的“+”，然后点击“暗柱”→单击“定义”→单击“新建”下拉菜单→单击“新建异形暗柱”进入“多边形编辑器”对话框。

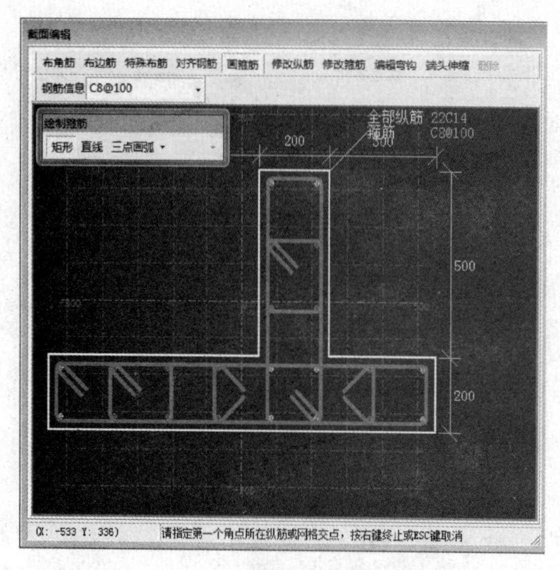

图 8-39

单击“定义网格”按钮→出现定义网格对话框→在水平方向间距输入 180，570，200，610；在垂直方向间距输入 710，180，200，单击“确定”→单击“画直线”命令按钮，在编辑器内根据异形暗柱形状依次点击各节点并连接成一个封闭的图形，如图 8-40 所示。

→单击“确定”进入暗柱属性编辑对话框→名称修改为 YYZ9，如图 8-41 所示→在截面编辑对话框中，点击“布角筋”按钮，输入钢筋信息，在空白区右键自动生成角筋→点击“布边筋”按钮，输入钢筋信息，在图纸对应处单击即可生成边筋→点击“画箍筋”按钮，输入钢筋信息，单击矩形按钮，然后在需要生成双肢箍的矩形上，单击任一对角线上的两节点，即可生成双箍筋；单击直线按钮，然后在需要生成单肢箍的直线上，单击直线上的两节点，即可生成单箍筋→点击“修改纵筋”（或者“修改箍筋”）按钮，单击选中需要删除的纵筋（或者箍筋），然后点击“删除”按钮可以将其删除。截面编辑完成后如图 8-42 所示。

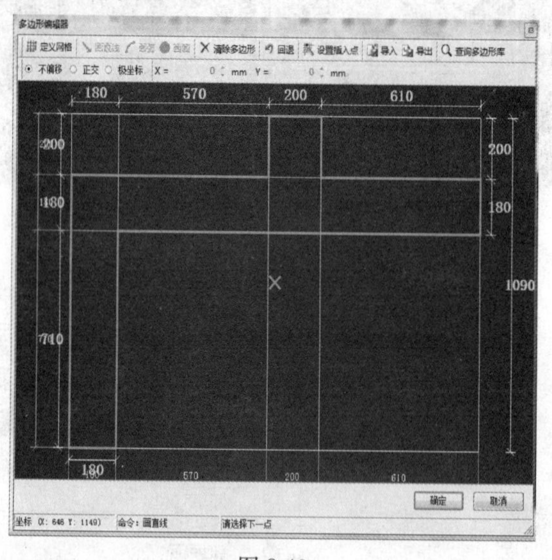

图 8-40

（10）建立 YJZ10 的属性

用与 YJZ1 同样的方法定义 YJZ10 的属性，如图 8-43～图 8-45 所示。

（11）建立 YJZ11 的属性

单击“柱”前面的“+”，然后点击“暗柱”→单击“定义”→单击“新建”下拉菜单→单击“新建参数化暗柱”进入“选择参数化图形”对话框→在“参数化截面类型”中选择“L 形”→根据 YJZ11 的图形形状选择对应的形状→填写参数，如图 8-46 所示。

	属性名称	属性值	附加
1	名称	YYZ9	
2	类别	暗柱	☐
3	截面编辑	是	
4	截面形状	异形	☐
5	截面宽(B边)(mm)	1560	☐
6	截面高(H边)(mm)	1090	☐
7	全部纵筋	32⏀14	☐
8	其他箍筋		
9	备注		☐
10	⊞ 芯柱		
15	⊞ 其他属性		
27	⊞ 锚固搭接		
42	⊞ 显示样式		

图 8-41

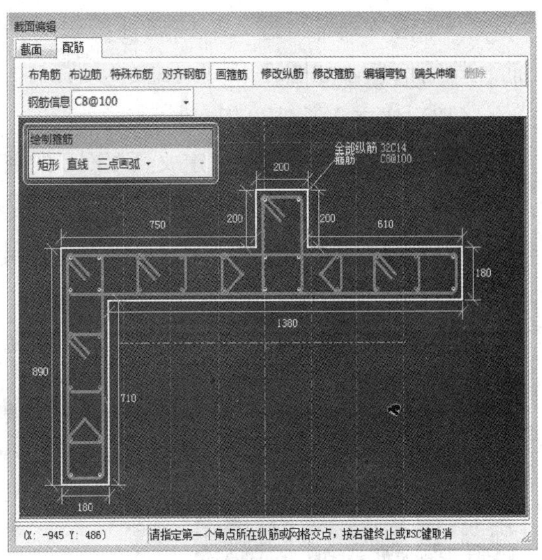

图 8-42

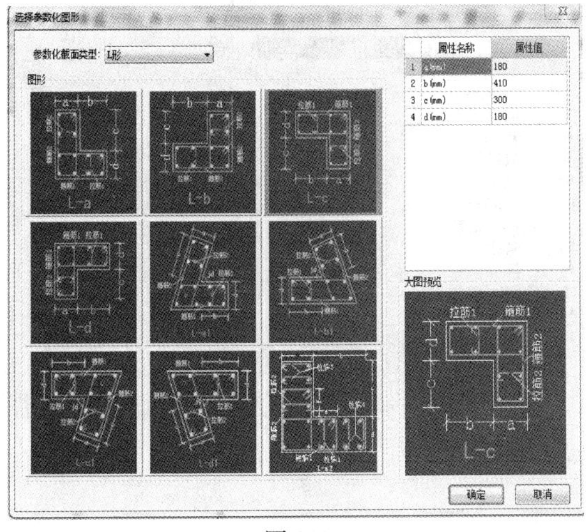

图 8-43

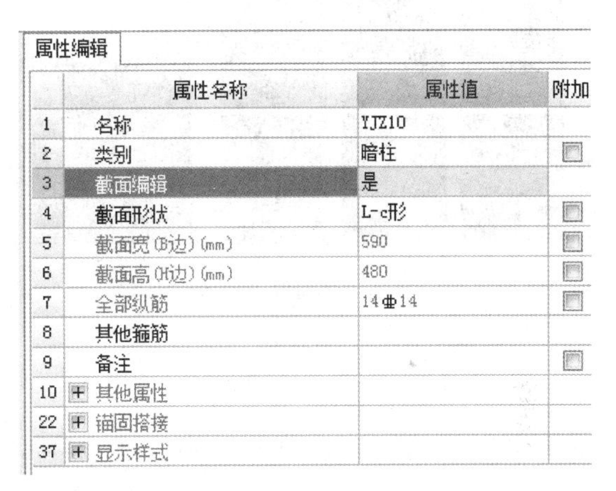

属性编辑

	属性名称	属性值	附加
1	名称	YJZ10	
2	类别	暗柱	☐
3	截面编辑	是	
4	截面形状	L-c形	☐
5	截面宽(B边)(mm)	590	☐
6	截面高(H边)(mm)	480	☐
7	全部纵筋	14⏀14	☐
8	其他箍筋		
9	备注		☐
10	⊞ 其他属性		
22	⊞ 锚固搭接		
37	⊞ 显示样式		

图 8-44

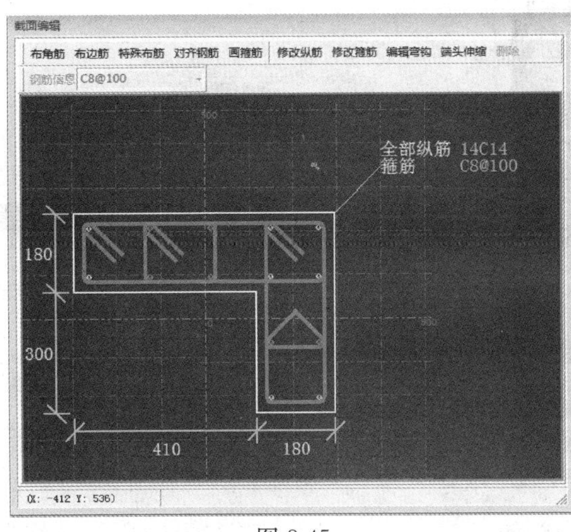

图 8-45

→单击“确定”进入暗柱属性编辑对话框→名称修改为 YJZ11→填写全部纵筋、箍筋、拉筋信息，如图 8-47 所示。

(12) 建立 YYZ12 的属性

用与 YJZ1 同样的方法定义 YYZ12 的属性，如图 8-48～图 8-50 所示。

(13) 建立 YYZ13 的属性

用与 YJZ1 同样的方法定义 YYZ13 的属性，如图 8-51～图 8-53 所示。

(14) 建立 YYZ14 的属性

用与 YJZ1 同样的方法定义 YYZ14 的属性，如图 8-54～图 8-56 所示。

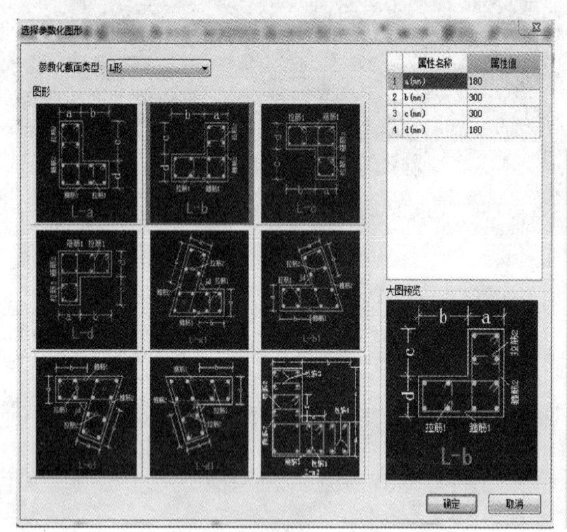

图 8-46

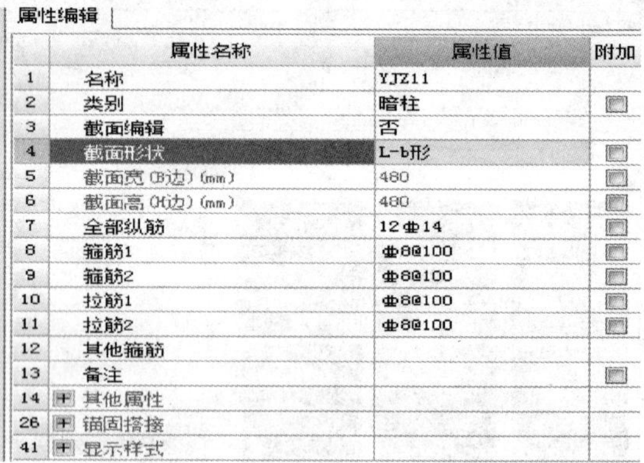

属性编辑

	属性名称	属性值	附加
1	名称	YJZ11	
2	类别	暗柱	☐
3	截面编辑	否	
4	截面形状	L-b形	☐
5	截面宽(B边)(mm)	480	☐
6	截面高(H边)(mm)	480	☐
7	全部纵筋	12⊈14	☐
8	箍筋1	⊈8@100	☐
9	箍筋2	⊈8@100	☐
10	拉筋1	⊈8@100	☐
11	拉筋2	⊈8@100	☐
12	其他箍筋		
13	备注		☐
14	+ 其他属性		
26	+ 锚固搭接		
41	+ 显示样式		

图 8-47

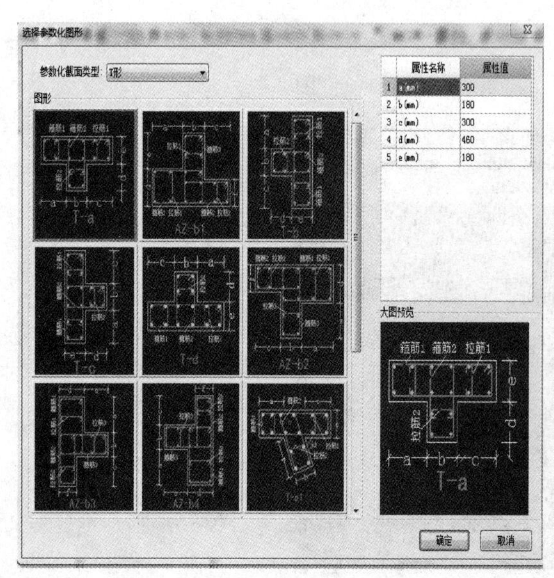

图 8-48

属性编辑

	属性名称	属性值	附加
1	名称	YYZ12	
2	类别	暗柱	☐
3	截面编辑	是	
4	截面形状	T-a形	☐
5	截面宽(B边)(mm)	780	☐
6	截面高(H边)(mm)	640	☐
7	全部纵筋	18⊈14	☐
8	其他箍筋		
9	备注		☐
10	+ 其他属性		
22	+ 锚固搭接		
37	+ 显示样式		

图 8-49

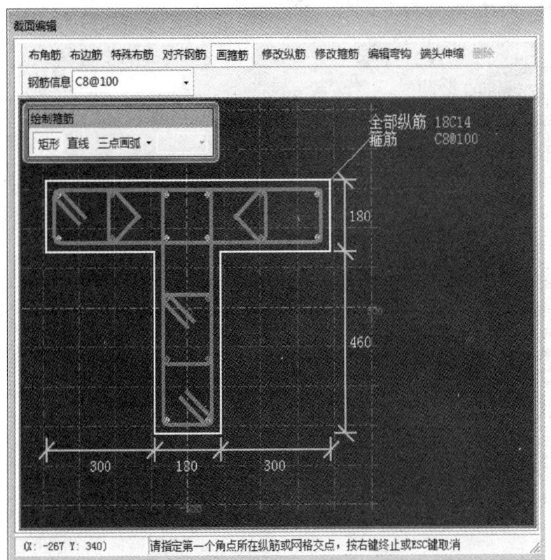

图 8-50

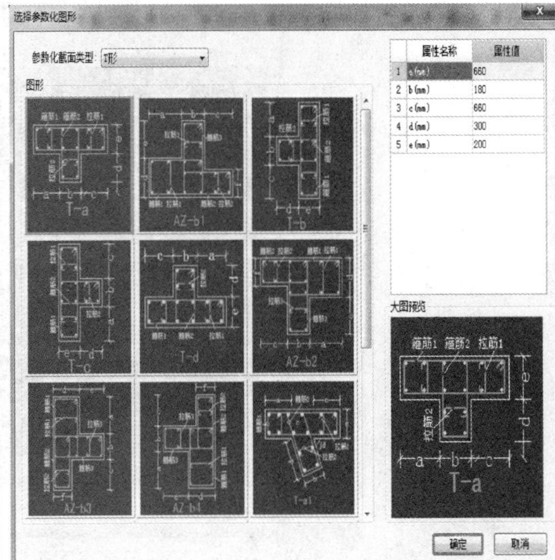

图 8-51

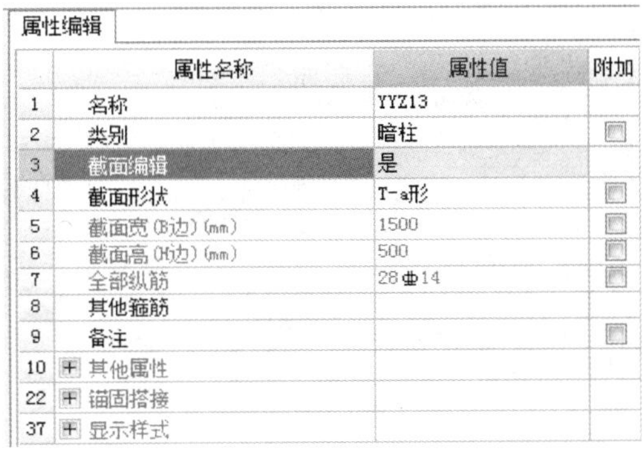

属性编辑

	属性名称	属性值	附加
1	名称	YYZ13	
2	类别	暗柱	☐
3	截面编辑	是	
4	截面形状	T-a形	☐
5	截面宽(B边)(mm)	1500	☐
6	截面高(H边)(mm)	500	☐
7	全部纵筋	28⏀14	☐
8	其他箍筋		
9	备注		☐
10	⊞ 其他属性		
22	⊞ 锚固搭接		
37	⊞ 显示样式		

图 8-52

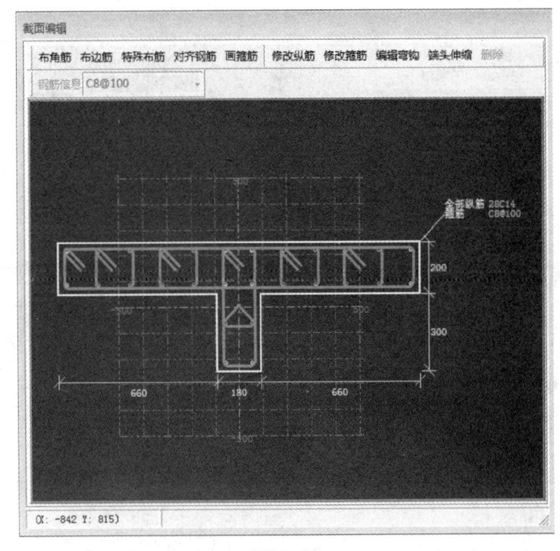

图 8-53

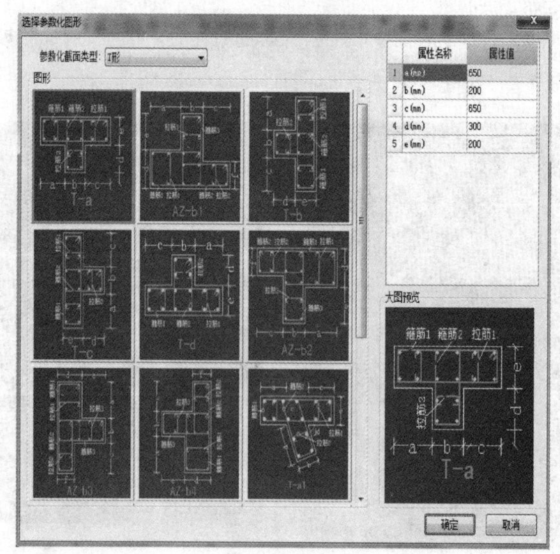

图 8-54

属性编辑

	属性名称	属性值	附加
1	名称	YYZ14	
2	类别	暗柱	☐
3	截面编辑	是	
4	截面形状	T-a形	☐
5	截面宽(B边)(mm)	1500	☐
6	截面高(H边)(mm)	500	☐
7	全部纵筋	24⌀14	☐
8	其他箍筋		
9	备注		☐
10	+ 其他属性		
22	+ 锚固搭接		
37	+ 显示样式		

图 8-55

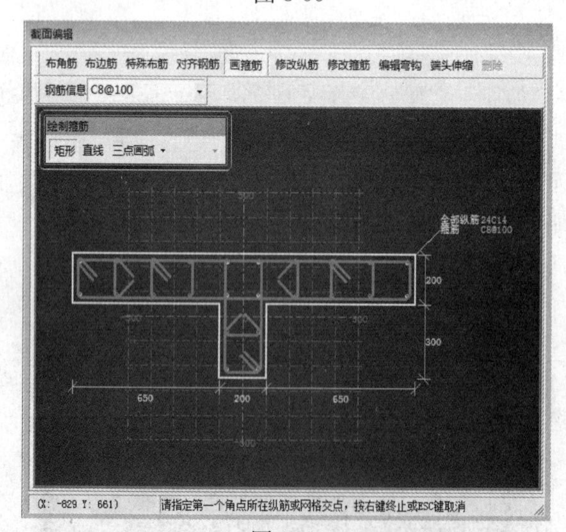

图 8-56

（15）建立 YYZ15 的属性

用与 YJZ1 同样的方法定义 YYZ15 的属性，如图 8-57～图 8-59 所示。

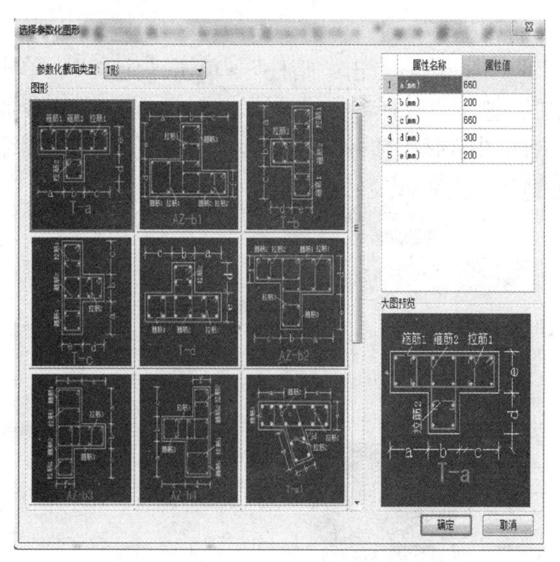

图 8-57

属性编辑

	属性名称	属性值	附加
1	名称	YYZ15	
2	类别	暗柱	☐
3	截面编辑	是	
4	截面形状	T-a形	☐
5	截面宽(B边)(mm)	1520	☐
6	截面高(H边)(mm)	500	☐
7	全部纵筋	28Φ14	☐
8	其他箍筋		
9	备注		☐
10	+ 其他属性		
22	+ 锚固搭接		
37	+ 显示样式		

图 8-58

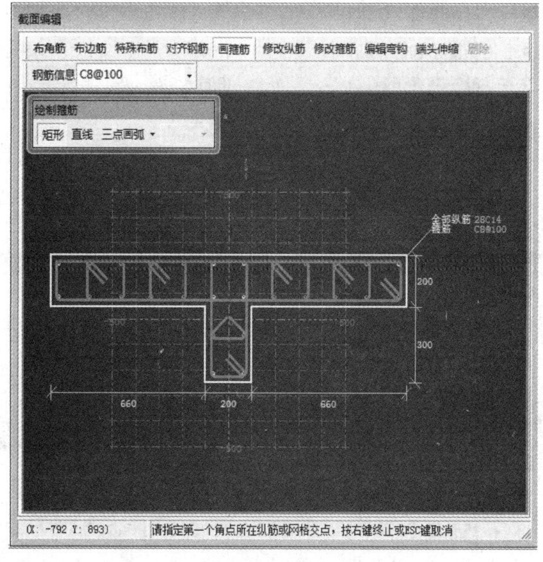

图 8-59

（16）建立 YAZ16 的属性

单击“柱”前面的“+”，然后点击“暗柱”→单击“定义”→单击“新建”下拉菜单→单击“新建参数化暗柱”进入“选择参数化图形”对话框→在“参数化截面类型”中选择“一字形”→根据 YAZ16 的图形形状选择对应的形状→填写参数，如图 8-60、图8-61所示。

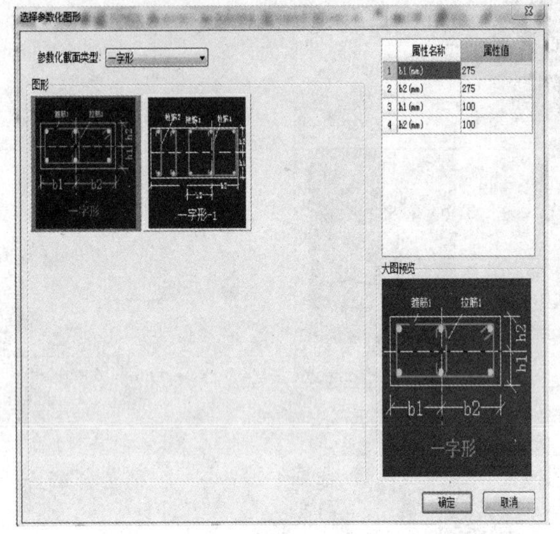

图 8-60

属性编辑

	属性名称	属性值	附加
1	名称	YAZ16	
2	类别	暗柱	
3	截面编辑	否	
4	截面形状	一字形	
5	截面宽(B边)(mm)	550	
6	截面高(H边)(mm)	200	
7	全部纵筋	8⌀16	
8	箍筋1	⌀8@100	
9	拉筋1	2⌀8@100	
10	其他箍筋		
11	备注		
12	+ 其他属性		
24	+ 锚固搭接		
39	+ 显示样式		

图 8-61

（17）建立 KL-1、KL-2 的属性

单击“柱”前面的“+”，然后点击“框柱”→单击“定义”→单击“新建”下拉菜单→单击“新建矩形框柱”→将名称改为“KL-1”（或“KZ-2”），填写截面尺寸及钢筋信息（KZ-2 的属性同 KZ-1），如图 8-62、图 8-63 所示。

属性编辑

	属性名称	属性值	附加
1	名称	KZ-1	
2	类别	框架柱	
3	截面编辑	否	
4	截面宽(B边)(mm)	300	
5	截面高(H边)(mm)	600	
6	全部纵筋	10⌀20	
7	角筋		
8	B边一侧中部筋		
9	H边一侧中部筋		
10	箍筋	⌀8@100	
11	肢数	2*2	
12	柱类型	(中柱)	
13	其他箍筋		
14	备注		
15	+ 芯柱		
20	+ 其他属性		
33	+ 锚固搭接		
48	+ 显示样式		

图 8-62

	属性名称	属性值	附加
1	名称	KZ-2	
2	类别	框架柱	
3	截面编辑	否	
4	截面宽(B边)(mm)	300	
5	截面高(H边)(mm)	500	
6	全部纵筋	10Φ20	
7	角筋		
8	B边一侧中部筋		
9	H边一侧中部筋		
10	箍筋	Φ8@100/200	
11	肢数	2*2	
12	柱类型	(中柱)	
13	其他箍筋		
14	备注		
15	+ 芯柱		
20	+ 其他属性		
33	+ 锚固搭接		
48	+ 显示样式		

图 8-63

2. 首层至二层暗柱和框柱的画法

我们根据结施-04 的图来画首层的暗柱，将暗柱 1～11 轴画到图中相应的位置。按照先竖后横的方法来画图。

YJZ1 的画法：

单击“绘图”进入绘图界面→点击柱下面的暗柱→选择 YJZ1→单击视图下面的“构件列表”→单击旋转点，布置到 1 轴和 N 轴的交点（这时方向是错误的，需要调整方向)→单击“调整柱端头”按钮→单击 1 轴和 N 轴的交点。

YAZ16 的画法：

选择 YAZ16→以点的方式单击 1 轴和 J 轴的交点→单击“调整柱端头”按钮→单击 1 轴和 J 轴的交点→单击“查改标注”按钮→单击需要修改的数据进行修改，将 275 修改为 450。

YAZ2 的画法：

选择 YAZ2→单击 3 轴和 G 轴的交点→单击“调整柱端头”按钮→单击 1 和 G 轴的交点→单击“查改标注”按钮→单击需要修改的数据进行修改，将 250 修改为 100。

1 轴和 E 轴交点处 YAZ1 的画法：

选择 YAZ1→以旋转点的方式单击 E 轴和 31 轴的交点→再单击 D 轴和 31 轴的交点→单击“调整柱端头”按钮→单击“选择”选中 YJZ1→右键选择“镜像”→以 11 轴为对称抽，在其轴上选择两点→出现“是否要删除图元的对话框”，选择“是”。

YJZ3 的画法：

选择 YJZ3→以点的方式单击 Y 轴和 M 轴的交点。

YJZ4 的画法：

选择 YJZ4→以旋转点的方式单击 2 轴和 L 轴→点击 2 轴和 K 轴→单击“调整柱端头”按钮→再点击 2 轴和 L 轴。

YYZ5 的画法：

以点的方式布置→单击 2 轴和 J 轴的交点。

YJZ6 的画法：

以旋转点的方式单击 2 轴和 J 轴→单击 3 轴和 J 轴→单击“调整柱端头”按钮。

YJZ4 的画法：

选择 YJZ4→以点的方式布置→点击 2 轴和 E 轴的交点。

Y 轴和 D 轴的 YJZ4 的画法：

选择 YJZ4→以旋转点的方式布置→单击 2 轴和 D 轴→单击 1 轴和 D 轴。

YAZ7 的画法：

选择 YAZ7→以点的方式点击 4 轴和 N 轴的交点→单击“调整柱端头”按钮→单击“查改标注”按钮→将 225 改为 100。

YYZ8 的画法：

选择 YYZ8→以旋转点的方式单击 4 轴和 M 轴→单击 4 轴和 N 轴。

YYZ9 的画法：

选择 YYZ9→以点的方式单击 4 轴和 K 轴→单击“查改标注”按钮→将 780 改为 700，将 545 改为 290。

至此，点的方式、旋转点的方式、调整柱端头、查改标注的使用方法均已介绍完毕，剩余的暗柱画法请大家自己依据图纸画出。1～11 轴的暗柱已布置完毕，单击“选择”按钮，框选选中 1～10 轴所有的暗柱，右键镜像，以 11 轴为对称轴将 1～10 轴所有暗柱镜像至 22～31 轴。

KZ1 的画法：

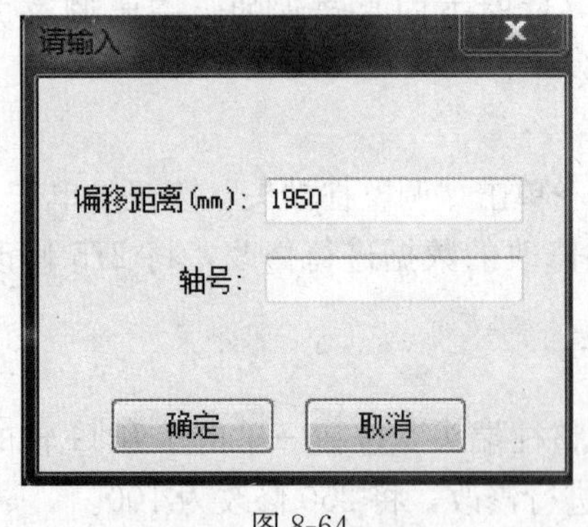

图 8-64

首先在 N 轴上面添加辅助轴线，步骤如下：点击“辅助轴线”→点击“平行”→点击 N 轴轴线→输入距离 1950→如图 8-64 所示，点击确定，进行延伸工作→单击“延伸”→选择刚添加的辅助轴线→分别点击 4、8、10 轴轴线完成延伸工作，这时 4、8、10 轴和新添加的辅助轴线都有交点。选择 KZ1→点击 4 轴和刚添加的辅助轴线的交点→单击“调整柱端头”按钮→单击 4 轴和刚添加的辅助轴线的交点→单击“查改标注”按钮，将 300 改为 200。

用同样的方法布置 KZ2。

二、独立基础的定义和画法

1. 独立基础的属性编辑

单击基础前面的“+”号使其展开→单击下一级的“独立基础”→单击“定义”出现新建独立基础对话框→单击“新建”下拉菜单→单击“新建独立基础”→选中新建的独立基础并右键→选择“新建矩形独立基础单元”→根据“结施-04”修改独立基础的属性如图8-65、图8-66所示。

搜索构件...

独立基础
J-1
(底)DJ-1-1
J-2
(底)J-2-1
J-3
(底)J-3-1

属性编辑

	属性名称	属性值	附加
1	名称	J-1	
2	长度(mm)	1700	☐
3	宽度(mm)	1700	☐
4	高度(mm)	250	☐
5	底标高(m)	层底标高-1.32	☐
6	扣减板/筏板面筋	全部扣减	☐
7	扣减板/筏板底筋	全部扣减	☐
8	计算设置	按默认计算设置计算	
9	搭接设置	按默认搭接设置计算	
10	保护层厚度(mm)	(45)	
11	汇总信息	独立基础	☐
12	备注		☐
13	+ 显示样式		

图 8-65

属性编辑

	属性名称	属性值	附加
1	名称	DJ-1-1	
2	截面长度(mm)	1700	☐
3	截面宽度(mm)	1700	☐
4	高度(mm)	250	☐
5	相对底标高(m)	(0)	☐
6	横向受力筋	⌀10@200	☐
7	纵向受力筋	⌀10@200	☐
8	短向加强筋		☐
9	顶部柱间配筋		☐
10	其他钢筋		
11	备注		☐
12	+ 锚固搭接		

图 8-66

用同样的方法定义J-2、J-3，如图8-67～图8-70所示。

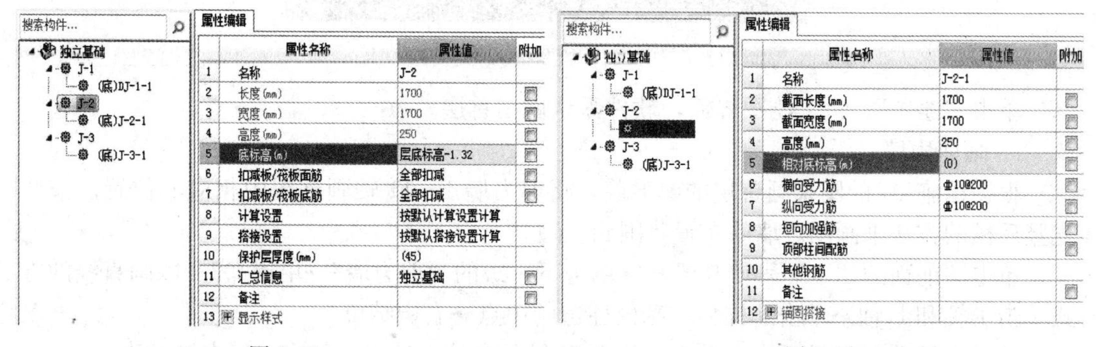

搜索构件...

独立基础
J-1
(底)DJ-1-1
J-2
(底)J-2-1
J-3
(底)J-3-1

属性编辑

	属性名称	属性值	附加
1	名称	J-2	
2	长度(mm)	1700	☐
3	宽度(mm)	1700	☐
4	高度(mm)	250	☐
5	底标高(m)	层底标高-1.32	☐
6	扣减板/筏板面筋	全部扣减	☐
7	扣减板/筏板底筋	全部扣减	☐
8	计算设置	按默认计算设置计算	
9	搭接设置	按默认搭接设置计算	
10	保护层厚度(mm)	(45)	
11	汇总信息	独立基础	☐
12	备注		☐
13	+ 显示样式		

图 8-67

搜索构件...

独立基础
J-1
(底)DJ-1-1
J-2
J-3
(底)J-3-1

属性编辑

	属性名称	属性值	附加
1	名称	J-2-1	
2	截面长度(mm)	1700	☐
3	截面宽度(mm)	1700	☐
4	高度(mm)	250	☐
5	相对底标高(m)	(0)	☐
6	横向受力筋	⌀10@200	☐
7	纵向受力筋	⌀10@200	☐
8	短向加强筋		☐
9	顶部柱间配筋		☐
10	其他钢筋		
11	备注		☐
12	+ 锚固搭接		

图 8-68

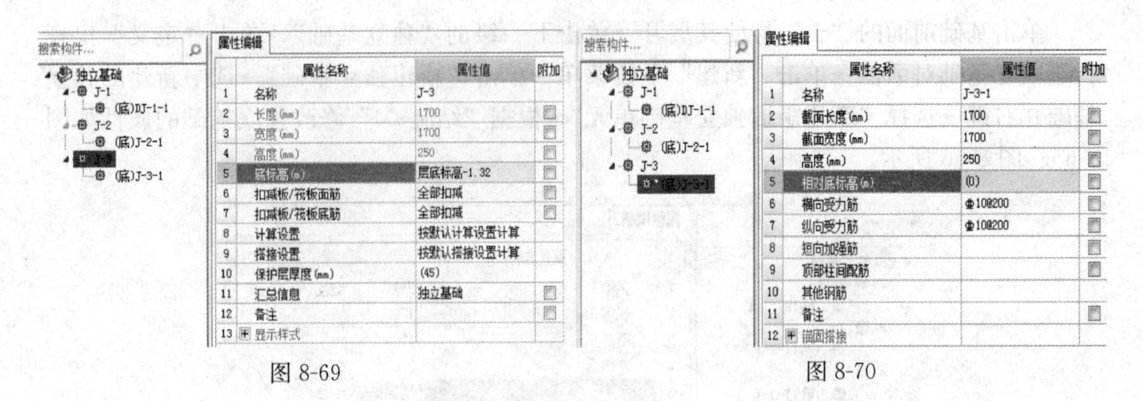

图 8-69　　　　　　　　　　图 8-70

2. 独立基础的画法

单击基础前面的“+”号使其展开→单击下一级的“独立基础”→选择 KZ1→以点的方式→按住 Ctrl 键同时单击 4 轴和新添加的辅助轴线的交点→将 750 改为 850，如图 8-71 所示。

三、首层剪力墙的属性和画法

1. 剪力墙的属性编辑

单击墙前面的“+”号使其展开→单击下一级的“剪力墙”→单击“定义”出现新建剪力墙对话框→单击“新建”下拉菜单→单击“新建剪力墙”出现属性编辑对话框，根据“结施-04 剪力墙配筋表”修改剪力墙 Q1、Q2 属性，如图 8-72、图 8-73 所示。

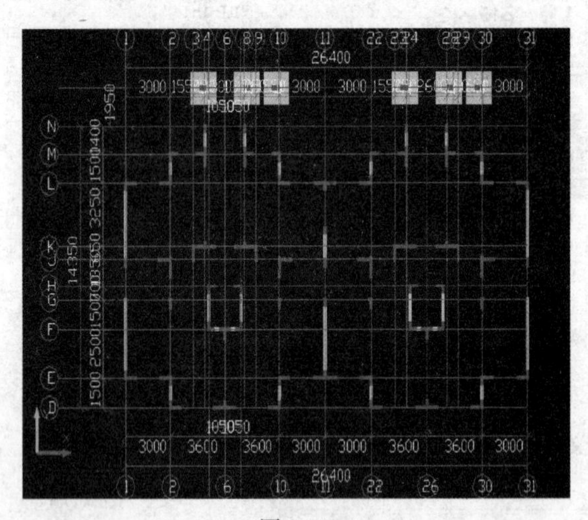

图 8-71

单击“绘图”，进入绘图界面，软件默认就是首层。

2. 画剪力墙

根据结施-04 的图来画首层的剪力墙，将剪力墙 1～11 轴画到图中相应的位置。按照先竖后横的方法来画图。墙的布置范围到柱边。

单击墙前面的“+”号使其展开→单击下一级的“剪力墙”→单击 Q2→以画直线的方式单击 1 轴和 L 轴→单击此柱另一端处柱边的中点→右键结束。

单击 1 轴和 E 轴的交点→单击 1 轴和 G 轴处暗柱上端柱边的中点→右键结束。

	属性名称	属性值	附加
1	名称	Q1	
2	厚度(mm)	180	☐
3	轴线距左墙皮距离(mm)	(90)	☐
4	水平分布钢筋	(2)ф8@200	☐
5	垂直分布钢筋	(2)ф8@200	☐
6	拉筋	ф6@400*400	☐
7	备注		☐
8	+ 其他属性		
23	+ 锚固搭接		
38	+ 显示样式		

图 8-72

	属性名称	属性值	附加
1	名称	Q2	
2	厚度(mm)	200	☐
3	轴线距左墙皮距离(mm)	(100)	☐
4	水平分布钢筋	(2)ф8@200	☐
5	垂直分布钢筋	(2)ф8@200	☐
6	拉筋	ф6@400*400	☐
7	备注		☐
8	+ 其他属性		
23	+ 锚固搭接		
38	+ 显示样式		

图 8-73

单击 2 轴和 M 轴的交点→单击 2 轴和 L 轴的交点→右键结束。

单击 2 轴和 D 轴的交点→单击 2 轴和 E 轴的交点→右键结束。

单击 4 轴和 N 轴的交点→单击 4 轴和 M 轴的交点→右键结束。

单击 8 轴和 N 轴的交点→单击 8 轴和 M 轴的交点→右键结束。

单击 10 轴和 M 轴的交点→单击 10 轴和 L 轴的交点→右键结束。

单击 10 轴和 E 轴的交点→单击 10 轴和 D 轴的交点→右键结束。

选择剪力墙 Q1→以画直线的方式单击 4～6 轴之间的轴线与 H 轴的交点→单击 4～6 轴之间的轴线与 F 轴的交点→右键结束→选中刚画出的这道墙→使用镜像功能，以 6 轴为对称轴将刚画好的部位镜像复制至右侧→单击 4～6 轴之间的轴线与 F 轴的交点→单击 6～8 轴之间的轴线与 F 轴的交点→右键结束。

选择剪力墙 Q2→以画直线的方式单击位于 K 轴和 11 轴两轴线交点上面的 YAZ2 的外边线中点→单击位于 J 轴和 11 轴两轴线交点下面的 YAZ16 的外边线中点→右键结束。

单击 11 轴和 E 轴的交点→单击 11 轴和 G 轴交点处 YAZ2 的外边线中点→右键结束。

框选 1～10 轴所有的剪力墙→右键镜像到 22～31 轴。至此首层墙布置完毕。

切换到第二层→单击“楼层”→选择“从其他楼层复制构件图元”→勾选暗柱和剪力墙前面的方框，其余的不选→“目标楼层”选择第二层→点击确定

至此首层至二层的墙和暗柱布置完毕。

第三节　首层框架梁、非框架梁、连梁、悬挑梁的属性定义和画法

本节详细叙述首层框架梁、非框架梁、悬挑梁的属性和画法

一、首层框架梁、非框架梁、悬挑梁的属性和画法

1. 建立框架梁、非框架梁、悬挑梁的属性

我们根据首层梁配筋表来建立各个框架梁的属性，让我们先来定义 KL1。

(1) 建立 KL1 的属性

首先切换到首层，单击“梁”前面的“+”，然后点击“梁”→单击“定义”→单击“新建”下拉菜单→单击“新建矩形梁”填写参数，如图 8-74 所示。

（2）建立 KL2 的属性

单击“梁”前面的“+”，然后点击“梁”→单击“定义”→单击“新建”下拉菜单→单击“新建矩形梁”填写参数，如图 8-75 所示。

属性编辑

	属性名称	属性值	附加
1	名称	KL1	
2	类别	楼层框架梁	☐
3	截面宽度(mm)	180	☐
4	截面高度(mm)	400	☐
5	轴线距梁左边线距离(mm)	(90)	☐
6	跨数量	1	☐
7	箍筋	Φ8@100/200(2)	☐
8	肢数	2	
9	上部通长筋	2Φ14	☐
10	下部通长筋	2Φ14	☐
11	侧面构造或受扭筋(总配筋值)		☐
12	拉筋		☐
13	其他箍筋		
14	备注		☐
15	⊞ 其他属性		
23	⊞ 锚固搭接		
38	⊞ 显示样式		

图 8-74

属性编辑

	属性名称	属性值	附加
1	名称	KL2	
2	类别	楼层框架梁	☐
3	截面宽度(mm)	180	☐
4	截面高度(mm)	400	☐
5	轴线距梁左边线距离(mm)	(90)	☐
6	跨数量	1	☐
7	箍筋	Φ8@100(2)	☐
8	肢数	2	
9	上部通长筋	2Φ14	☐
10	下部通长筋	2Φ18	☐
11	侧面构造或受扭筋(总配筋值)		☐
12	拉筋		☐
13	其他箍筋		
14	备注		☐
15	⊞ 其他属性		
23	⊞ 锚固搭接		
38	⊞ 显示样式		

图 8-75

（3）建立 KL3 的属性

单击“梁”前面的“+”，然后点击“梁”→单击“定义”→单击“新建”下拉菜单→单击“新建矩形梁”填写参数，如图 8-76 所示。

（4）建立 KL4 的属性

单击“梁”前面的“+”，然后点击“梁”→单击“定义”→单击“新建”下拉菜单→单击“新建矩形梁”填写参数，如图 8-77 所示。

（5）建立 KL5 的属性

属性编辑

	属性名称	属性值	附加
1	名称	KL3	
2	类别	楼层框架梁	☐
3	截面宽度(mm)	180	☐
4	截面高度(mm)	400	☐
5	轴线距梁左边线距离(mm)	(90)	☐
6	跨数量	1	☐
7	箍筋	Φ8@100(2)	☐
8	肢数	2	
9	上部通长筋	2Φ14	☐
10	下部通长筋	2Φ18	☐
11	侧面构造或受扭筋(总配筋值)		☐
12	拉筋		☐
13	其他箍筋		
14	备注		☐
15	⊞ 其他属性		
23	⊞ 锚固搭接		
38	⊞ 显示样式		

图 8-76

	属性名称	属性值	附加
1	名称	KL4	
2	类别	楼层框架梁	☐
3	截面宽度(mm)	180	☐
4	截面高度(mm)	400	☐
5	轴线距梁左边线距离(mm)	(90)	☐
6	跨数量	2	☐
7	箍筋	Φ8@100/200(2)	☐
8	肢数	2	
9	上部通长筋	2Φ14	☐
10	下部通长筋	2Φ16	☐
11	侧面构造或受扭筋(总配筋值)		☐
12	拉筋		☐
13	其他箍筋		
14	备注		☐
15	⊞ 其他属性		
23	⊞ 锚固搭接		
38	⊞ 显示样式		

图 8-77

单击“梁”前面的“+”，然后点击“梁”→单击“定义”→单击“新建”下拉菜单→单击“新建矩形梁”填写参数，如图 8-78 所示。

(6) 建立 KL6 的属性

单击“梁”前面的“+”，然后点击“梁”→单击“定义”→单击“新建”下拉菜单→单击“新建矩形梁”填写参数，如图 8-79 所示。

属性编辑

	属性名称	属性值	附加
1	名称	KL5	
2	类别	楼层框架梁	☐
3	截面宽度(mm)	180	☐
4	截面高度(mm)	400	☐
5	轴线距梁左边线距离(mm)	(90)	☐
6	跨数量	1	☐
7	箍筋	ф8@100/200(2)	☐
8	肢数	2	
9	上部通长筋	2ф14	☐
10	下部通长筋	2ф14	☐
11	侧面构造或受扭筋(总配筋值)		☐
12	拉筋		☐
13	其他箍筋		
14	备注		☐
15	⊞ 其他属性		
23	⊞ 锚固搭接		
38	⊞ 显示样式		

图 8-78

属性编辑

	属性名称	属性值	附加
1	名称	KL6	
2	类别	楼层框架梁	☐
3	截面宽度(mm)	180	☐
4	截面高度(mm)	400	☐
5	轴线距梁左边线距离(mm)	(90)	☐
6	跨数量	1	☐
7	箍筋	ф8@100/200(2)	☐
8	肢数	2	
9	上部通长筋	2ф14	☐
10	下部通长筋	2ф18	☐
11	侧面构造或受扭筋(总配筋值)		☐
12	拉筋		☐
13	其他箍筋		
14	备注		☐
15	⊞ 其他属性		
23	⊞ 锚固搭接		
38	⊞ 显示样式		

图 8-79

(7) 建立 KL7 的属性

单击“梁”前面的“+”，然后点击“梁”→单击“定义”→单击“新建”下拉菜单→单击“新建矩形梁”填写参数，如图 8-80 所示。

(8) 建立 KL8 的属性

单击“梁”前面的“+”，然后点击“梁”→单击“定义”→单击“新建”下拉菜单→单击“新建矩形梁”填写参数，如图 8-81 所示。

属性编辑

	属性名称	属性值	附加
1	名称	KL7	
2	类别	楼层框架梁	☐
3	截面宽度(mm)	180	☐
4	截面高度(mm)	400	☐
5	轴线距梁左边线距离(mm)	(90)	☐
6	跨数量	2	☐
7	箍筋	ф8@100/200(2)	☐
8	肢数	2	
9	上部通长筋	2ф14	☐
10	下部通长筋	2ф16	☐
11	侧面构造或受扭筋(总配筋值)		☐
12	拉筋		☐
13	其他箍筋		
14	备注		☐
15	⊞ 其他属性		
23	⊞ 锚固搭接		
38	⊞ 显示样式		

图 8-80

属性编辑

	属性名称	属性值	附加
1	名称	KL8	
2	类别	楼层框架梁	☐
3	截面宽度(mm)	200	☐
4	截面高度(mm)	420	☐
5	轴线距梁左边线距离(mm)	(100)	☐
6	跨数量	1	☐
7	箍筋	ф8@100/200(2)	☐
8	肢数	2	
9	上部通长筋	2ф18	☐
10	下部通长筋	2ф18	☐
11	侧面构造或受扭筋(总配筋值)		☐
12	拉筋		☐
13	其他箍筋		
14	备注		☐
15	⊞ 其他属性		
23	⊞ 锚固搭接		
38	⊞ 显示样式		

图 8-81

(9) 建立 KL9 的属性

单击"梁"前面的"+"，然后点击"梁"→单击"定义"→单击"新建"下拉菜单→单击"新建矩形梁"填写参数，如图 8-82 所示。

(10) 建立 KL10 的属性

单击"梁"前面的"+"，然后点击"梁"→单击"定义"→单击"新建"下拉菜单→单击"新建矩形梁"填写参数，如图 8-83 所示。

属性编辑

	属性名称	属性值	附加
1	名称	KL9	
2	类别	楼层框架梁	☐
3	截面宽度(mm)	200	☐
4	截面高度(mm)	400	☐
5	轴线距梁左边线距离(mm)	(100)	☐
6	跨数量	1	☐
7	箍筋	ф8@100/200(2)	☐
8	肢数	2	
9	上部通长筋	2ф14	☐
10	下部通长筋	2ф16	☐
11	侧面构造或受扭筋(总配筋值)		☐
12	拉筋		☐
13	其他箍筋		
14	备注		☐
15	+ 其他属性		
23	+ 锚固搭接		
38	+ 显示样式		

图 8-82

属性编辑

	属性名称	属性值	附加
1	名称	KL10	
2	类别	楼层框架梁	☐
3	截面宽度(mm)	180	☐
4	截面高度(mm)	400	☐
5	轴线距梁左边线距离(mm)	(90)	☐
6	跨数量	1	☐
7	箍筋	ф8@100/200(2)	☐
8	肢数	2	
9	上部通长筋	2ф16	☐
10	下部通长筋	4ф22 2/2	☐
11	侧面构造或受扭筋(总配筋值)		☐
12	拉筋		☐
13	其他箍筋		
14	备注		☐
15	+ 其他属性		
23	+ 锚固搭接		
38	+ 显示样式		

图 8-83

(11) 建立 KL11 的属性

单击"梁"前面的"+"，然后点击"梁"→单击"定义"→单击"新建"下拉菜单→单击"新建矩形梁"填写参数，如图 8-84 所示。

属性编辑

	属性名称	属性值	附加
1	名称	KL11	
2	类别	楼层框架梁	☐
3	截面宽度(mm)	180	☐
4	截面高度(mm)	400	☐
5	轴线距梁左边线距离(mm)	(90)	☐
6	跨数量	1	☐
7	箍筋	ф8@100/200(2)	☐
8	肢数	2	
9	上部通长筋	2ф14	☐
10	下部通长筋	2ф14	☐
11	侧面构造或受扭筋(总配筋值)		☐
12	拉筋		☐
13	其他箍筋		
14	备注		☐
15	+ 其他属性		
23	+ 锚固搭接		
38	+ 显示样式		

图 8-84

属性编辑

	属性名称	属性值	附加
1	名称	KL12	
2	类别	楼层框架梁	☐
3	截面宽度(mm)	200	☐
4	截面高度(mm)	400	☐
5	轴线距梁左边线距离(mm)	(100)	☐
6	跨数量	1	☐
7	箍筋	ф8@100/200(2)	☐
8	肢数	2	
9	上部通长筋	2ф14	☐
10	下部通长筋	2ф18	☐
11	侧面构造或受扭筋(总配筋值)		☐
12	拉筋		☐
13	其他箍筋		
14	备注		☐
15	+ 其他属性		
23	+ 锚固搭接		
38	+ 显示样式		

图 8-85

(12) 建立 KL12 的属性

单击“梁”前面的“+”，然后点击“梁”→单击“定义”→单击“新建”下拉菜单→单击“新建矩形梁”填写参数，如图 8-85 所示。

(13) 建立 KL13 的属性

单击“梁”前面的“+”，然后点击“梁”→单击“定义”→单击“新建”下拉菜单→单击“新建矩形梁”填写参数，如图 8-86 所示。

(14) 建立 KL14 的属性

单击“梁”前面的“+”，然后点击“梁”→单击“定义”→单击“新建”下拉菜单→单击“新建矩形梁”填写参数，如图 8-87 所示。

属性编辑

	属性名称	属性值	附加
1	名称	KL13	
2	类别	楼层框架梁	☐
3	截面宽度(mm)	180	☐
4	截面高度(mm)	400	☐
5	轴线距梁左边线距离(mm)	(90)	☐
6	跨数量	1	☐
7	箍筋	ф8@100/200(2)	☐
8	肢数	2	
9	上部通长筋	2ф14	☐
10	下部通长筋	2ф16	☐
11	侧面构造或受扭筋(总配筋值)		☐
12	拉筋		☐
13	其他箍筋		
14	备注		☐
15	+ 其他属性		
23	+ 锚固搭接		
38	+ 显示样式		

图 8-86

	属性名称	属性值	附加
1	名称	KL14	
2	类别	楼层框架梁	☐
3	截面宽度(mm)	180	☐
4	截面高度(mm)	400	☐
5	轴线距梁左边线距离(mm)	(90)	☐
6	跨数量	2	☐
7	箍筋	ф8@100/200(2)	☐
8	肢数	2	
9	上部通长筋	2ф14	☐
10	下部通长筋	2ф16	☐
11	侧面构造或受扭筋(总配筋值)		☐
12	拉筋		☐
13	其他箍筋		
14	备注		☐
15	+ 其他属性		
23	+ 锚固搭接		
38	+ 显示样式		

图 8-87

(15) 建立 L2 的属性

属性编辑

	属性名称	属性值	附加
1	名称	L2	
2	类别	非框架梁	☐
3	截面宽度(mm)	200	☐
4	截面高度(mm)	400	☐
5	轴线距梁左边线距离(mm)	(100)	☐
6	跨数量	1	☐
7	箍筋	ф8@200(2)	☐
8	肢数	2	
9	上部通长筋	2ф16	☐
10	下部通长筋	2ф18	☐
11	侧面构造或受扭筋(总配筋值)		☐
12	拉筋		☐
13	其他箍筋		
14	备注		☐
15	+ 其他属性		
23	+ 锚固搭接		
38	+ 显示样式		

图 8-88

单击“梁”前面的“+”，然后点击“梁”→单击“定义”→单击“新建”下拉菜单→单击“新建矩形梁”→将名称改为L2，类别改为非框架梁，填写参数，如图8-88所示。

（16）建立L3的属性

单击“梁”前面的“+”，然后点击“梁”→单击“定义”→单击“新建”下拉菜单→单击“新建矩形梁”→将名称改为L3，类别改为非框架梁，填写参数，如图8-89所示。

（17）建立XL1的属性

单击“梁”前面的“+”，然后点击“梁”→单击“定义”→单击“新建”下拉菜单→单击“新建矩形梁”→将名称改为XL1，类别改为楼层框架梁，填写参数，如图8-90所示。

属性编辑

	属性名称	属性值	附加
1	名称	L3	
2	类别	非框架梁	
3	截面宽度(mm)	200	
4	截面高度(mm)	400	
5	轴线距梁左边线距离(mm)	(100)	
6	跨数量	2	
7	箍筋	ф8@200(2)	
8	肢数	2	
9	上部通长筋	2ф16	
10	下部通长筋	2ф18	
11	侧面构造或受扭筋(总配筋值)		
12	拉筋		
13	其他箍筋		
14	备注		
15	+ 其他属性		
23	+ 锚固搭接		
38	+ 显示样式		

图8-89

属性编辑

	属性名称	属性值	附加
1	名称	XL1	
2	类别	楼层框架梁	
3	截面宽度(mm)	200	
4	截面高度(mm)	400	
5	轴线距梁左边线距离(mm)	(100)	
6	跨数量		
7	箍筋	ф8@100(2)	
8	肢数	2	
9	上部通长筋	4ф16 2/2	
10	下部通长筋	4ф14 2/2	
11	侧面构造或受扭筋(总配筋值)		
12	拉筋		
13	其他箍筋		
14	备注		
15	+ 其他属性		
23	+ 锚固搭接		
38	+ 显示样式		

图8-90

属性编辑

	属性名称	属性值	附加
1	名称	XL2	
2	类别	楼层框架梁	
3	截面宽度(mm)	180	
4	截面高度(mm)	400	
5	轴线距梁左边线距离(mm)	(90)	
6	跨数量		
7	箍筋	ф8@100(2)	
8	肢数	2	
9	上部通长筋	3ф14	
10	下部通长筋	2ф14	
11	侧面构造或受扭筋(总配筋值)		
12	拉筋		
13	其他箍筋		
14	备注		
15	+ 其他属性		
23	+ 锚固搭接		
38	+ 显示样式		

图8-91

（18）建立XL2的属性

单击“梁”前面的“+”，然后点击“梁”→单击“定义”→单击“新建”下拉菜单→单击“新建矩形梁”→将名称改为XL2，类别改为楼层框架梁，填写参数，如图8-91所示。

2. 首层框架梁、非框架梁、悬挑梁的画法

我们根据首层梁平法施工图来画首层的框架梁、非框架梁、悬挑梁，将1～11轴画到图中相应的位置。按照先竖后横的方法来画图。

XL1的画法：

选择XL1→点击视图下面的构件列

表→选择 XL1→以直线的方式布置→选择 1 轴和 E 轴的交点→单击 1 轴和 D 轴的交点→右键结束→单击原位标注→单击刚画好的 XL1→右键退出。

KL9 的画法：

选择 KL9→点击视图下面的构件列表→选择 KL9→以直线的方式布置→选择 1 轴和 E 轴的交点→单击 1 轴和 D 轴的交点→右键结束→单击原位标注→单击刚画好的 KL9→右键退出。

KL12 的画法：

选择 KL12→选择 2 轴和 G 轴的交点→单击 2 轴和 E 轴的交点→右键退出→单击原位标注→单击刚画好的 KL12→右键退出。

KL11 的画法：

选择 KL11→选择 3 轴和 K 轴的交点→单击 3 轴和 G 轴的交点→右键退出→单击原位标注→单击刚画好的 KL11→右键退出。

KL10 的画法：

选择 KL10→选择 4 轴和 M 轴的交点→单击 4 轴和 K 轴的交点→右键退出→单击原位标注→单击刚画好的 KL10→右键退出。

KL13 的画法：

选择 KL13→选择 6 轴和 F 轴的交点→单击 3 轴和 G 轴的交点→右键退出→单击原位标注→单击刚画好的 KL13→右键退出。

KL10 的画法：

选择 KL10→选择 8 轴和 M 轴的交点→单击 8 轴和 K 轴的交点→右键退出→单击原位标注→单击刚画好的 KL10→在一跨左支座筋内输入 4C162/2→在一跨右支座筋内输入 4C162/2→右键退出。

KL11 的画法：

选择 KL11→选择 10 轴和 J 轴的交点→单击 10 轴和 G 轴的交点→右键退出→单击原位标注→单击刚画好的 KL11→右键退出。

KL9 的画法：

选择 KL9→选择 10 轴和 L 轴的交点→单击 10 轴和 G 轴的交点→右键退出→单击原位标注→单击刚画好的 KL9→右键退出。

KL12 的画法：

选择 KL12→选择 10 轴和 G 轴的交点→单击 10 轴和 E 轴的交点→右键退出→单击原位标注→单击刚画好的 KL12→右键退出。

XL2 的画法：

选择 XL2→以点加长度的方式画上去→选择 11 轴和 L 轴的交点→单击 11 轴和 M 轴的交点→长度输入 1100→确定→单击原位标注→单击刚画好的 XL2→右键退出。

XL1 的画法：

选择 XL1→以点加长度的方式画上去→选择 11 轴和 E 轴的交点→单击 D 轴和 11 轴的交点→右键退出→单击原位标注→单击刚画好的 XL1→右键退出。

竖向的梁布置完毕，下面进行横向梁的布置。

KL14 的画法：

选择 KL14→选择 N 轴上方 1950 的轴线与 4 轴的交点→选择 N 轴上方 1950 的轴线与 8 轴的交点→右键退出→单击原位标注→单击刚画好的 KL14→右键退出。

KL1 的画法：

选择 KL1→以画直线的方式选择 1 轴和 J 轴的交点→选择 2 轴和 J 轴的交点→右键退出→单击原位标注→单击刚画好的 KL1→右键退出。

KL2 的画法：

选择 KL2→以画直线的方式选择 2 轴和 J 轴的交点→选择 3 轴和 J 轴的交点→右键退出→单击原位标注→单击刚画好的 KL2→一跨左支座筋 4C14 2/2→一跨跨中筋 4C14 2/2→一跨右支座筋 4C14 2/2→右键退出。

KL3 的画法：

选择 KL3→以画直线的方式选择 9 轴和 J 轴的交点→选择 10 轴和 J 轴的交点→右键退出→单击原位标注→单击刚画好的 KL3→一跨左支座筋 4C14 2/2→一跨跨中筋 4C14 2/2→一跨右支座筋 4C14 2/2→右键退出。

KL4 的画法：

选择 KL4→以画直线的方式选择 10 轴和 J 轴的交点→选择 22 轴和 J 轴的交点→右键退出→单击原位标注→单击刚画好的 KL4→右键退出。

KL5 的画法：

选择 KL5→以画直线的方式选择 1 轴和 G 轴的交点→右键退出→单击原位标注→单击刚画好的 KL5→右键退出。

KL6 的画法：

选择 KL6→以画直线的方式选择 2 轴和 G 轴的交点→选择 4 轴和 6 轴中间轴线与 G 轴的交点→右键退出→单击原位标注→单击刚画好的 KL6→右键退出。

KL6 的画法：

选择 KL6→以画直线的方式选择 10 轴和 G 轴的交点→选择 6 轴和 8 轴中间轴线与 G 轴的交点→右键退出→单击原位标注→单击刚画好的 KL6→右键退出。

KL7 的画法：

选择 KL7→以画直线的方式选择 10 轴和 G 轴的交点→选择 22 轴和 G 轴的交点→右键退出→单击原位标注→单击刚画好的 KL7→右键退出。

L2 的画法：

选择 L2→以画直线的方式选择 1 轴和 D 轴的交点→选择 2 轴和 D 轴的交点→右键退出→单击原位标注→单击刚画好的 L2→右键退出→出现对话框→是否将其改为框架梁→选择否→右键退出。

KL8 的画法：

选择 KL8→以画直线的方式选择 2 轴和 D 轴的交点→选择 6 轴和 D 轴的交点→右键退出→单击原位标注→单击刚画好的 KL8→右键退出→以画直线的方式选择 6 轴和 D 轴的交点→选择 10 轴和 D 轴的交点→右键退出→单击原位标注→单击刚画好的 KL8→右键退出。

L3 的画法：

选择 L3→以画直线的方式选择 10 轴和 D 轴的交点→选择 22 轴和 D 轴的交点→右键

退出→单击原位标注→单击刚画好的 L3→右键退出→出现对话框→是否将其改为框架梁→选择否→右键退出。

剩余的梁可利用复制和镜像的方法对称画出。

二、首层连梁的属性定义和画法

1. 建立连梁的属性

我们根据首层连梁配筋表来建立各个连梁的属性，让我们先来定义 LL1。

(1) 建立 LL1 的属性

单击“门窗洞”前面的“+”，然后点击“连梁”→单击“定义”→单击“新建”下拉菜单→单击“新建矩形连梁”→填写参数，如图 8-92 所示。

属性编辑

	属性名称	属性值	附加
1	名称	LL-1	
2	截面宽度(mm)	200	☐
3	截面高度(mm)	420	☐
4	轴线距梁左边线距离(mm)	(100)	☐
5	全部纵筋		☐
6	上部纵筋	2⏀14	☐
7	下部纵筋	2⏀14	☐
8	箍筋	⏀8@100	☐
9	肢数	2	
10	拉筋	(Φ6)	☐
11	备注		☐
12	+ 其他属性		
30	+ 锚固搭接		
45	+ 显示样式		

图 8-92

(2) 建立 LL2 的属性

单击“门窗洞”前面的“+”，然后点击“连梁”→单击“定义”→单击“新建”下拉菜单→单击“新建矩形连梁”→填写参数，如图 8-93 所示。

属性编辑

	属性名称	属性值	附加
1	名称	LL-2	
2	截面宽度(mm)	200	☐
3	截面高度(mm)	420	☐
4	轴线距梁左边线距离(mm)	(100)	☐
5	全部纵筋		☐
6	上部纵筋	2⏀14	☐
7	下部纵筋	2⏀14	☐
8	箍筋	⏀8@100	☐
9	肢数	2	
10	拉筋	(Φ6)	☐
11	备注		☐
12	+ 其他属性		
30	+ 锚固搭接		
45	+ 显示样式		

图 8 93

(3) 建立 LL3 的属性

单击“门窗洞”前面的“+”，然后点击“连梁”→单击“定义”→单击“新建”下拉菜单→单击“新建矩形连梁”→填写参数，如图 8-94 所示。

(4) 建立 LL4 的属性

单击“门窗洞”前面的“+”，然后点击“连梁”→单击“定义”→单击“新建”下拉菜单→单击“新建矩形连梁”→填写参数，如图 8-95 所示。

属性编辑

	属性名称	属性值	附加
1	名称	LL-3	
2	类别	非框架梁	☐
3	截面宽度(mm)	200	☐
4	截面高度(mm)	400	☐
5	轴线距梁左边线距离(mm)	(100)	☐
6	跨数量	2	☐
7	箍筋	ф8@200(2)	☐
8	肢数	2	
9	上部通长筋	2ф18	☐
10	下部通长筋	2ф18	☐
11	侧面构造或受扭筋(总配筋值)		☐
12	拉筋		☐
13	其他箍筋		
14	备注		☐
15	⊞ 其他属性		
23	⊞ 锚固搭接		
38	⊞ 显示样式		

图 8-94

(5) 建立 LL5 的属性

单击“门窗洞”前面的“+”，然后点击“连梁”→单击“定义”→单击“新建”下拉菜单→单击“新建矩形连梁”→填写参数，如图 8-96 所示。

属性编辑

	属性名称	属性值	附加
1	名称	LL-4	
2	截面宽度(mm)	180	☐
3	截面高度(mm)	1320	☐
4	轴线距梁左边线距离(mm)	(90)	☐
5	全部纵筋		☐
6	上部纵筋	4ф16 2/2	☐
7	下部纵筋	4ф16 2/2	☐
8	箍筋	ф8@100	☐
9	肢数	2	
10	拉筋	(ф6)	☐
11	备注		☐
12	⊞ 其他属性		
30	⊞ 锚固搭接		
45	⊞ 显示样式		

图 8-95

属性编辑

	属性名称	属性值	附加
1	名称	LL-5	
2	截面宽度(mm)	200	☐
3	截面高度(mm)	420	☐
4	轴线距梁左边线距离(mm)	(100)	☐
5	全部纵筋		☐
6	上部纵筋	2ф14	☐
7	下部纵筋	2ф14	☐
8	箍筋	ф8@100	☐
9	肢数	2	
10	拉筋	(ф6)	☐
11	备注		☐
12	⊞ 其他属性		
30	⊞ 锚固搭接		
45	⊞ 显示样式		

图 8-96

(6) 建立 LL6 的属性

单击“门窗洞”前面的“+”，然后点击“连梁”→单击“定义”→单击“新建”下拉菜单→单击“新建矩形连梁”→填写参数，如图 8-97 所示。

(7) 建立 LL7 的属性

单击“门窗洞”前面的“+”，然后点击“连梁”→单击“定义”→单击“新建”下拉菜单→单击“新建矩形连梁”→填写参数，如图 8-98 所示。

属性编辑

	属性名称	属性值	附加
1	名称	LL-6	
2	截面宽度(mm)	200	□
3	截面高度(mm)	400	□
4	轴线距梁左边线距离(mm)	(100)	□
5	全部纵筋		□
6	上部纵筋	2⌀14	□
7	下部纵筋	2⌀14	□
8	箍筋	⌀8@100	□
9	肢数	2	
10	拉筋	(⌀6)	□
11	备注		□
12	⊞ 其他属性		
30	⊞ 锚固搭接		
45	⊞ 显示样式		

图 8-97

属性编辑

	属性名称	属性值	附加
1	名称	LL-7	
2	截面宽度(mm)	200	□
3	截面高度(mm)	400	□
4	轴线距梁左边线距离(mm)	(100)	□
5	全部纵筋		□
6	上部纵筋	2⌀14	□
7	下部纵筋	2⌀14	□
8	箍筋	⌀8@100	□
9	肢数	2	
10	拉筋	(⌀6)	□
11	备注		□
12	⊞ 其他属性		
30	⊞ 锚固搭接		
45	⊞ 显示样式		

图 8-98

(8) 建立 LL8 的属性

单击“门窗洞”前面的“+”，然后点击“连梁”→单击“定义”→单击“新建”下拉菜单→单击“新建矩形连梁”→填写参数，如图 8-99 所示。

属性编辑

	属性名称	属性值	附加
1	名称	LL-8	
2	截面宽度(mm)	200	□
3	截面高度(mm)	400	□
4	轴线距梁左边线距离(mm)	(100)	□
5	全部纵筋		□
6	上部纵筋	2⌀14	□
7	下部纵筋	2⌀14	□
8	箍筋	⌀8@100	□
9	肢数	2	
10	拉筋	(⌀6)	□
11	备注		□
12	⊞ 其他属性		
30	⊞ 锚固搭接		
45	⊞ 显示样式		

图 8-99

2. 首层连梁的画法

我们根据首层梁平法施工图来画首层的连梁，将连梁 1～11 轴画到图中相应的位置。按照先竖后横的方法来画图。画法均是柱边到柱边的画法。

LL5 的画法：

选择 LL5→以画直线的方式单击 1

轴和 J 轴交点处暗柱的边线中点→单击 1 轴和 G 轴交点处暗柱的边线中点→右键结束。

LL6 的画法：

选择 LL6→以画直线的方式单击 2 轴和 H 轴交点上方处暗柱的边线中点→单击 2 轴和 G 轴交点处暗柱的边线中点→右键结束。

LL6 的画法：

选择 LL6→以画直线的方式单击 10 轴和 H 轴交点上方处暗柱的边线中点→单击 10 轴和 G 轴交点处暗柱的边线中点→右键结束。

LL7 的画法：

选择 LL7→以画直线的方式单击 J 轴和 11 轴交点处暗柱的边线中点→单击 11 轴和 G 轴交点处暗柱的边线中点→右键结束。

LL8 的画法：

选择 LL8→以画直线的方式单击 11 轴和 L 轴交点处暗柱的边线中点→单击 K 轴和 11 轴交点上方处暗柱的边线中点→右键结束。

至此，竖向连梁均布置完毕。横向连梁布置如下：

LL1 的画法：

选择 LL1→以画直线的方式单击 2 轴和 M 轴交点处暗柱的边线中点→单击 4 轴和 M 轴交点处暗柱的边线中点→右键结束→选中刚画中的 LL1→右键镜像→以 6 轴为对称轴→是否要删除原来的图元，选择否。

LL2 的画法：

选择 LL2→以画直线的方式单击 1 轴和 L 轴交点处暗柱的边线中点→单击 2 轴和 L 轴交点处暗柱的边线中点→右键结束→选中刚画中的 LL2→右键镜像→以 6 轴为对称轴→是否要删除原来的图元，选择否。

LL3 的画法：

选择 LL3→以画直线的方式单击 4 轴和 K 轴交点处暗柱的右边线中点→单击 8 轴和 K 轴交点处暗柱的左边线中点→右键结束。

LL4 的画法：

选择 LL4→以画直线的方式单击 4 轴和 6 轴中间轴线和 H 轴交点处暗柱的右边线中点→单击 6 轴和 8 轴之间轴线与 H 轴交点处暗柱的左边线中点→右键结束。

LL2 的画法：

选择 LL2→以画直线的方式单击 1 轴和 E 轴交点处暗柱的左边线中点→单击 2 轴和 M 轴交点处暗柱的左边线中点→右键结束→选中刚画中的 LL2→右键镜像→以 6 轴为对称轴→是否要删除原来的图元，选择否。

1～11 轴的连梁布置完毕，22～31 轴利用复制或镜像的方法画出。

至此，首层框架梁、非框架梁、连梁、悬挑梁布置完毕。

第四节　首层板和板中钢筋的属性定义和画法

本节以首层板的属性和画法为例详细叙述步骤。

一、首层板的属性和画法

属性名称		属性值	附加
1	名称	100	
2	混凝土强度等级	(C30)	☐
3	厚度(mm)	100	☐
4	顶标高(m)	层顶标高	☐
5	保护层厚度(mm)	(15)	☐
6	马凳筋参数图	II型	
7	马凳筋信息	ф20@1000	☐
8	线形马凳筋方向	平行横向受力筋	☐
9	拉筋		☐
10	马凳筋数量计算方式	向上取整+1	☐
11	拉筋数量计算方式	向上取整+1	☐
12	归类名称	(100)	☐
13	汇总信息	现浇板	☐
14	备注		☐
15	⊞ 显示样式		

图 8-100

1. 建立首层板的属性

我们根据首层板配筋表来建立各个板的属性，让我们先来定义 100mm 厚的板。

（1）建立 100mm 厚板的属性

首先切换到首层，单击“板”前面的“+”，然后点击“现浇板”→单击“定义”→单击“新建”下拉菜单→单击“新建现浇板”，填写参数，如图 8-100、图 8-101 所示。

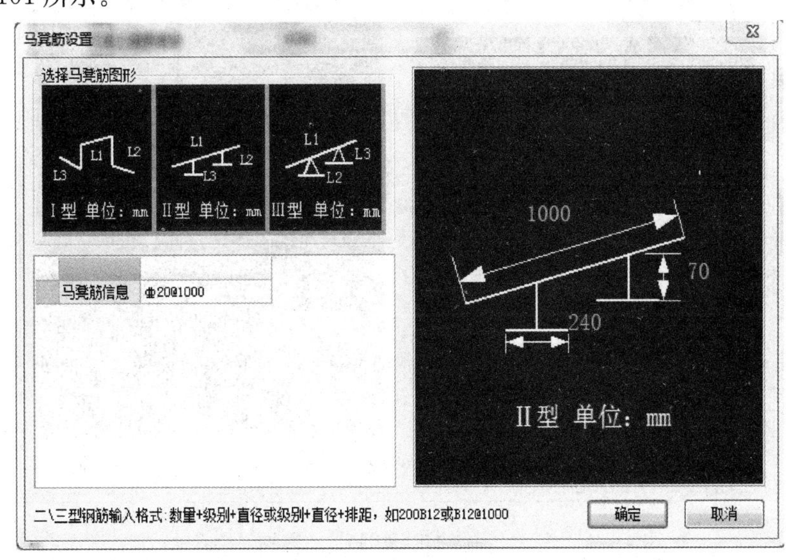

图 8-101

属性名称		属性值	附加
1	名称	120	
2	混凝土强度等级	(C30)	☐
3	厚度(mm)	(120)	☐
4	顶标高(m)	层顶标高	☐
5	保护层厚度(mm)	(15)	☐
6	马凳筋参数图		
7	马凳筋信息		☐
8	线形马凳筋方向	平行横向受力筋	☐
9	拉筋		☐
10	马凳筋数量计算方式	向上取整+1	☐
11	拉筋数量计算方式	向上取整+1	☐
12	归类名称	(120)	☐
13	汇总信息	现浇板	☐
14	备注		☐
15	⊞ 显示样式		

图 8-102

（2）建立 120mm 厚板的属性

单击“板”前面的“+”，然后点击“现浇板”→单击“定义”→单击“新建”下拉菜单→单击“新建现浇板”，填写参数，如图 8-102 所示。

（3）建立 140mm 厚板的属性

单击“板”前面的“+”，然后点击“现浇板”→单击“定义”→单击“新建”下拉菜单→单击“新建现浇板”，填写参数，如图 8-103、图 8-104 所示。

属性编辑			
	属性名称	属性值	附加
1	名称	140	
2	混凝土强度等级	(C30)	□
3	厚度(mm)	140	□
4	顶标高(m)	层顶标高	□
5	保护层厚度(mm)	(15)	□
6	马凳筋参数图	II型	
7	马凳筋信息	ф20@1000	□
8	线形马凳筋方向	平行横向受力筋	□
9	拉筋		□
10	马凳筋数量计算方式	向上取整+1	□
11	拉筋数量计算方式	向上取整+1	□
12	归类名称	(140)	□
13	汇总信息	现浇板	□
14	备注		□
15	⊞ 显示样式		

图 8-103

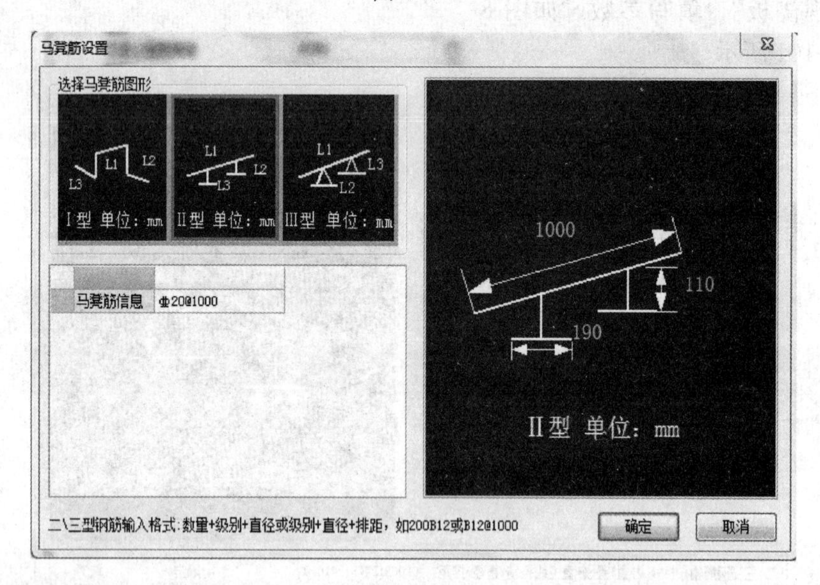

图 8-104

2. 首层板的画法

我们根据首层板平法施工图来画首层的板，将 1～11 轴画到图中相应的位置。

100mm 厚板的画法：

单击“视图”→点击视图下面的构件列表→选择 100mm 厚的现浇板→点击画矩形→点击 1 轴和 L 轴的交点→单击 2 轴和 J 轴的交点→右键结束→单击 1 轴和 J 轴的交点→单击 2 轴和 G 轴的交点→单击 2 轴和 G 轴的交点→单击 1 轴和 E 轴的交点→右键退出→以画直线的方式→单击 2 轴和 M 轴的交点→单击 2 轴和 J 轴的交点→单击 3 轴和 J 的交点→单击 3 轴和 K 轴的交点→单击 4 轴和 K 轴的交点→单击 4 轴和 M 的交点→右键结束→以画矩形的方式→单击 2 轴和 J 轴的交点→单击 3 轴和 G 轴的交点→右键结束→以画直线的方式→点击 2 轴和 G 轴的交点→单击 2 轴和 D 轴的交点→单击 6 轴和 D 轴的交点→单击 6 轴和 F 轴的交点→单击 4 轴和 6 轴之间轴线与 F 轴的交点→单击 4 轴和 6 轴之间轴线与 G 轴的交点→右键结束。

选中刚画上去的所有的板→右键镜像→以 6 轴为对称轴→是否删除原来的图元，选择否。

选择100mm厚的板→以画矩形的方式单击1轴和E轴的交点→单击2轴和D轴的交点→选择刚画出的板→右键镜像→以6轴为对称轴→是否删除原来的图元，选择否。

120mm厚板的画法：

添加辅助轴线，方法如下：

单击轴线前面的“+”→选择辅助轴线→单击平行→选中2轴→输入偏移距离−750mm→确定→点击L轴→输入偏移距离1300mm→单击现浇板→选择120mm厚的板→以画矩形的方式点击刚添加的辅助轴线的交点→点击2轴和L轴的交点→选中刚画出的120mm厚的板→右键镜像→以6轴为对称轴→点击是否要删除原来的图元，点击否。

140mm厚板的画法：

选择140mm厚的板→以画直线的方式单击3轴和K轴的交点→单击3轴和G轴的交点→单击4轴和6轴之间的轴线和G轴的交点→单击4轴和6轴之间轴线和H轴的交点→单击6轴和8轴之间的轴线和H轴的交点→单击6轴和8轴之间的轴线和G轴的交点→单击9轴和K轴的交点→右键退出。

添加辅助轴线，方法如下：

单击平行→单击K轴→输入-600→单击3轴→输入1000→选中140mm厚的板→单击分割按钮→单击4轴右边轴线和K轴的交点→单击刚刚添加的两条轴线的交点→单击J轴上面辅助轴线与3轴的交点→右键2次→出现分割成功对话框→确定→选中刚刚分割的板→右键删除。

1～11轴的板布置完毕，框选全部的板，右键复制到22～31轴。

二、首层板中钢筋的属性定义和画法

1. 建立板中钢筋的属性

我们根据首层板配筋表来建立板中板受力筋、跨板受力筋、附加温度筋、负筋的属性。

（1）建立C8-200的属性

单击“板”前面的“+”，然后点击“板受力筋”→单击“定义”→单击“新建”下拉菜单→单击“新建板受力筋”，填写参数，如图8-105所示。

属性编辑

	属性名称	属性值	附加
1	名称	C8-200	
2	钢筋信息	⌀8@200	
3	类别	底筋	
4	左弯折(mm)	(0)	
5	右弯折(mm)	(0)	
6	钢筋锚固	(35)	
7	钢筋搭接	(49)	
8	归类名称	(C8-200)	
9	汇总信息	板受力筋	
10	计算设置	按默认计算设置计算	
11	节点设置	按默认节点设置计算	
12	搭接设置	按默认搭接设置计算	
13	长度调整(mm)		
14	备注		
15	+ 显示样式		

图8-105

（2）建立C8-150的属性

单击“板”前面的“+”，然后点击“板受力筋”→单击“定义”→单击“新建”下拉菜单→单击“新建板受力筋”，填写参数，如图8-106所示。

（3）建立C8-150单边标注750mm的跨板受力筋（命名为C8-150-KB1）的属性

单击“板”前面的“+”，然后点击“板受力筋”→单击“定义”→单击“新建”下

属性编辑

	属性名称	属性值	附加
1	名称	C8-150-KB1	
2	钢筋信息	Φ8@150	☐
3	类别	底筋	☐
4	左弯折(mm)	(0)	☐
5	右弯折(mm)	(0)	☐
6	钢筋锚固	(35)	
7	钢筋搭接	(49)	
8	归类名称	(C8-150-KB1)	☐
9	汇总信息	板受力筋	☐
10	计算设置	按默认计算设置计算	
11	节点设置	按默认节点设置计算	
12	搭接设置	按默认搭接设置计算	
13	长度调整(mm)		☐
14	备注		☐
15	⊞ 显示样式		

图 8-106

拉菜单→单击“新建跨板受力筋”，填写参数，如图 8-107 所示。

(4) 建立 C8-150 左标注 500mm、右标注 950mm 的跨板受力筋（命名为 C8-150-KB2）的属性

单击“板”前面的“+”，然后点击“板受力筋”→单击“定义”→单击“新建”下拉菜单→单击“新建跨板受力筋”，填写参数，如图 8-108 所示。

属性编辑

	属性名称	属性值	附加
1	名称	C8-150-KB1	
2	钢筋信息	Φ8@150	☐
3	左标注(mm)	750	☐
4	右标注(mm)	0	☐
5	马凳筋排数	1/0	☐
6	标注长度位置	支座外边线	☐
7	左弯折(mm)	(0)	☐
8	右弯折(mm)	(0)	☐
9	分布钢筋	Φ6@200	☐
10	钢筋锚固	(35)	
11	钢筋搭接	(49)	
12	归类名称	(C8-150-KB1)	☐
13	汇总信息	板受力筋	☐
14	计算设置	按默认计算设置计算	
15	节点设置	按默认节点设置计算	
16	搭接设置	按默认搭接设置计算	
17	长度调整(mm)		☐
18	备注		☐
19	⊞ 显示样式		

图 8-107

属性编辑

	属性名称	属性值	附加
1	名称	C8-150-KB2	
2	钢筋信息	Φ8@150	☐
3	左标注(mm)	500	☐
4	右标注(mm)	950	☐
5	马凳筋排数	1/1	☐
6	标注长度位置	支座外边线	☐
7	左弯折(mm)	(0)	☐
8	右弯折(mm)	(0)	☐
9	分布钢筋	Φ6@200	☐
10	钢筋锚固	(35)	
11	钢筋搭接	(49)	
12	归类名称	(C8-150-KB2)	☐
13	汇总信息	板受力筋	☐
14	计算设置	按默认计算设置计算	
15	节点设置	按默认节点设置计算	
16	搭接设置	按默认搭接设置计算	
17	长度调整(mm)		☐
18	备注		☐
19	⊞ 显示样式		

图 8-108

(5) 建立 C8-150 单边标注 900mm 的跨板受力筋（命名为 C8-150-KB3）的属性

单击“板”前面的“+”，然后点击“板受力筋”→单击“定义”→单击“新建”下拉菜单→单击“新建跨板受力筋”，填写参数，如图 8-109 所示。

(6) 建立 C8-200 单边标注 750mm 的跨板受力筋（命名为 C8-200-KB4）的属性

单击“板”前面的“+”，然后点击“板受力筋”→单击“定义”→单击“新建”下拉菜单→单击“新建跨板受力筋”，填写参数，如图 8-110 所示。

属性编辑

	属性名称	属性值	附加
1	名称	C8-150-KB3	
2	钢筋信息	⏀8@150	☐
3	左标注(mm)	900	☐
4	右标注(mm)	0	☐
5	马凳筋排数	1/0	☐
6	标注长度位置	支座外边线	☐
7	左弯折(mm)	(0)	☐
8	右弯折(mm)	(0)	☐
9	分布钢筋	⏀6@200	☐
10	钢筋锚固	(35)	
11	钢筋搭接	(49)	
12	归类名称	(C8-150-KB3)	☐
13	汇总信息	板受力筋	☐
14	计算设置	按默认计算设置计算	
15	节点设置	按默认节点设置计算	
16	搭接设置	按默认搭接设置计算	
17	长度调整(mm)		☐
18	备注		☐
19	+ 显示样式		

图 8-109

属性编辑

	属性名称	属性值	附加
1	名称	C8-200-KB4	
2	钢筋信息	⏀8@200	☐
3	左标注(mm)	750	☐
4	右标注(mm)	0	☐
5	马凳筋排数	1/0	☐
6	标注长度位置	支座外边线	☐
7	左弯折(mm)	(0)	☐
8	右弯折(mm)	(0)	☐
9	分布钢筋	⏀6@200	☐
10	钢筋锚固	(35)	
11	钢筋搭接	(49)	
12	归类名称	(C8-200-KB4)	☐
13	汇总信息	板受力筋	☐
14	计算设置	按默认计算设置计算	
15	节点设置	按默认节点设置计算	
16	搭接设置	按默认搭接设置计算	
17	长度调整(mm)		☐
18	备注		☐
19	+ 显示样式		

图 8-110

(7) 建立 C8-200 左标注 550mm、右标注 900mm 的跨板受力筋（C8-200-KB5）的属性

单击“板”前面的“+”，然后点击“板受力筋”→单击“定义”→单击“新建”下拉菜单→单击“新建跨板受力筋”，填写参数，如图 8-111 所示。

(8) 建立温度筋的属性

单击“板”前面的“+”，然后点击“板受力筋”→单击“定义”→单击“新建”下拉菜单→单击“新建板受力筋”，将类别改为温度筋，填写参数，如图 8-112 所示。

属性编辑

	属性名称	属性值	附加
1	名称	C8-200-KB5	
2	钢筋信息	⏀8@200	☐
3	左标注(mm)	550	☐
4	右标注(mm)	900	☐
5	马凳筋排数	1/1	☐
6	标注长度位置	支座外边线	☐
7	左弯折(mm)	(0)	☐
8	右弯折(mm)	(0)	☐
9	分布钢筋	⏀6@200	☐
10	钢筋锚固	(35)	
11	钢筋搭接	(49)	
12	归类名称	(C8-200-KB5)	☐
13	汇总信息	板受力筋	☐
14	计算设置	按默认计算设置计算	
15	节点设置	按默认节点设置计算	
16	搭接设置	按默认搭接设置计算	
17	长度调整(mm)		☐
18	备注		☐
19	+ 显示样式		

图 8-111

属性编辑

	属性名称	属性值	附加
1	名称	温度筋	
2	钢筋信息	⏀6@200	☐
3	类别	温度筋	☐
4	左弯折(mm)	(0)	☐
5	右弯折(mm)	(0)	☐
6	钢筋锚固	(30)	
7	钢筋搭接	(42)	
8	归类名称	(温度筋)	☐
9	汇总信息	板受力筋	☐
10	计算设置	按默认计算设置计算	
11	节点设置	按默认节点设置计算	
12	搭接设置	按默认搭接设置计算	
13	长度调整(mm)		☐
14	备注		☐
15	+ 显示样式		

图 8-112

(9) 建立 C8-200 单边标注 550mm 负筋（命名为 C8-200F550）的属性

单击“板”前面的“+”，然后点击“板负筋”→单击“定义”→单击“新建”下拉

菜单→单击“新建板负筋”，填写参数，如图 8-113 所示。

(10) 建立 C8-200 单边标注 750mm 负筋（命名为 C8-200F750）的属性

单击“板”前面的“+”，然后点击“板负筋”→单击“定义”→单击“新建”下拉菜单→单击“新建板负筋”，填写参数，如图 8-114 所示。

	属性名称	属性值	附加
1	名称	C8-200F550	
2	钢筋信息	Φ8@200	☐
3	左标注(mm)	550	☐
4	右标注(mm)	0	☐
5	马凳筋排数	1/0	☐
6	单边标注位置	支座内边线	☐
7	左弯折(mm)	(0)	☐
8	右弯折(mm)	(0)	☐
9	分布钢筋	Φ6@200	☐
10	钢筋锚固	(35)	
11	钢筋搭接	(49)	
12	归类名称	(C8-200F550)	☐
13	计算设置	按默认计算设置计算	
14	节点设置	按默认节点设置计算	
15	搭接设置	按默认搭接设置计算	
16	汇总信息	板负筋	☐
17	备注		☐
18	⊞ 显示样式		

图 8-113

属性编辑

	属性名称	属性值	附加
1	名称	C8-200F750	
2	钢筋信息	Φ8@200	☐
3	左标注(mm)	750	☐
4	右标注(mm)	0	☐
5	马凳筋排数	1/0	☐
6	单边标注位置	支座内边线	☐
7	左弯折(mm)	(0)	☐
8	右弯折(mm)	(0)	☐
9	分布钢筋	Φ6@200	☐
10	钢筋锚固	(35)	
11	钢筋搭接	(49)	
12	归类名称	(C8-200F750)	☐
13	计算设置	按默认计算设置计算	
14	节点设置	按默认节点设置计算	
15	搭接设置	按默认搭接设置计算	
16	汇总信息	板负筋	☐
17	备注		☐
18	⊞ 显示样式		

图 8-114

(11) 建立 C8-150 左标注 650mm、右标注 650mm 负筋（命名为 C8-150F650-650）的属性

单击“板”前面的“+”，然后点击“板负筋”→单击“定义”→单击“新建”下拉菜单→单击“新建板负筋”，填写参数，如图 8-115 所示。

属性编辑

	属性名称	属性值	附加
1	名称	C8-150F650-650	
2	钢筋信息	Φ8@150	☐
3	左标注(mm)	650	☐
4	右标注(mm)	650	☐
5	马凳筋排数	1/1	☐
6	非单边标注含支座宽	否	☐
7	左弯折(mm)	(0)	☐
8	右弯折(mm)	(0)	☐
9	分布钢筋	Φ6@200	☐
10	钢筋锚固	(35)	
11	钢筋搭接	(49)	
12	归类名称	(C8-150F650-650)	☐
13	计算设置	按默认计算设置计算	
14	节点设置	按默认节点设置计算	
15	搭接设置	按默认搭接设置计算	
16	汇总信息	板负筋	☐
17	备注		☐
18	⊞ 显示样式		

图 8-115

(12) 建立 C8-200 左标注 750mm、右标注 750mm（命名为 C8-200F750-750）负筋的属性

单击“板”前面的“+”，然后点击“板负筋”→单击“定义”→单击“新建”下拉

菜单→单击“新建板负筋”，填写参数，如图 8-116 所示。

属性编辑

	属性名称	属性值	附加
1	名称	C8-200F750-750	
2	钢筋信息	Φ8@200	□
3	左标注(mm)	750	□
4	右标注(mm)	750	□
5	马凳筋排数	1/1	□
6	非单边标注含支座宽	否	□
7	左弯折(mm)	(0)	□
8	右弯折(mm)	(0)	□
9	分布钢筋	Φ6@200	□
10	钢筋锚固	(35)	
11	钢筋搭接	(49)	
12	归类名称	(C8-200F750-750)	□
13	计算设置	按默认计算设置计算	
14	节点设置	按默认节点设置计算	
15	搭接设置	按默认搭接设置计算	
16	汇总信息	板负筋	□
17	备注		□
18	+ 显示样式		

图 8-116

(13) 建立 C8-200 左标注 900mm 负筋（命名为 C8-200F900）的属性

单击“板”前面的“+”，然后点击“板负筋”→单击“定义”→单击“新建”下拉菜单→单击“新建板负筋”，填写参数，如图 8-117 所示。

(14) 建立 C8-200 左标注 500mm 负筋（命名为 C8-200F500）的属性

单击“板”前面的“+”，然后点击“板负筋”→单击“定义”→单击“新建”下拉菜单→单击“新建板负筋”，填写参数 ，如图 8-118 所示。

属性编辑

	属性名称	属性值	附加
1	名称	C8-200F900	
2	钢筋信息	Φ8@200	□
3	左标注(mm)	900	□
4	右标注(mm)	0	□
5	马凳筋排数	1/0	□
6	单边标注位置	支座内边线	□
7	左弯折(mm)	(0)	□
8	右弯折(mm)	(0)	□
9	分布钢筋	Φ6@200	□
10	钢筋锚固	(35)	
11	钢筋搭接	(49)	
12	归类名称	(C8-200F900)	□
13	计算设置	按默认计算设置计算	
14	节点设置	按默认节点设置计算	
15	搭接设置	按默认搭接设置计算	
16	汇总信息	板负筋	□
17	备注		□
18	+ 显示样式		

图 8-117

属性编辑

	属性名称	属性值	附加
1	名称	C8-200F500	
2	钢筋信息	Φ8@200	□
3	左标注(mm)	500	□
4	右标注(mm)	0	□
5	马凳筋排数	1/0	□
6	单边标注位置	支座内边线	□
7	左弯折(mm)	(0)	□
8	右弯折(mm)	(0)	□
9	分布钢筋	Φ6@200	□
10	钢筋锚固	(35)	
11	钢筋搭接	(49)	
12	归类名称	(C8-200F500)	□
13	计算设置	按默认计算设置计算	
14	节点设置	按默认节点设置计算	
15	搭接设置	按默认搭接设置计算	
16	汇总信息	板负筋	□
17	备注		□
18	+ 显示样式		

图 8-118

(15) 建立 C8-150 左标注 900mm、右标注 900mm 负筋（命名为 C8-150F900-900）的属性

单击“板”前面的“+”，然后点击“板负筋”→单击“定义”→单击“新建”下拉

菜单→单击“新建板负筋”，填写参数，如图 8-119 所示。

（16）建立 C8-180 左标注 750mm、右标注 750mm 的负筋（命名为 C8-180F750-750）的属性

单击“板”前面的“+”，然后点击“板负筋”→单击“定义”→单击“新建”下拉菜单→单击“新建板负筋”，填写参数，如图 8-120 所示。

属性编辑

	属性名称	属性值	附加
1	名称	C8-150F900-900	
2	钢筋信息	⌀8@150	☐
3	左标注(mm)	900	☐
4	右标注(mm)	900	☐
5	马凳筋排数	1/1	☐
6	非单边标注含支座宽	否	☐
7	左弯折(mm)	(0)	☐
8	右弯折(mm)	(0)	☐
9	分布钢筋	⌀6@200	☐
10	钢筋锚固	(35)	
11	钢筋搭接	(49)	
12	归类名称	(C8-150F900-900)	☐
13	计算设置	按默认计算设置计算	
14	节点设置	按默认节点设置计算	
15	搭接设置	按默认搭接设置计算	
16	汇总信息	板负筋	☐
17	备注		☐
18	⊞ 显示样式		

图 8-119

属性编辑

	属性名称	属性值	附加
1	名称	C8-180F750-750	
2	钢筋信息	⌀8@180	☐
3	左标注(mm)	750	☐
4	右标注(mm)	750	☐
5	马凳筋排数	1/1	☐
6	非单边标注含支座宽	否	☐
7	左弯折(mm)	(0)	☐
8	右弯折(mm)	(0)	☐
9	分布钢筋	⌀6@200	☐
10	钢筋锚固	(35)	
11	钢筋搭接	(49)	
12	归类名称	(C8-180F750-750)	☐
13	计算设置	按默认计算设置计算	
14	节点设置	按默认节点设置计算	
15	搭接设置	按默认搭接设置计算	
16	汇总信息	板负筋	☐
17	备注		☐
18	⊞ 显示样式		

图 8-120

（17）建立 C8-200 左标注 500mm、右标注 500mm 负筋（命名为 C8-200F500-500）的属性

单击“板”前面的“+”，然后点击“板负筋”→单击“定义”→单击“新建”下拉菜单→单击“新建板负筋”，填写参数，如图 8-121 所示。

属性编辑

	属性名称	属性值	附加
1	名称	C8-200F500-500	
2	钢筋信息	⌀8@200	☐
3	左标注(mm)	500	☐
4	右标注(mm)	500	☐
5	马凳筋排数	1/1	☐
6	非单边标注含支座宽	否	☐
7	左弯折(mm)	(0)	☐
8	右弯折(mm)	(0)	☐
9	分布钢筋	⌀6@200	☐
10	钢筋锚固	(35)	
11	钢筋搭接	(49)	
12	归类名称	(C8-200F500-500)	☐
13	计算设置	按默认计算设置计算	
14	节点设置	按默认节点设置计算	
15	搭接设置	按默认搭接设置计算	
16	汇总信息	板负筋	☐
17	备注		☐
18	⊞ 显示样式		

图 8-121

2. 首层板中钢筋的画法

我们根据首层板配筋平法施工图来画首层板中钢筋，将 1～11 轴画到图中相应的

位置。

(1) 底筋的画法

选择单板→XY 方向→选择 1 轴和 2 轴、L 轴和 J 轴之间的板→输入参数，如图 8-122 所示→单击确定。

板中底筋如果需要以同样的信息进行布置的，仅采用上述方法进行布置。不同信息的，方法一样，仅改变信息即可。如 140mm 厚的板底筋布置，选择单板→XY 方向→选择 140mm 厚的板→输入参数，如图 8-123 所示→单击确定。

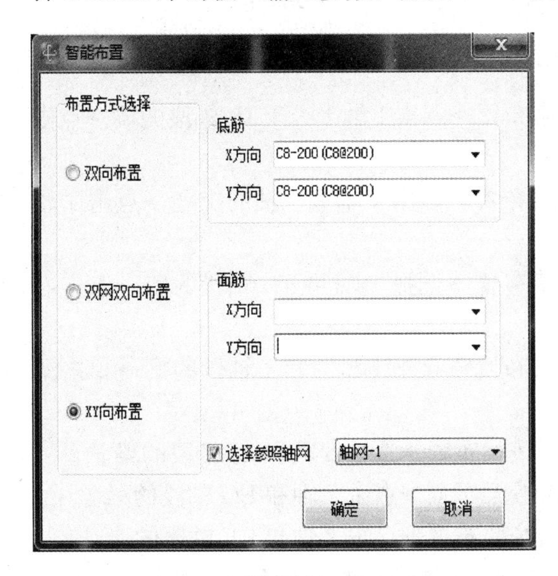

图 8-122

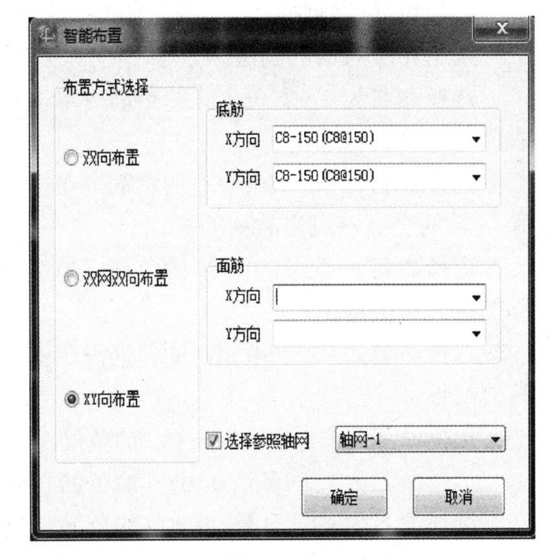

图 8-123

在刚布置的 140mm 厚的板上，布置附加温度筋，选择单板→XY 方向→选择 140mm 厚的板→输入参数，如图 8-124 所示→单击确定。

(2) 跨板受力筋的画法

C8-150 (单边标注 750) 的画法：

选择单板→水平→选择 1 轴和 2 轴之间 120mm 厚的板→单击"交换左右标注"按钮→单击刚画好的跨板受力筋→选中刚画好的跨板受力筋→右键镜像→以 6 轴为对称轴→是否删除原来的构件，选择否。

C8-150 (左标注 500，右标注 950) 的画法：

选择单板→水平→选择 2、3 轴和 J、G 轴之间 100mm 厚的板→选中刚画好的跨板受力筋→右键镜像→以 6 轴为对称轴→是否删除原来的构件，选择否。

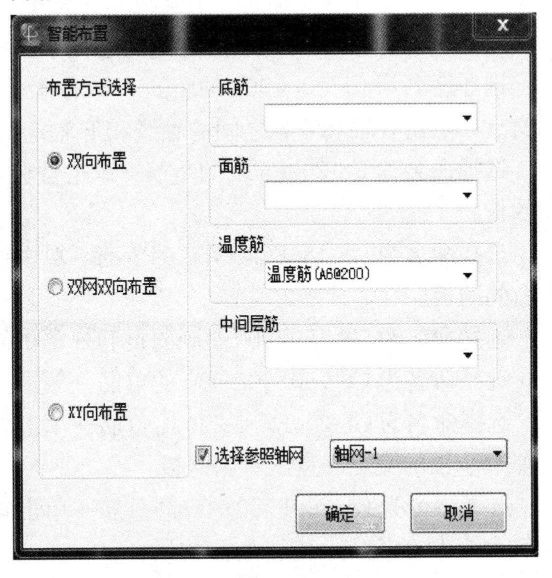

图 8-124

C8-200（左标注 550，右标注 900）的画法：

选择单板→垂直→选择 2、3 轴和 J、G 轴之间 100mm 厚的板→选中刚画好的跨板受力筋→右键镜像→以 6 轴为对称轴→是否删除原来的构件，选择否。

C8-200（单边标注 750）的画法：

选择单板→垂直→选择 1、2 轴和 D、E 轴之间 100mm 厚的板→选中刚画好的跨板受力筋→右键镜像→以 6 轴为对称轴→是否删除原来的构件，选择否。

选择刚布置的所有板受力筋、跨板受力筋、附加温度筋，右键复制到 11～21 轴。

（3）负筋的画法：

采用先竖后横的画法。

选择命名为 C8-200F750 的负筋→单击按墙布置→点击 1 轴上处于 JL 轴段的墙→点击右侧的板→右键退出。

选择命名为 C8-200F500 的负筋→单击画线布置→点击 1 轴和 J 轴的交点→点击 1 轴和 G 轴的交点→点击右侧的板。

选择命名为 C8-200F750 的负筋→单击按墙布置→选择 1 轴和 EG 轴段的墙→点击右侧的板→右键退出。

选择命名为 C8-200F500 的负筋→单击按梁布置→点击 DE 轴和 1 轴段的梁→单击梁右侧的板。

选择命名为 C8-180F750-750 的负筋→单击按梁布置→选择 2 轴和 LJ 轴段的梁。

选择命名为 C8-150F900-900 的负筋→单击按梁布置→点击 2 轴和 EG 轴段的梁。

选择命名为 C8-150F900-900 的负筋→单击按墙布置→点击 2 轴和 DE 轴段的墙。

选择命名为 C8-200F550 的负筋→单击按梁布置→点击 4 轴和 KM 轴段的梁→点击左侧的板。

选择命名为 C8-200F900 的负筋→单击画线布置→点击 4 轴和 6 轴之间的轴线和 G 轴的交点→点击 4 轴和 6 轴之间的轴线和 F 轴的交点→点击左侧的板。

选择命名为 C8-150F900-900 的负筋→单击按梁布置→点击 6 轴和 DF 轴段的梁。

选择命名为 C8-200F900 的负筋→单击画线布置→点击 6 轴和 8 轴之间的轴线和 G 轴的交点→点击 6 轴和 8 轴之间的轴线和 F 轴的交点→点击右侧的板。

选择命名为 C8-200F550 的负筋→单击按梁布置→点击 8 轴和 KM 轴段的梁→点击右侧的板。

选择命名为 C8-180F750-750 的负筋→单击按梁布置→点击 10 轴和 LJ 轴段的梁→点击右侧的板。

选择命名为 C8-150F900-900 的负筋→单击按梁布置→点击 10 轴和 EG 轴段的梁。

选择命名为 C8-150F900-900 的负筋→单击按墙布置→点击 10 轴和 DE 轴段的墙。

选择命名为 C8-200F750-750 的负筋→单击画线布置→点击 11 轴和 L 轴的交点→点击 11 轴和 J 轴的交点→点击右侧的板。

选择命名为 C8-200F750-750 的负筋→单击画线布置→点击 11 轴和 J 轴的交点→点击 11 轴和 G 轴的交点→点击右侧的板。

选择命名为 C8-200F750-750 的负筋→单击画线布置→点击 11 轴和 J 轴的交点→点击 11 轴和 E 轴的交点→点击右侧的板。

选择命名为C8/200F500-500的负筋→单击按梁布置→点击11轴和DE轴段的梁。

1～11轴竖向的负筋布置完毕，横向的布置方法如下：

选择命名为C8-200F550的负筋→单击画线布置→点击2轴和M轴的交点→点击4轴和M轴的交点→点击下面的板→选中刚画出的负筋→右键镜像→以6轴为对称轴→是否删除原来的轴图元，选择否。

选择命名为C8-200F750的负筋→单击画线布置→点击1轴和L轴的交点→点击2轴和L轴的交点→点击下面的板→选中刚画出的负筋→右键镜像→以6轴为对称轴→是否删除原来的图元，选择否。

选择命名为C8-200F550的负筋→单击画线布置→点击3轴和K轴的交点→点击4轴和K轴的交点→点击上面的板。

选择命名为C8-150F650-650的负筋→单击画线布置→点击8轴和K轴的交点→点击9轴和K轴的交点→点击上面的板→单击画线布置→点击9轴和J轴的交点→点击右面的板。

选择命名为C8-200F750-750的负筋→单击画线布置→点击1轴和J轴的交点→点击2轴和J轴的交点→点击上面的板→选中刚画出的负筋→右键镜像→以6轴为对称轴→是否删除原来的图元，选择否

选择命名为C8-200F750-750的负筋→单击画线布置→点击1轴和G轴的交点→点击2轴和G轴的交点→点击上面的板→选中刚画出的负筋→右键镜像→以6轴为对称轴→是否删除原来的图元，选择否。

选择命名为C8-200F500的负筋→单击按梁布置→点击D轴和1、2轴段的梁→点击上面的板。

选择命名为C8-200F900的负筋→单击按梁布置→点击D轴和2、6轴段的梁→点击上面的板。

选择命名为C8-200F900的负筋→单击按梁布置→点击D轴和6、10轴段的梁→点击上面的板。

选择命名为C8-200F500的负筋→单击按梁布置→点击D轴和10、11轴段的梁→点击上面的板。

其余的利用镜像和复制的功能布置。

至此，首层的板和板中钢筋全部布置完毕。

第五节　基础的属性定义和画法

一、基础和集水坑的属性定义和画法

（一）基础和集水坑的属性定义

1. 筏板基础的定义

首先切换到基础层，单击“基础”前面的“+”，然后点击“筏板基础”→单击“定义”→单击“新建”下拉菜单→单击“新建筏板基础”，填写参数，如图8-125所示。

2. 消防电梯集水坑和电梯基坑的定义

属性编辑

	属性名称	属性值	附加
1	名称	FB-1	
2	混凝土强度等级	(C15)	□
3	厚度(mm)	600	□
4	底标高(m)	层底标高	□
5	保护层厚度(mm)	(45)	□
6	马凳筋参数图	II型	
7	马凳筋信息	Φ20@1000	□
8	线形马凳筋方向	平行横向受力筋	□
9	拉筋		□
10	拉筋数量计算方式	向上取整+1	□
11	马凳筋数量计算方式	向上取整+1	□
12	筏板侧面纵筋		□
13	U形构造封边钢筋		□
14	U形构造封边钢筋弯折长度(mm)	max(15*d,200)	
15	归类名称	(FB-1)	□
16	汇总信息	筏板基础	□
17	备注		□
18	⊞ 显示样式		

图 8-125

单击“基础”前面的“+”，然后点击“集水坑”→单击“定义”→单击“新建”下拉菜单→单击“新建矩形集水坑”，填写参数，如图 8-126、图 8-127 所示。

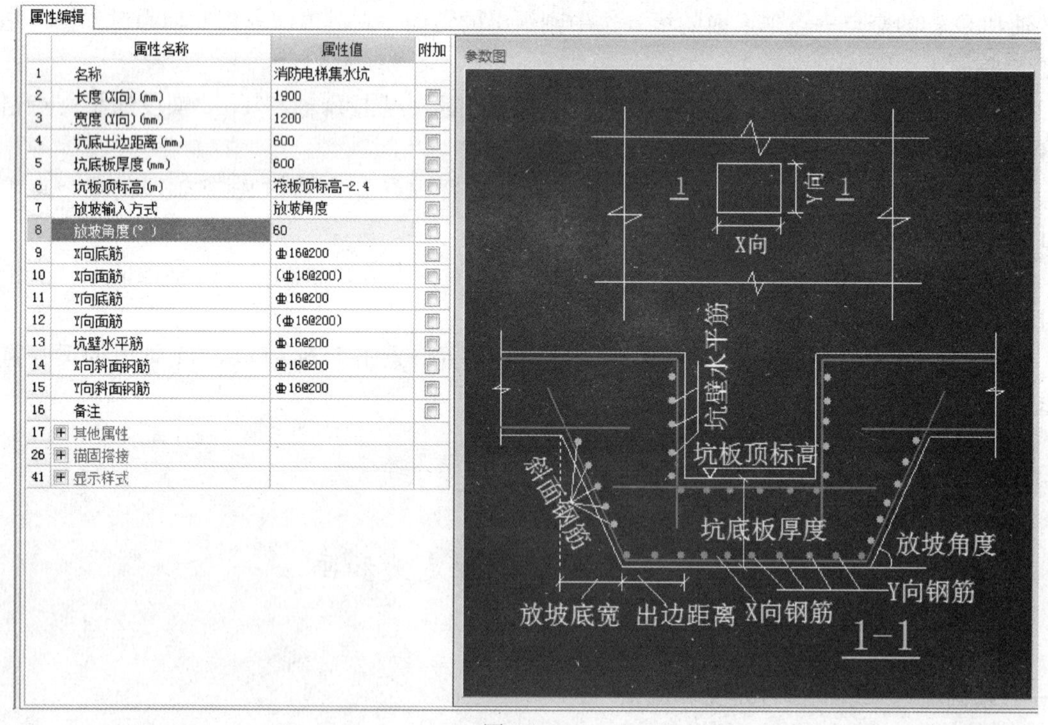

属性编辑

	属性名称	属性值	附加
1	名称	消防电梯集水坑	
2	长度(X向)(mm)	1900	□
3	宽度(Y向)(mm)	1200	□
4	坑底出边距离(mm)	600	□
5	坑底板厚度(mm)	600	□
6	坑板顶标高(m)	筏板顶标高-2.4	□
7	放坡输入方式	放坡角度	□
8	放坡角度(°)	60	□
9	X向底筋	Φ16@200	□
10	X向面筋	(Φ16@200)	□
11	Y向底筋	Φ16@200	□
12	Y向面筋	(Φ16@200)	□
13	坑壁水平筋	Φ16@200	□
14	X向斜面钢筋	Φ16@200	□
15	Y向斜面钢筋	Φ16@200	□
16	备注		□
17	⊞ 其他属性		
26	⊞ 锚固搭接		
41	⊞ 显示样式		

图 8-126

（二）基础和集水坑的画法

1. 筏板基础的画法

以矩形的方式→单击 1 轴和 L 轴的交点→单击 31 轴和 D 轴的交点→右键退出→选中刚画出的筏板基础→右键选择“偏移”→选择“多边偏移”→确定→点击筏板基础的左上右三个边→右键后，将鼠标移到筏板基础的外面→输入 500→确定→选中筏板基础→右键

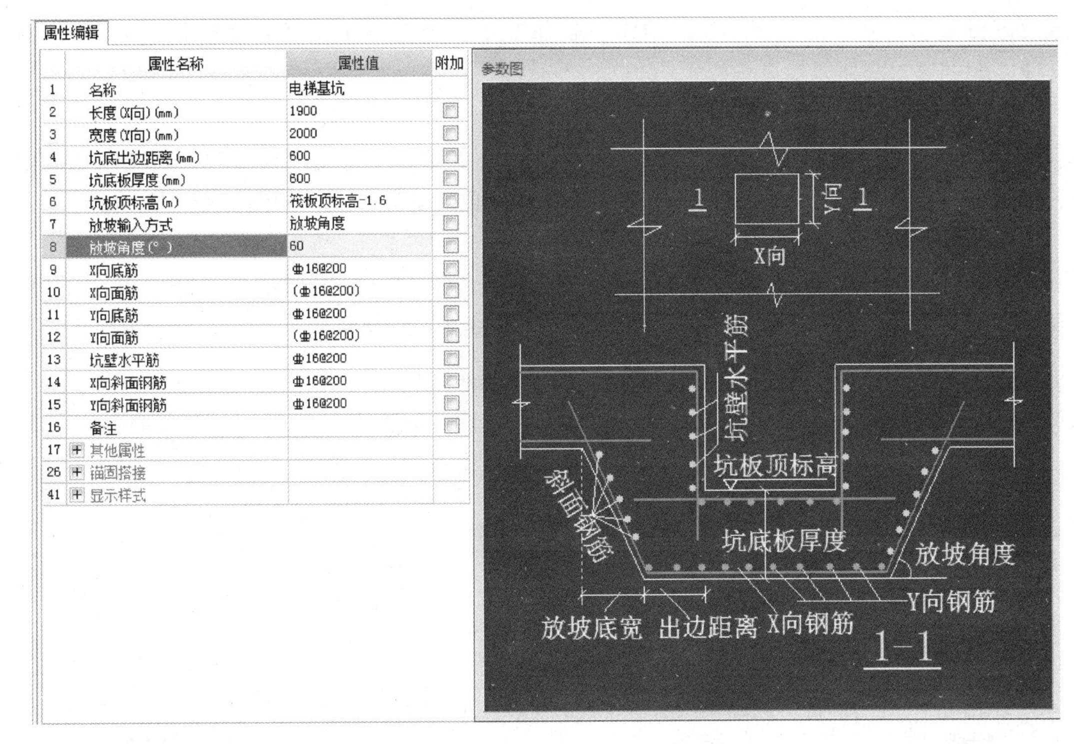

属性编辑

	属性名称	属性值	附加
1	名称	电梯基坑	
2	长度(X向)(mm)	1900	☐
3	宽度(Y向)(mm)	2000	☐
4	坑底出边距离(mm)	600	☐
5	坑底板厚度(mm)	800	☐
6	坑板顶标高(m)	筏板顶标高-1.6	☐
7	放坡输入方式	放坡角度	☐
8	放坡角度(°)	60	☐
9	X向底筋	⌀16@200	☐
10	X向面筋	(⌀16@200)	☐
11	Y向底筋	⌀16@200	☐
12	Y向面筋	(⌀16@200)	☐
13	坑壁水平筋	⌀16@200	☐
14	X向斜面钢筋	⌀16@200	☐
15	Y向斜面钢筋	⌀16@200	☐
16	备注		☐
17	⊞ 其他属性		
26	⊞ 锚固搭接		
41	⊞ 显示样式		

图 8-127

选择偏移→选择多边偏移→确定→点击筏板基础的下边线→右键后，将鼠标移到筏板基础的下面→输入 800 确定→右键退出。

2. 消防电梯集水坑的画法

单击“基础”下面的“集水坑”→选中“消防电梯集水坑”→以点的方式→按住 Shift 同时单击 3 轴和 K 轴的交点→偏移方式选择正交偏移→X= 2050，Y=－1350→单击确定。

3. 电梯基坑的画法

单击“基础”下面的“集水坑”→选中“电梯基坑”→以点的方式→按住 Shift 同时单击 6 轴和 F 轴的交点→偏移方式选择正交偏移→X= 0，Y= 1100→单击确定。

属性编辑

	属性名称	属性值	附加
1	名称	底筋	
2	类别	底筋	☐
3	钢筋信息	⌀16@200	☐
4	钢筋锚固	(46)	
5	钢筋搭接	(65)	
6	归类名称	(底筋)	☐
7	汇总信息	筏板主筋	☐
8	计算设置	按默认计算设置计算	
9	节点设置	按默认节点设置计算	
10	搭接设置	按默认搭接设置计算	
11	长度调整(mm)		☐
12	备注		☐
13	⊞ 显示样式		

图 8-128

二、筏板主筋和筏板负筋的属性定义和画法

（一）筏板主筋和筏板负筋的属性定义

1. 底筋的属性定义

单击“基础”前面的“+”，然后点

击“筏板主筋”→单击“定义”→单击“新建”下拉菜单→单击“新建筏板主筋”，填写参数，如图 8-128 所示。

2. 面筋的属性定义

单击“基础”前面的“+”，然后点击“筏板主筋”→单击“定义”→单击“新建”下拉菜单→单击“新建筏板主筋”，修改类别为面筋，填写参数，如图 8-129 所示。

3. 下网附加筋 C12 的属性定义

单击“基础”前面的“+”，然后点击“筏板负筋”→单击“定义”→单击“新建”下拉菜单→单击“新建筏板负筋”，填写参数，如图 8-130 所示。

属性编辑

	属性名称	属性值	附加
1	名称	面筋	
2	类别	面筋	☐
3	钢筋信息	ф16@200	☐
4	钢筋锚固	(46)	
5	钢筋搭接	(65)	
6	归类名称	(面筋)	☐
7	汇总信息	筏板主筋	☐
8	计算设置	按默认计算设置计算	
9	节点设置	按默认节点设置计算	
10	搭接设置	按默认搭接设置计算	
11	长度调整(mm)		☐
12	备注		☐
13	⊞ 显示样式		

图 8-129

属性编辑

	属性名称	属性值	附加
1	名称	下网附加筋C12	
2	钢筋信息	ф12@200	☐
3	左标注(mm)	1000	☐
4	右标注(mm)	1000	☐
5	非单边标注含支座宽	否	☐
6	左弯折(mm)	(0)	☐
7	右弯折(mm)	(0)	☐
8	钢筋锚固	(46)	
9	钢筋搭接	(65)	
10	归类名称	(下网附加筋C12)	☐
11	汇总信息	筏板负筋	☐
12	计算设置	按默认计算设置计算	
13	节点设置	按默认节点设置计算	
14	搭接设置	按默认搭接设置计算	
15	备注		☐
16	⊞ 显示样式		

图 8-130

4. 下网附加筋 C25 的属性定义

单击“基础”前面的“+”，然后点击“筏板负筋”→单击“定义”→单击“新建”下拉菜单→单击“新建筏板负筋”，填写参数，如图 8-131 所示。

属性编辑

	属性名称	属性值	附加
1	名称	下网附加筋C25	
2	钢筋信息	ф25@200	☐
3	左标注(mm)	2300	☐
4	右标注(mm)	2300	☐
5	非单边标注含支座宽	否	☐
6	左弯折(mm)	(0)	☐
7	右弯折(mm)	(0)	☐
8	钢筋锚固	(46)	
9	钢筋搭接	(65)	
10	归类名称	(下网附加筋C25)	☐
11	汇总信息	筏板负筋	☐
12	计算设置	按默认计算设置计算	
13	节点设置	按默认节点设置计算	
14	搭接设置	按默认搭接设置计算	
15	备注		☐
16	⊞ 显示样式		

图 8-131

5. 下网附加筋 C12 900 900 的属性定义

单击“基础”前面的“+”，然后点击“筏板负筋”→单击“定义”→单击“新建”下拉菜单→单击“新建筏板负筋”，填写参数，如图 8-132 所示。

（二）筏板主筋和筏板负筋的画法

1. 筏板主筋的画法

点击基础下面的筏板主筋→点击视图→构件列表→点击单板→X、Y 方向→单击筏板基础→填写参数，如图 8-133 所示。

属性编辑

	属性名称	属性值	附加
1	名称	下网附加筋C12 900 900	
2	钢筋信息	⌀12@200	☐
3	左标注(mm)	900	☐
4	右标注(mm)	900	☐
5	非单边标注含支座宽	否	☐
6	左弯折(mm)	(0)	☐
7	右弯折(mm)	(0)	☐
8	钢筋锚固	(46)	
9	钢筋搭接	(65)	
10	归类名称	(下网附加筋C12 900 900)	☐
11	汇总信息	筏板负筋	☐
12	计算设置	按默认计算设置计算	
13	节点设置	按默认节点设置计算	
14	搭接设置	按默认搭接设置计算	
15	备注		☐
16	⊞ 显示样式		

图 8-132

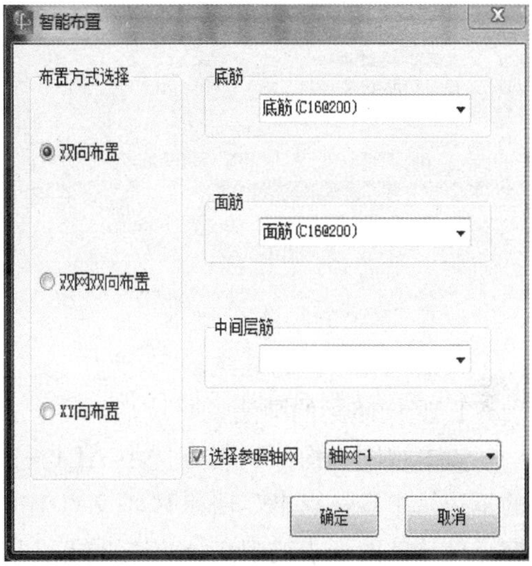

智能布置

布置方式选择

◉ 双向布置

○ 双网双向布置

○ XY向布置

底筋：底筋(C16@200)

面筋：面筋(C16@200)

中间层筋

☑ 选择参照轴网　轴网-1

确定　取消

图 8-133

2. 筏板负筋的画法

单击“基础”下面的“筏板负筋”→选中“下网附加筋 C25”→单击画线布置→点击 1 轴和 E 轴的交点→点击 2 轴和 E 轴的交点→点击 E 轴的上方→选中刚画出的附加筋→右键镜像→以 6 轴为对称轴→是否删除原来的图元，选择否→选中“下网附加筋 C12”→单击画线布置→点击 6 轴和 D 轴的交点→点击 6 轴和 F 轴的交点→点击 6 轴左方→选中“下网附加筋 C12 900 900”→点击 11 轴和 F 轴的交点→点击 11 轴和 G 轴的交点→点击 11 轴左方。

剩余的下网附加筋利用镜像的方式画出。

三、暗梁的属性定义和画法

（一）暗梁的属性定义

单击“墙”前面的“+”，然后点击“暗梁”→单击“定义”→单击“新建”下拉菜单→单击“新建暗梁”，填写参数，如图 8-134～图 8-136 所示。

属性编辑

	属性名称	属性值	附加
1	名称	AL-1	
2	类别	暗梁	☐
3	截面宽度(mm)	200	☐
4	截面高度(mm)	600	☐
5	轴线距梁左边线距离(mm)	(100)	☐
6	上部钢筋	4⌀20 2/2	☐
7	下部钢筋	4⌀20 2/2	☐
8	箍筋	⌀10@200	☐
9	肢数	2	
10	拉筋		☐
11	起点为顶层暗梁	否	
12	终点为顶层暗梁	否	
13	备注		☐
14	⊞ 其他属性		
24	⊞ 锚固搭接		
39	⊞ 显示样式		

图 8-134

属性编辑	属性名称	属性值	附加
1	名称	AL-2	
2	类别	暗梁	☐
3	截面宽度(mm)	250	☐
4	截面高度(mm)	600	☐
5	轴线距梁左边线距离(mm)	(125)	☐
6	上部钢筋	4Φ22	☐
7	下部钢筋	4Φ22	☐
8	箍筋	Φ10@200	☐
9	肢数	4	
10	拉筋		☐
11	起点为顶层暗梁	否	
12	终点为顶层暗梁	否	
13	备注		☐
14	+ 其他属性		
24	+ 锚固搭接		
39	+ 显示样式		

图 8-135

属性编辑	属性名称	属性值	附加
1	名称	AL-3	
2	类别	暗梁	☐
3	截面宽度(mm)	300	☐
4	截面高度(mm)	600	☐
5	轴线距梁左边线距离(mm)	(150)	☐
6	上部钢筋	4Φ22	☐
7	下部钢筋	4Φ22	☐
8	箍筋	Φ10@200	☐
9	肢数	4	
10	拉筋		☐
11	起点为顶层暗梁	否	
12	终点为顶层暗梁	否	
13	备注		☐
14	+ 其他属性		
24	+ 锚固搭接		
39	+ 显示样式		

图 8-136

（二）暗梁的画法

按照先竖后横的画法。

1. 竖向暗梁的画法

点击视图→构件列表→选中 AL1→以画直线的方式→点击 2 轴和 L 轴交点下方暗柱的下边线中点→点击 2 轴和 K 轴交点上方暗柱的上边线中点→右键退出→点击 2 轴和 J 轴交点处暗柱的下边线中点→点击 2 轴和 J 轴交点处暗柱的上边线中点→点击 2 轴和 G 轴交点处暗柱的下边线中点→点击 2 轴和 F 轴的交点→右键退出→点击 3 轴和 J 轴交点处暗柱的下边线中点→点击 3 轴和 H 轴交点处暗柱的上边线中点→点击 4 轴和 M 轴交点处暗柱的下边线中点→点击 4 轴和 L 轴交点处下方暗柱的上边线中点→右键退出→点击 6 轴和 F 轴交点处暗柱的下边线中点→点击 6 轴和 E 轴交点处上方暗柱的上边线中点→右键退出→点击 8 轴和 L 轴交点处下方暗柱的下边线中点→点击 8 轴和 K 轴交点处暗柱的上边线中点→右键退出→点击 11 轴和 J 轴交点处暗柱的下边线中点→点击 11 轴和 G 轴交点处暗柱的上边线中点→右键退出。

其余的暗梁利用镜像的方法画出。

2. 横向暗梁的画法

点击视图→构件列表→选中 AL1→以画直线的方式→点击 2 轴和 M 轴交点处暗柱的右边线中点→点击 4 轴和 M 轴交点处暗柱的左边线中点→右键退出→选中 AL3→以画直线的方式→点击 2 轴和 J 轴的交点→点击 3 轴和 J 轴的交点→右键退出→点击 F 轴上边轴线和 2 轴的交点→点击 4、6 轴之间的轴和 F 轴的交点→右键退出。

其余的暗梁利用镜像的方法画出。

第六节　报表预览

到此，我们把 12 层住宅楼所有的工程量都做完了，接下来，我们需要查看全楼的工程量汇总表，操作步骤如下：

单击“汇总计算”选择“全选”，单击计算按钮，单击“确定”如图 8-137、图 8-138 所示。

图 8-137

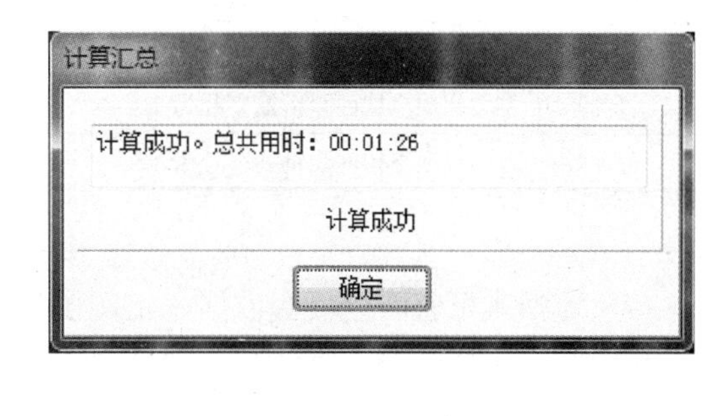

图 8-138

单击左侧导航栏的“报表预览”，如图 8-139 所示，此时可以查看本工程的工程量，报表分为定额指标、明细表以及汇总表，我们可以根据自己的需求查看相应的报表，操作很简单，只需单击需要的表格名称即可，下面简单介绍几种报表形式，首先是钢筋定额表（图 8-140），可查看此工程套取同一定额子目的钢筋总量。

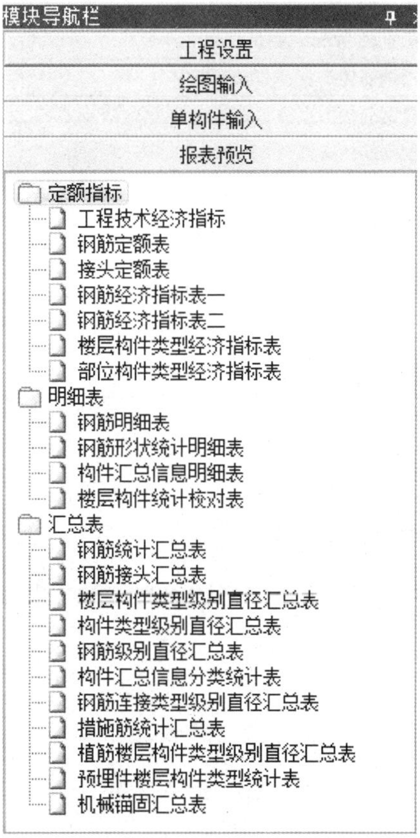

模块导航栏
工程设置
绘图输入
单构件输入
报表预览
定额指标
工程技术经济指标
钢筋定额表
接头定额表
钢筋经济指标表一
钢筋经济指标表二
楼层构件类型经济指标表
部位构件类型经济指标表
明细表
钢筋明细表
钢筋形状统计明细表
构件汇总信息明细表
楼层构件统计校对表
汇总表
钢筋统计汇总表
钢筋接头汇总表
楼层构件类型级别直径汇总表
构件类型级别直径汇总表
钢筋级别直径汇总表
构件汇总信息分类统计表
钢筋连接类型级别直径汇总表
措施筋统计汇总表
植筋楼层构件类型级别直径汇总表
预埋件楼层构件类型统计表
机械锚固汇总表

图 8-139

钢筋定额表（包含措施筋和损耗）

工程名称：南湖12层住宅楼　　编制日期：2015-6-30　　单位：t

定额号	定额项目	单位	钢筋量
5-294	现浇构件圆钢筋直径为6.5	t	
5-295	现浇构件圆钢筋直径为8	t	5.105
5-296	现浇构件圆钢筋直径为10	t	13.182
5-297	现浇构件圆钢筋直径为12	t	2.272

图8-140

接头定额表可查看全楼套取同一定额子目的钢筋接头总量，如图8-141所示。

在明细表中的钢筋明细表中可查各个楼层的钢筋的级别、直径、钢筋图形、计算公式、根数、总根数、单长、总长以及总重，如图8-142所示。

接头定额表

工程名称：南湖12层住宅楼　　编制日期：2015-6-30

定额号	定额项目	单位	数量
5-383	电渣压力焊接	个	598
新补5-5	套管冷压连接直径22mm	个	
新补5-6	套管冷压连接直径25mm	个	
新补5-7	套管冷压连接直径28mm	个	
新补5-8	套管冷压连接直径32mm以外	个	
新补5-9	套筒锥形螺栓钢筋接头直径20mm以内	个	
新补5-10	套筒锥形螺栓钢筋接头直径22mm	个	
新补5-11	套筒锥形螺栓钢筋接头直径25mm	个	
新补5-12	套筒锥形螺栓钢筋接头直径28mm	个	
新补5-13	套筒锥形螺栓钢筋接头直径32mm以外	个	

图8-141

钢筋明细表

工程名称：南湖12层住宅楼　　编制日期：2015-6-30

楼层名称：基础层(绘图输入)									钢筋总重：15603.268kg
筋号	级别	直径	钢筋图形	计算公式	根数	总根数	单长(m)	总长(m)	总重(kg)
上部纵筋1	Φ	16	5176	3640+48d+48d	2	4	5.176	20.704	32.712
下部纵筋1	Φ	16	5176	3640+48d+48d	2	4	5.176	20.704	32.712
箍筋1	Φ	8	350 150	2×[(200−2×25)+(400−2×25)]+2×11.9d	18	36	1.19	42.84	16.922
构件名称：AL-1[1587]　构件数量：4　本构件钢筋重：33.938kg 构件位置：＜3,E＞＜3,D＞；＜5,E＞＜5,D＞；＜10,D＞＜10,E＞；＜12,D＞＜12,E＞									

图8-142

在钢筋总表中钢筋统计汇总表中可查各构件中所用的不同级别以及不同直径的钢筋数量的合计，如图 8-143 所示。

钢筋统计汇总表（包含措施筋）

工程名称：南湖 12 层住宅楼　　　　编制日期：2015-6-30　　　　单位：t

构件类型	合计	级别	6	8	10	12	14	16	18	20	25
墙	1.559	Φ	1.559								
	31.263	Φ̲			21.558	9.705					
暗柱\端柱	32.753	Φ			32.753						
	21.72	Φ̲					21.72				
暗梁	2.021	Φ		2.021							
	8.136	Φ̲						8.136			
连梁	3.373	Φ		1.687	1.687						
	6.14	Φ̲						0.667	0.662	4.685	0.127
梁	0.117	Φ		0.117							
	0.517	Φ̲					0.173	0.344			
现浇板	17.616	Φ		2.933	12.411	2.272					
	2.355	Φ̲				2.335					
筏板基础	9.496	Φ̲						9.496			
楼梯	0.481	Φ		0.25	0.231						
	0.411	Φ̲				0.411					
其他	2.481	Φ	0.017	1.922	0.541						
	0.021	Φ̲				0.021					
合计	60.402	Φ	1.577	8.93	47.622	2.272					
	80.038	Φ̲			21.558	12.472	21.893	18.643	0.662	4.685	0.127

图 8-143

此外，广联达软件可以将报表导出到 EXCEL，步骤如下：单击要导出的报表，单击标题栏的“导出”按钮，单击“导出到 EXCEL”。即可将报表的数据保存到 EXCEL 表中。

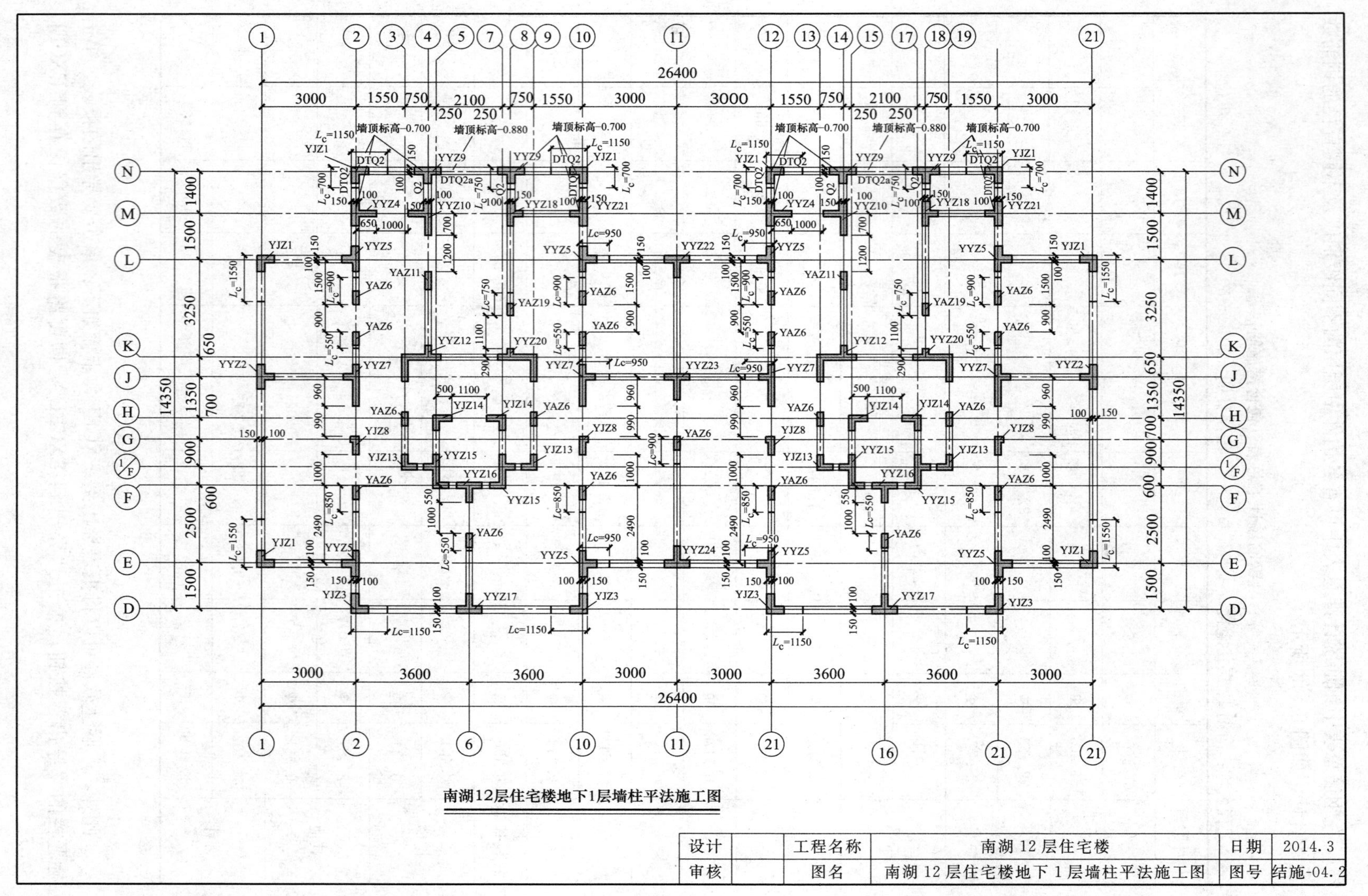

南湖12层住宅楼地下1层墙柱平法施工图

设计		工程名称	南湖 12 层住宅楼	日期	2014.3
审核		图名	南湖 12 层住宅楼地下 1 层墙柱平法施工图	图号	结施-04.2

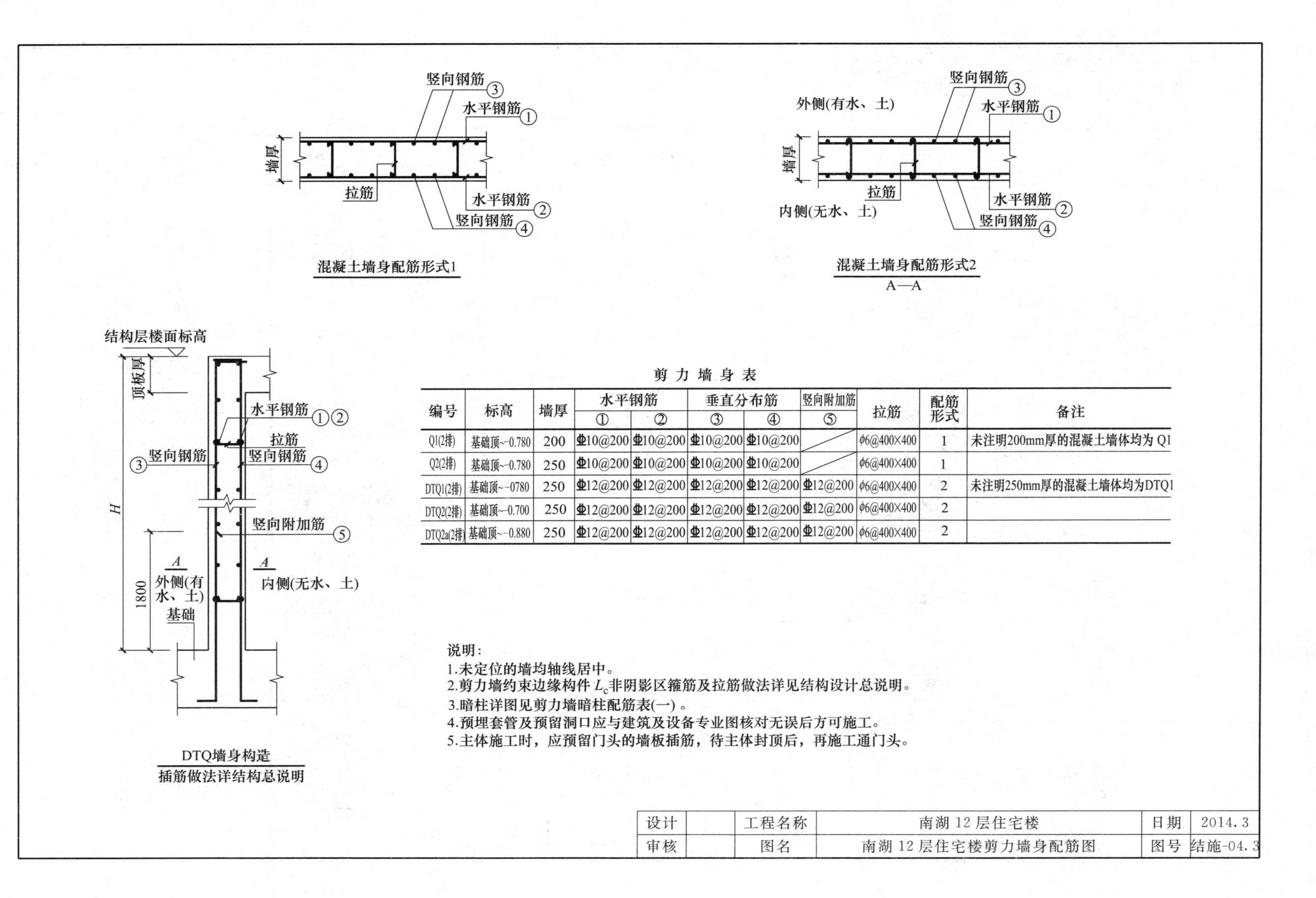

剪 力 墙 身 表

编号	标高	墙厚	水平钢筋		垂直分布筋		竖向附加筋	拉筋	配筋形式	备注
			①	②	③	④	⑤			
Q1(2排)	基础顶~-0.780	200	Φ10@200	Φ10@200	Φ10@200	Φ10@200		φ6@400×400	1	未注明200mm厚的混凝土墙体均为Q1
Q2(2排)	基础顶~-0.780	250	Φ10@200	Φ10@200	Φ10@200	Φ10@200		φ6@400×400	1	
DTQ1(2排)	基础顶~-0780	250	Φ12@200	Φ12@200	Φ12@200	Φ12@200	Φ12@200	φ6@400×400	2	未注明250mm厚的混凝土墙体均为DTQ1
DTQ2(2排)	基础顶~-0.700	250	Φ12@200	Φ12@200	Φ12@200	Φ12@200	Φ12@200	φ6@400×400	2	
DTQ2a(2排)	基础顶~-0.880	250	Φ12@200	Φ12@200	Φ12@200	Φ12@200	Φ12@200	φ6@400×400	2	

说明：

1.未定位的墙均轴线居中。
2.剪力墙约束边缘构件 L_c非阴影区箍筋及拉筋做法详见结构设计总说明。
3.暗柱详图见剪力墙暗柱配筋表(一)。
4.预埋套管及预留洞口应与建筑及设备专业图核对无误后方可施工。
5.主体施工时，应预留门头的墙板插筋，待主体封顶后，再施工通门头。

设计		工程名称	南湖 12 层住宅楼	日期	2014.3
审核		图名	南湖 12 层住宅楼剪力墙身配筋图	图号	结施-04.3

南湖12层住宅楼剪力墙暗柱配筋表(一)

截面	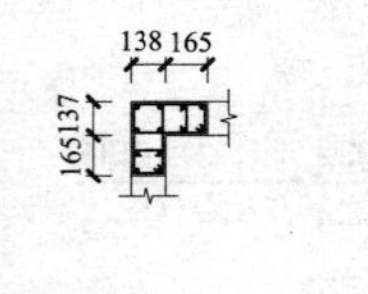 138 165; 165 137	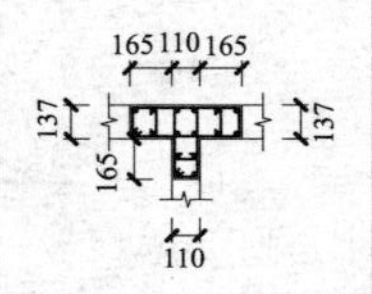 165 110 165; 137; 137; 165; 110	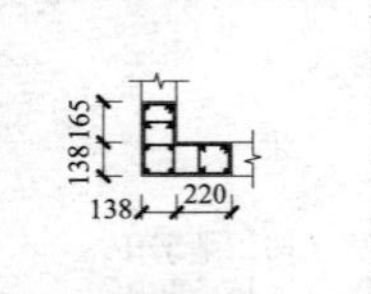 138 165; 138; 220	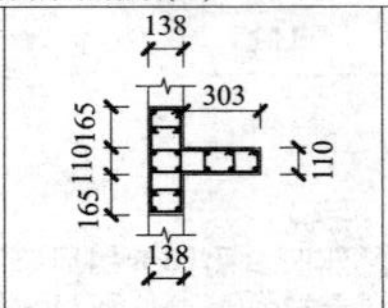 138; 303; 165 110 165; 110; 138	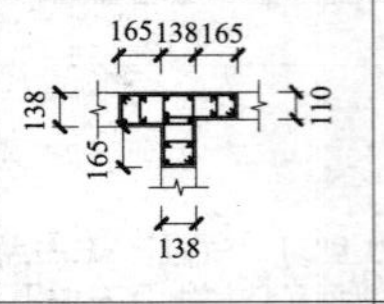 165 138 165; 138; 110; 165; 138	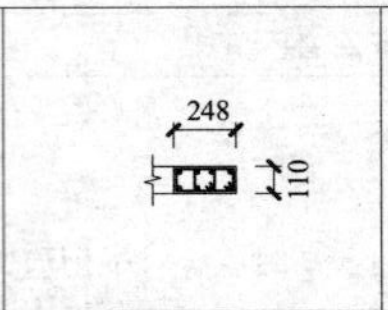 248; 110	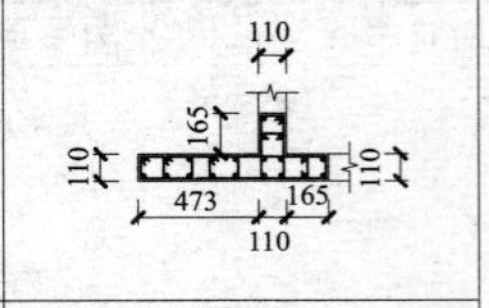 110; 165; 110; 110; 473; 165; 110
编号	YJZ1	YYZ2	YJZ3	YYZ4	YYZ5	YAZ6	YYZ7
标高	基础顶~-0.780 / 基础顶~-0.700	基础顶~-0.780	基础顶~-0.780	基础顶~-0.780 / 基础顶~-0.770	基础顶~-0.780	基础顶~-0.780	基础顶~-0.780
纵筋	12⏀16 / 12⏀16	16⏀16	12⏀16	18⏀16 / 18⏀16	17⏀16	8⏀14	22⏀14
箍筋	⏀8@100 / ⏀8@100	⏀8@100	⏀8@100	⏀8@100 / ⏀8@100	⏀8@100	⏀8@100	⏀8@100

截面	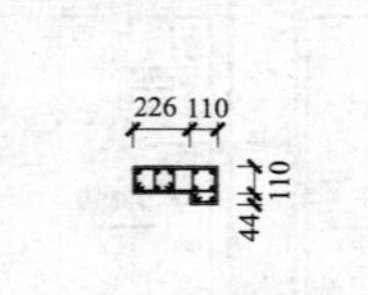 226 110; 44; 110	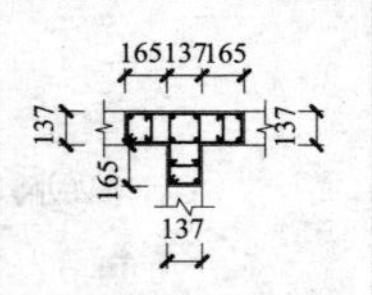 165 137 165; 137; 137; 165; 137	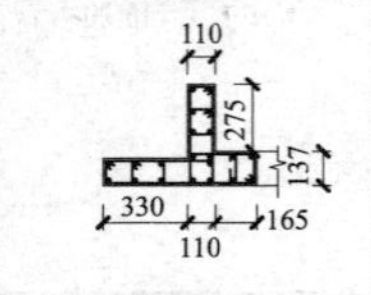 110; 275; 137; 330; 165; 110	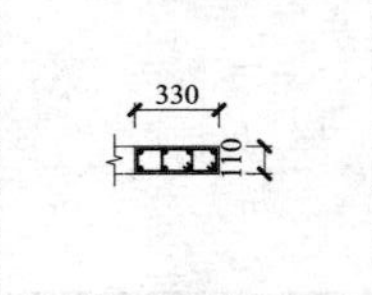 330; 110	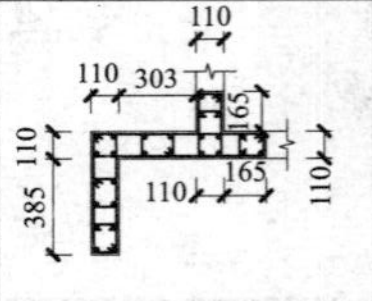 110; 110 303; 165; 110; 385; 110; 165; 110	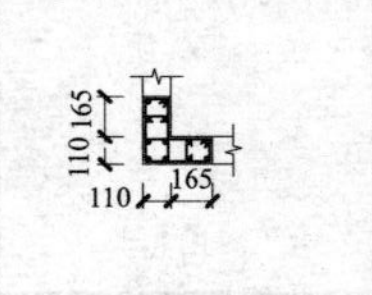 110 165; 110; 165	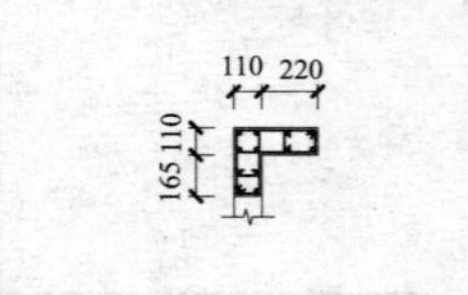 110 220; 165 110
编号	YJZ8	YYZ9	YYZ10	YAZ11	YYZ12	YJZ13	YJZ14
标高	基础顶~-0.780	基础顶~-0.880 / 基础顶~-0.700	基础顶~-0.780	基础顶~-0.780	基础顶~-0.780	基础顶~-0.780	基础顶~-0.780
纵筋	12⏀16	16⏀16 / 16⏀16	21⏀16	8⏀14	28⏀16	12⏀14	12⏀14
箍筋	⏀8@100	⏀8@100 / ⏀8@100	⏀8@100	⏀8@100	⏀8@100	⏀8@100	⏀8@100

截面	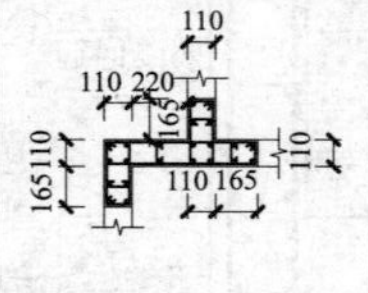 110; 110 220; 165; 165 110; 110 165; 110	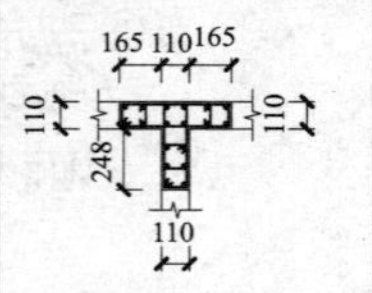 165 110 165; 110; 110; 248; 110	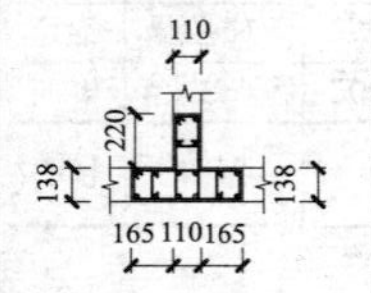 110; 220; 138; 138; 165 110 165	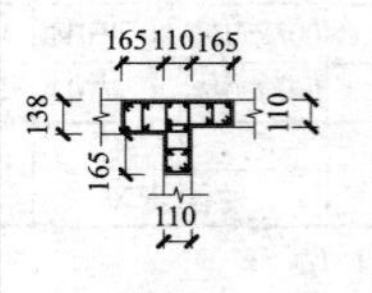 165 110 165; 138; 110; 165; 110	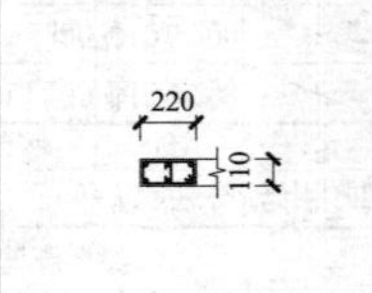 220; 110	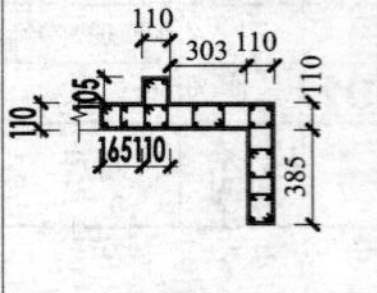 110; 303 110; 110; 105; 110; 165 110; 385	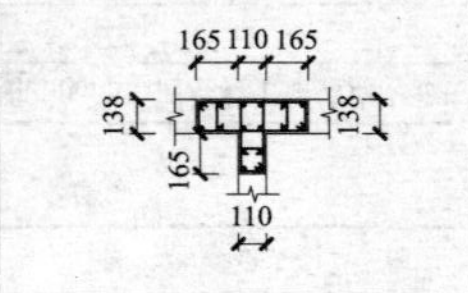 165 110 165; 138; 138; 165; 110
编号	YYZ15	YYZ16	YYZ17	YYZ18	YAZ19	YYZ20	YYZ21
标高	基础顶~-0.780	基础顶~-0.780	基础顶~-0.780	基础顶~-0.780	基础顶~-0.780	基础顶~-0.780	基础顶~-0.780 / 基础顶~-0.700
纵筋	22⏀16	18⏀14	16⏀16	17⏀14	6⏀14	26⏀16	16⏀16 / 16⏀16
箍筋	⏀8@100	⏀8@100	⏀8@100	⏀8@100	⏀8@100	⏀8@100	⏀8@100 / ⏀8@100

截面	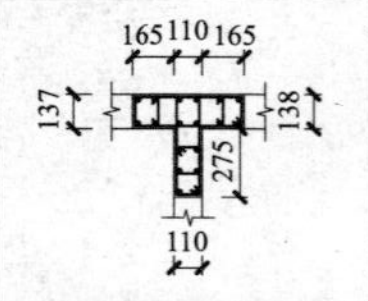 165 110 165; 137; 138; 275; 110	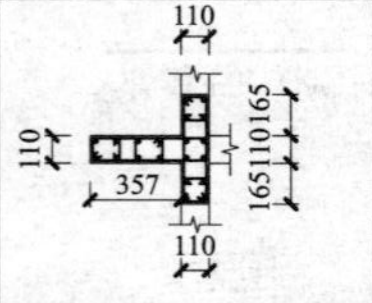 110; 110; 165 110 165; 357; 110	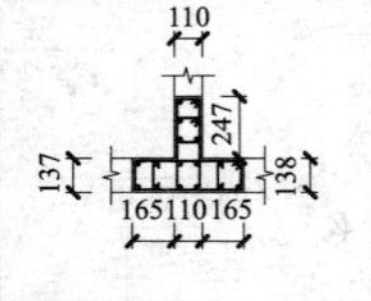 110; 247; 137; 138; 165 110 165	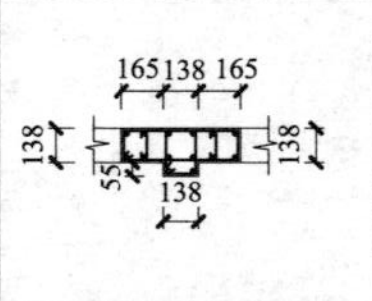 165 138 165; 138; 138; 55; 138	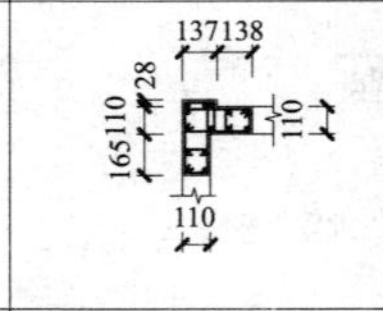 137 138; 28; 165 110; 110; 110
编号	YYZ22	YYZ23	YYZ24	YYZ25	YYZ26
标高	基础顶~-0.780	基础顶~-0.780	基础顶~-0.780	基础顶~-0.780	基础顶~-0.780
纵筋	18⏀16	20⏀14	18⏀16	14⏀16	14⏀14
箍筋	⏀8@100	⏀8@100	⏀8@100	⏀8@100	⏀8@100

设计		工程名称	南湖12层住宅楼	日期	2014.3
审核		图名	南湖12层住宅楼楼剪力墙暗柱配筋表(一)	图号	结施-04.4

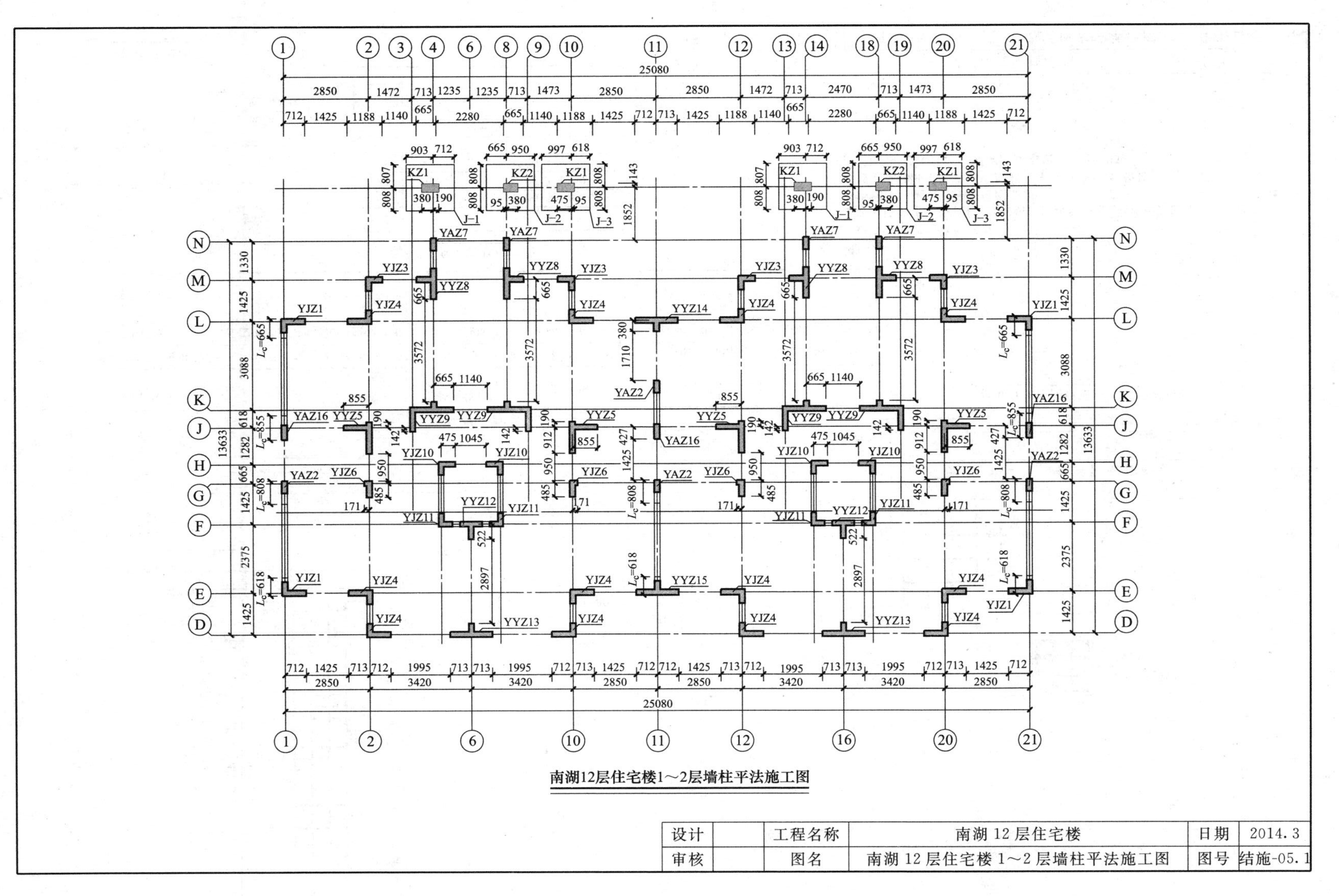
南湖12层住宅楼1～2层墙柱平法施工图
设计
审核
工程名称
南湖 12 层住宅楼
图名
南湖 12 层住宅楼 1～2 层墙柱平法施工图
日期
2014.3
图号
结施-05.1

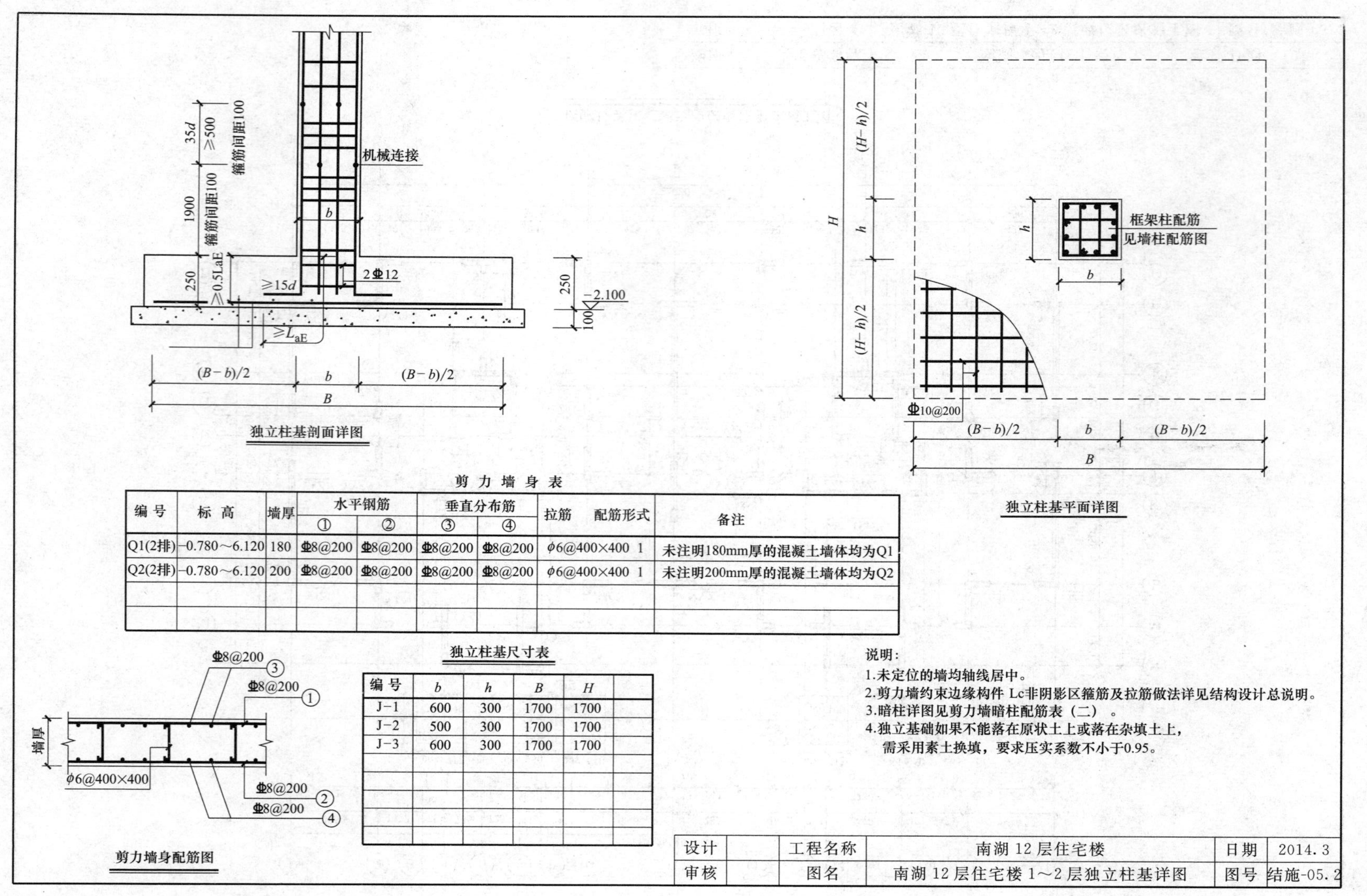

独立柱基剖面详图

独立柱基平面详图

剪力墙身表

编号	标高	墙厚	水平钢筋		垂直分布筋		拉筋	配筋形式	备注
			①	②	③	④			
Q1(2排)	−0.780～6.120	180	Φ8@200	Φ8@200	Φ8@200	Φ8@200	ϕ6@400×400	1	未注明180mm厚的混凝土墙体均为Q1
Q2(2排)	−0.780～6.120	200	Φ8@200	Φ8@200	Φ8@200	Φ8@200	ϕ6@400×400	1	未注明200mm厚的混凝土墙体均为Q2

独立柱基尺寸表

编号	b	h	B	H
J−1	600	300	1700	1700
J−2	500	300	1700	1700
J−3	600	300	1700	1700

剪力墙身配筋图

说明：

1.未定位的墙均轴线居中。
2.剪力墙约束边缘构件 Lc非阴影区箍筋及拉筋做法详见结构设计总说明。
3.暗柱详图见剪力墙暗柱配筋表（二）。
4.独立基础如果不能落在原状土上或落在杂填土上，
需采用素土换填，要求压实系数不小于0.95。

设计		工程名称	南湖 12 层住宅楼	日期	2014.3
审核		图名	南湖 12 层住宅楼 1～2 层独立柱基详图	图号	结施-05.2

T-3号楼剪力墙暗柱配筋表（三）

截面	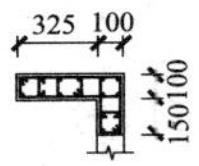 325 100 150 100	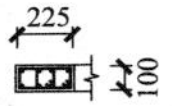 225 100	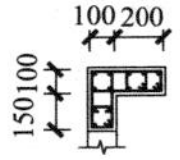 100 200 150 100	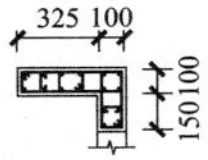 325 100 150 100	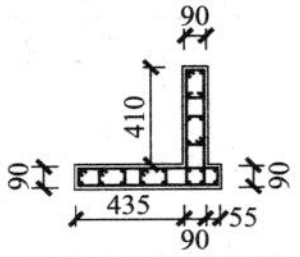 90 410 90 90 435 55 90	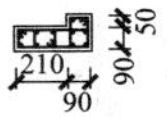 210 90 90 50	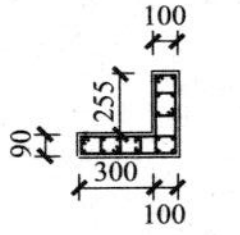 100 255 90 300 100	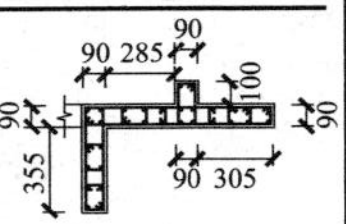 90 90 285 100 90 355 90 90 305
编号	YJZ1	YAZ2	YJZ3	YJZ4	YJZ5	YJZ6	YJZ7	YYZ8
标高	6.120～11.920	6.120～11.920	6.120～11.920	6.120～11.920	6.120～11.920	6.120～11.920	6.120～11.920	6.120～11.920
纵筋	16⌀22	8⌀16	14⌀14	16⌀14	24⌀14	12⌀16	18⌀14	32⌀14
箍筋	⌀8@100		⌀8@100	⌀8@100	⌀8@100	⌀8@100	⌀8@100	⌀8@100
截面	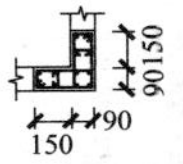 90 150 150 90	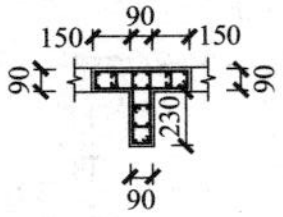 150 90 150 90 90 230 90	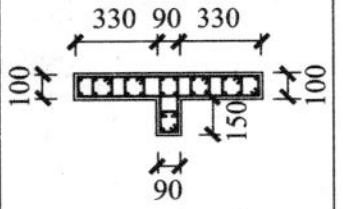 330 90 330 100 100 150 90	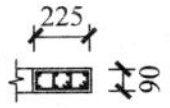 225 90	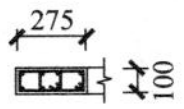 275 100	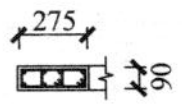 275 90	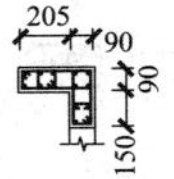 205 90 90 150	
编号	YJZ10	YYZ11	YYZ12	YAZ13	YAZ14	YAZ15	YJZ9	
标高	6.120～11.920	6.120～11.920	6.120～11.920	6.120～11.920	6.120～11.920	6.120～11.920	6.120～11.920	
纵筋	12⌀14	18⌀14	28⌀14	8⌀14	8⌀16	8⌀16	14⌀14	
箍筋	⌀8@100	⌀8@100	⌀8@100	⌀8@100	⌀8@100	⌀8@100	⌀8@100	

剪力墙身表

编号	标高	墙厚	水平钢筋		垂直分布筋		拉筋	配筋形式	备注
			①	②	③	④			
Q1(2排)	6.120～11.920	180	⌀8@200	⌀8@200	⌀8@200	⌀8@200	φ6@400×400	1	未注明180mm厚的混凝土墙体均为Q1
Q2(2排)	6.120～11.920	200	⌀8@200	⌀8@200	⌀8@200	⌀8@200	φ6@400×400	1	未注明200mm厚的混凝土墙体均为Q2

说明：

1. 未定位的墙均轴线居中。
2. 剪力墙约束边缘构件Lc非阴影区箍筋及拉筋做法详见结构设计总说明。
3. 暗柱详图见剪力墙暗柱配筋表(三)。

设计		工程名称	南湖12层住宅楼	日期	2014.3
审核		图名	南湖12层住宅楼剪力墙暗柱配筋表(三)	图号	结施-06.2

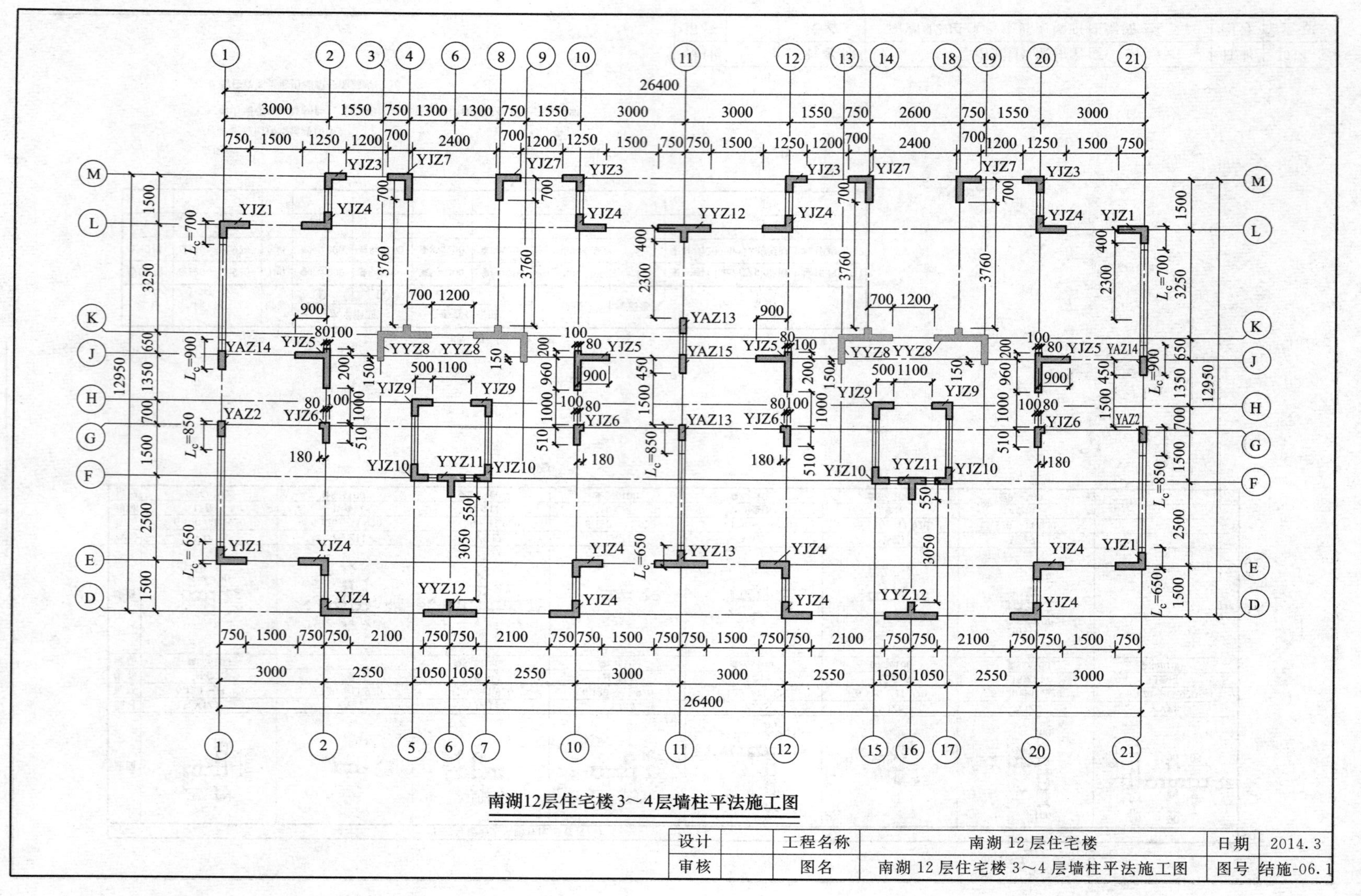

南湖12层住宅楼 3～4层墙柱平法施工图

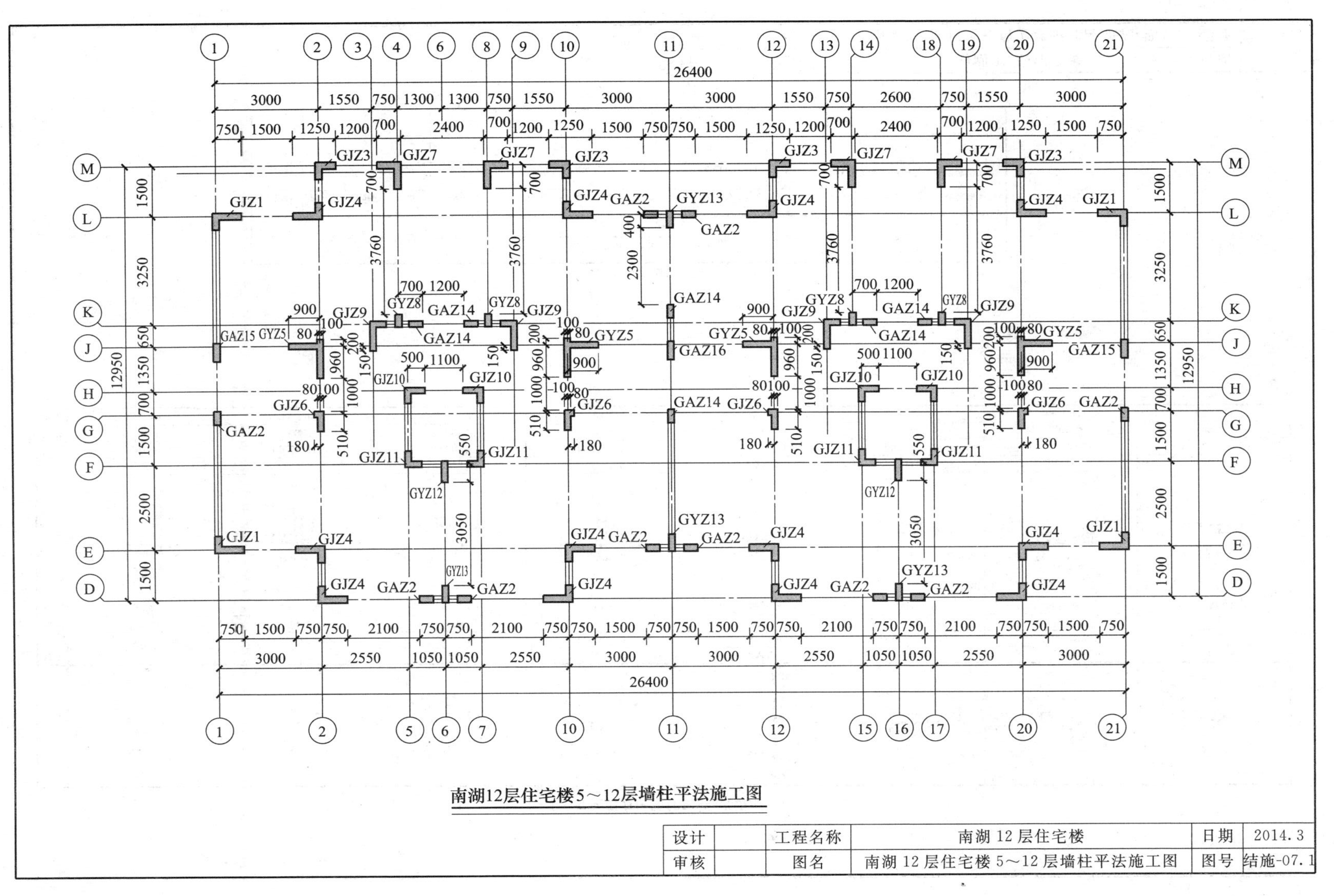
南湖12层住宅楼5～12层墙柱平法施工图
设计
审核
工程名称
南湖 12 层住宅楼
图名
南湖 12 层住宅楼 5～12 层墙柱平法施工图
日期
2014.3
图号
结施-07.1

T-3号楼剪力墙暗柱配筋表(四)

截面	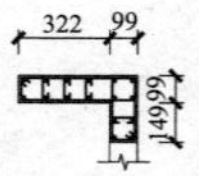	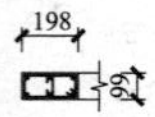	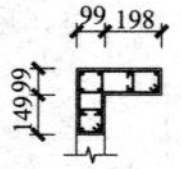	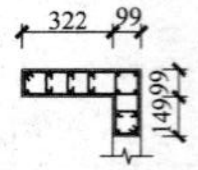	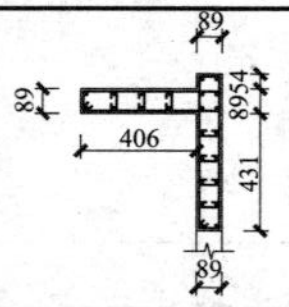	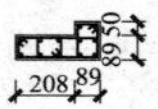	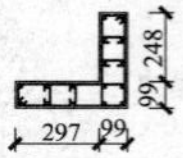	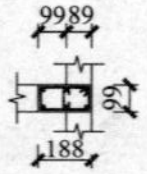
编号	GJZ1	GAZ2	GJZ3	GJZ4	GYZ5	GJZ6	GJZ7	GYZ8
标高	11.920～35.200	11.920～35.200	11.920～35.200	11.920～35.200	11.920～35.200	11.920～35.200	11.920～35.200	11.920～35.200
纵筋	16Φ12	6Φ12	12Φ12	16Φ12	24Φ12	12Φ12	16Φ12	6Φ12
箍筋	Φ8@200	Φ8@200	Φ8@200	Φ8@200	Φ8@200	Φ8@200	Φ8@200	Φ8@200
截面	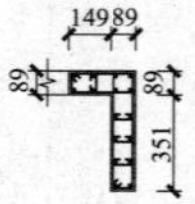	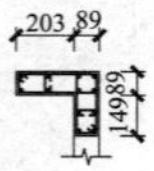	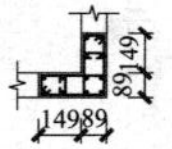	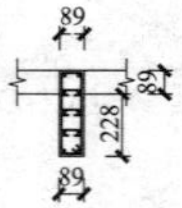	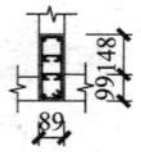	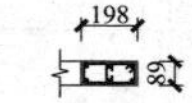	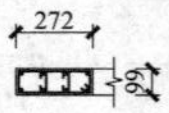	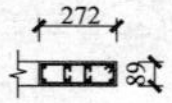
编号	GJZ9	GJZ10	GJZ11	GYZ12	GYZ13	GAZ14	GAZ15	GAZ16
标高	11.920～52.600	11.920～35.200	11.920～35.200	11.920～35.200	11.920～35.200	11.920～35.200	11.920～35.200	11.920～35.200
纵筋	16Φ12	12Φ12	12Φ12	10Φ12	8Φ12	6Φ12	8Φ12	8Φ12
箍筋	Φ8@200	Φ8@200	Φ8@200	Φ8@200	Φ8@200	Φ8@200	Φ8@200	Φ8@200

剪力墙身表

编号	标高	墙厚	水平钢筋		垂直分布筋		拉筋	配筋形式	备注
			①	②	③	④			
Q1(2排)	11.920～35.200	180	Φ8@200	Φ8@200	Φ8@200	Φ8@200	φ6@600×600	1	未注明180mm厚的混凝土墙体均为Q1
Q2(2排)	11.920～35.200	200	Φ8@200	Φ8@200	Φ8@200	Φ8@200	φ6@600×600	1	未注明200mm厚的混凝土墙体均为Q2

设计		工程名称	南湖 12 层住宅楼	日期	2014.3
审核		图名	南湖 12 层住宅楼剪力墙暗柱配筋表(四)	图号	结施-07.2

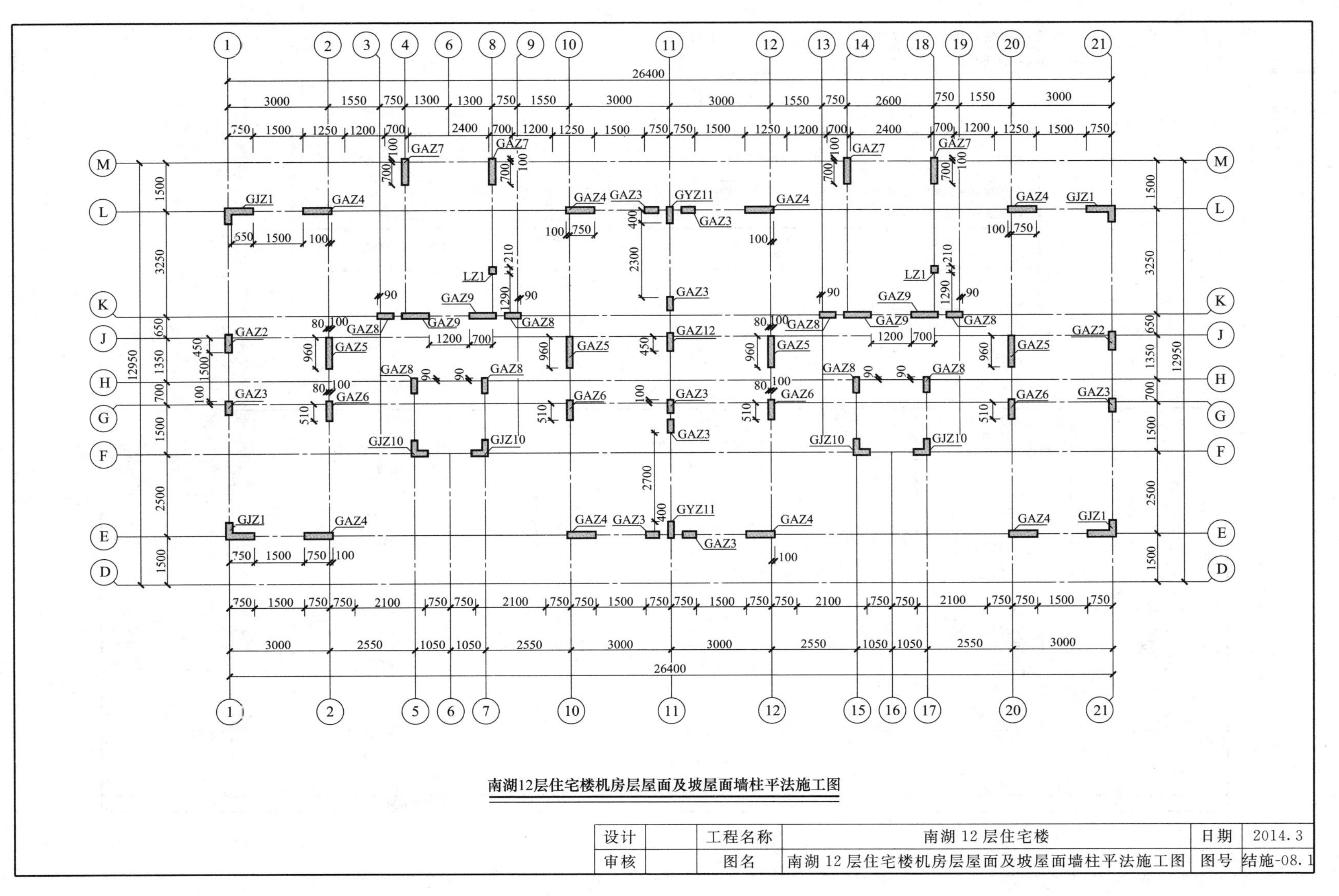

南湖12层住宅楼机房层屋面及坡屋面墙柱平法施工图

南湖12层住宅楼剪力墙暗柱配筋表(五)

截面	366 113 169 113	310 113	225 113	479 113	101 541	338 101	451 113
编号	GJZ1	GAZ2	GAZ3	GAZ4	GAZ5	GAZ6	GAZ7
标高	35.200～坡屋顶	35.200～坡屋顶	35.200～坡屋顶	35.200～坡屋顶	35.200～坡屋顶	35.200～坡屋顶	35.200～坡屋顶
纵筋	16Φ12	8Φ12	6Φ12	12Φ12	12Φ12	8Φ12	10Φ12
箍筋	Φ8@200	Φ8@200	Φ8@200	Φ8@200	Φ8@200	Φ8@200	Φ8@200
截面	451 101	169 101 101 169	282 101 113	310 101	113 118	270 101	
编号	GAZ9	GJZ10	GYZ11	GAZ12	LZ1	GAZ8	
标高	35.200～机房层屋面	35.200～机房层屋面	35.200～坡屋顶	35.200～坡屋顶	35.200～55.450	35.200～机房层屋面	
纵筋	10Φ12	12Φ12	8Φ12	8Φ12	4Φ14	8Φ12	
箍筋	Φ8@200	Φ8@200	Φ8@200	Φ8@200	Φ8@200	Φ8@200	

剪力墙身表

编号	标高	墙厚	水平钢筋		垂直分布筋		拉筋	配筋形式	备注
			①	②	③	④			
Q1(2排)	35.200～屋面	180	Φ8@200	Φ8@200	Φ8@200	Φ8@200	φ6@600×600	1	未注明180mm厚的混凝土墙体均为 Q1
Q2(2排)	35.200～屋面	200	Φ8@200	Φ8@200	Φ8@200	Φ8@200	φ6@600×600	1	未注明200mm厚的混凝土墙体均为Q2

设计		工程名称	南湖 12 层住宅楼	日期	2014.3
审核		图名	南湖 12 层住宅楼剪力墙暗柱配筋表(五)	图号	结施-08.2

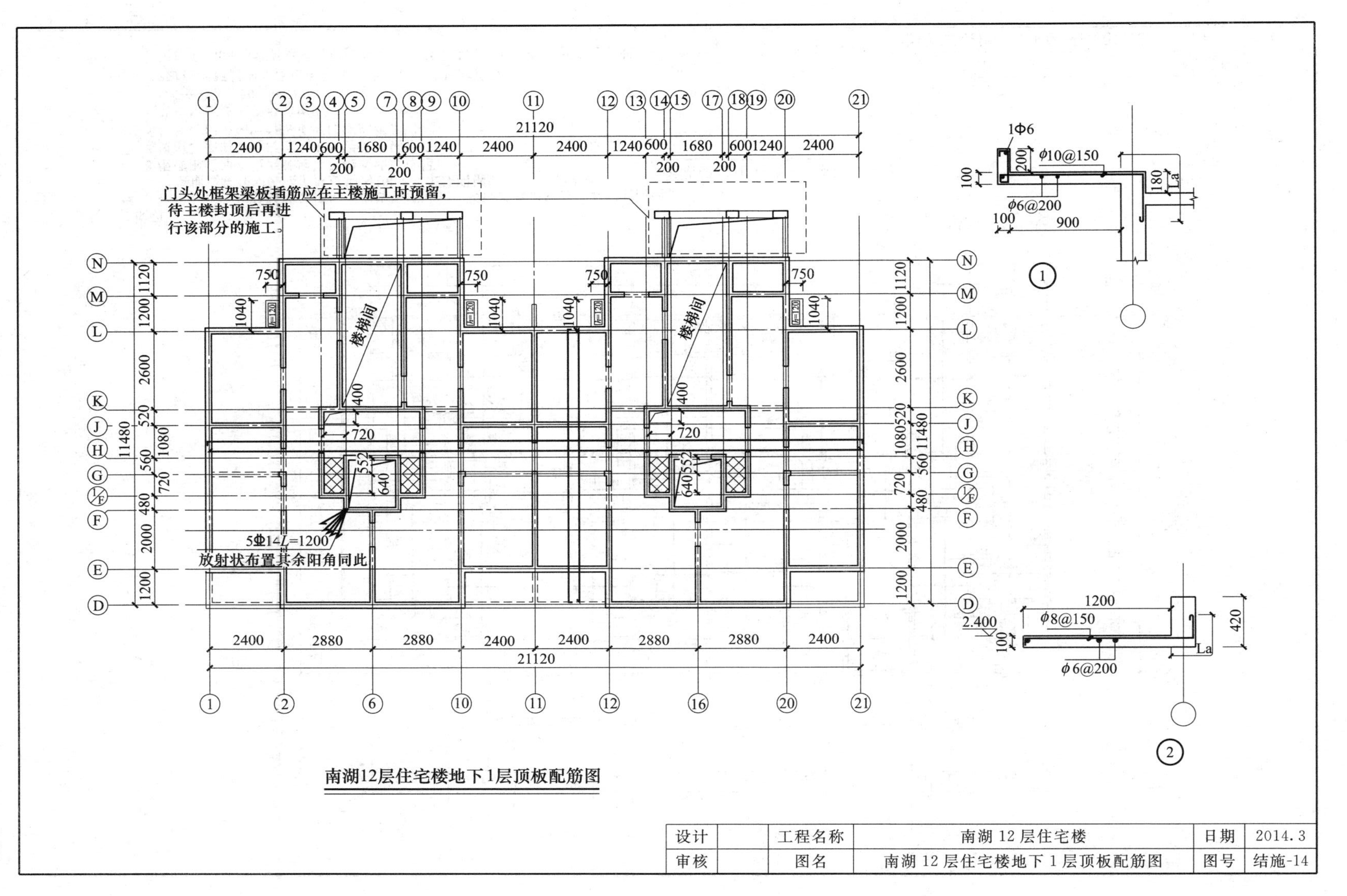
门头处框架梁板插筋应在主楼施工时预留，
待主楼封顶后再进
行该部分的施工。
楼梯间
5Φ14 L=1200
放射状布置其余阳角同此
1Φ6
φ10@150
φ6@200
φ8@150
φ6@200
La
南湖12层住宅楼地下1层顶板配筋图
设计
审核
工程名称
图名
南湖 12 层住宅楼
南湖 12 层住宅楼地下 1 层顶板配筋图
日期
2014.3
图号
结施-14

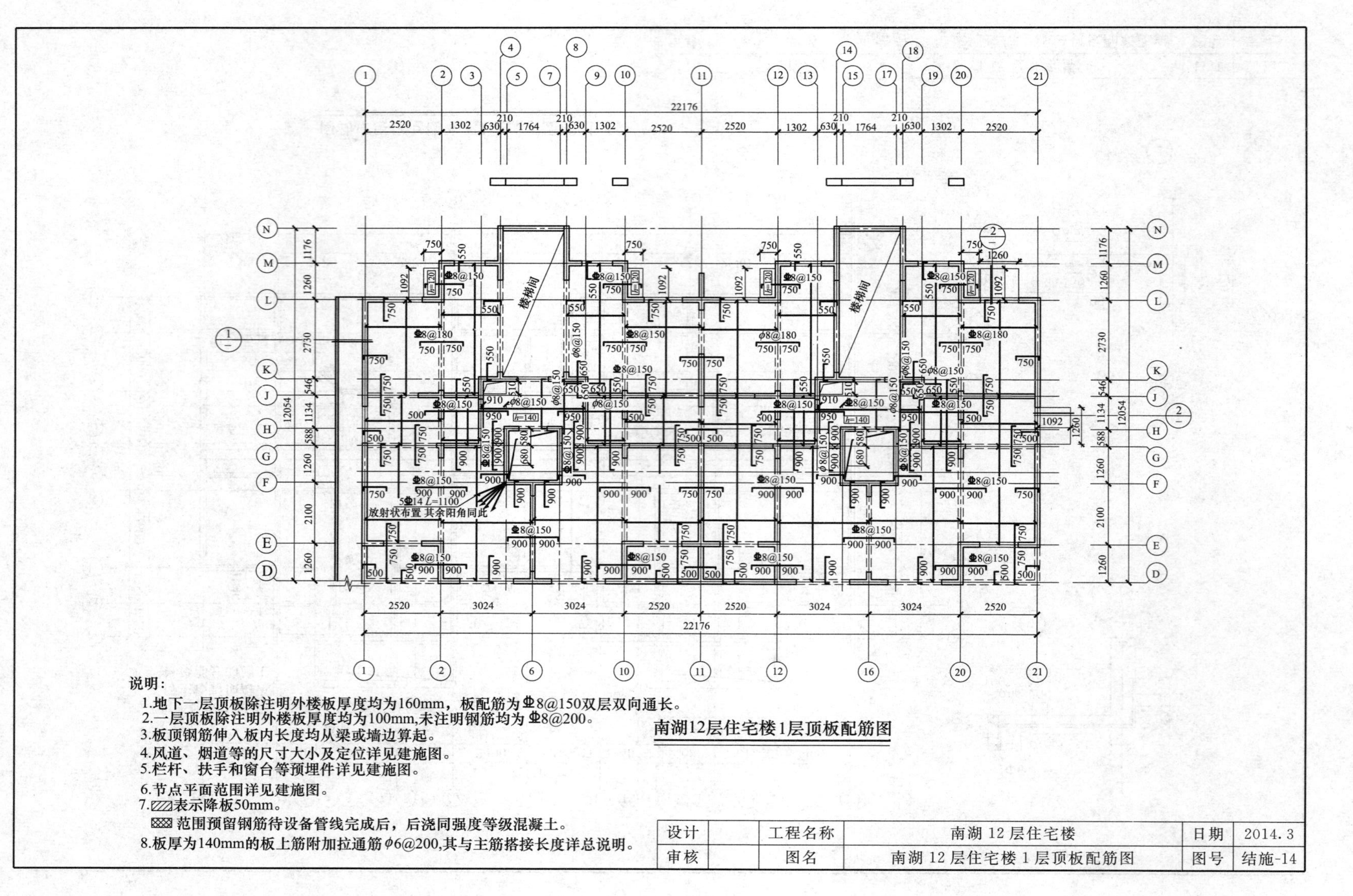

说明：

1.地下一层顶板除注明外楼板厚度均为160mm，板配筋为⌀8@150双层双向通长。
2.一层顶板除注明外楼板厚度均为100mm,未注明钢筋均为⌀8@200。
3.板顶钢筋伸入板内长度均从梁或墙边算起。
4.风道、烟道等的尺寸大小及定位详见建施图。
5.栏杆、扶手和窗台等预埋件详见建施图。
6.节点平面范围详见建施图。
7.▨表示降板50mm。
▩范围预留钢筋待设备管线完成后，后浇同强度等级混凝土。
8.板厚为140mm的板上筋附加拉通筋 ϕ6@200,其与主筋搭接长度详总说明。

南湖12层住宅楼1层顶板配筋图

设计		工程名称	南湖 12 层住宅楼	日期	2014.3
审核		图名	南湖 12 层住宅楼 1 层顶板配筋图	图号	结施-14

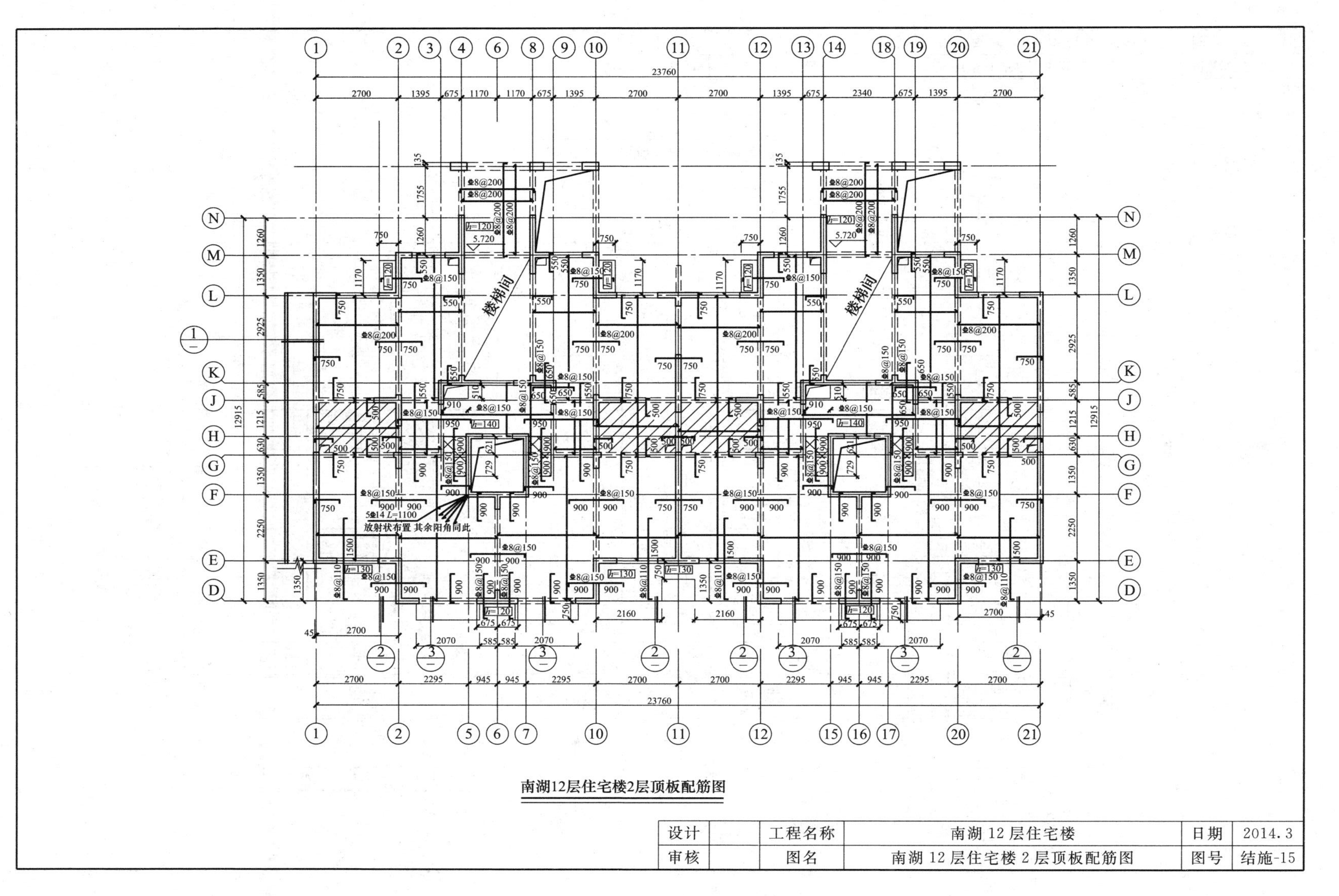

南湖12层住宅楼2层顶板配筋图

设计		工程名称	南湖 12 层住宅楼	日期	2014.3
审核		图名	南湖 12 层住宅楼 2 层顶板配筋图	图号	结施-15

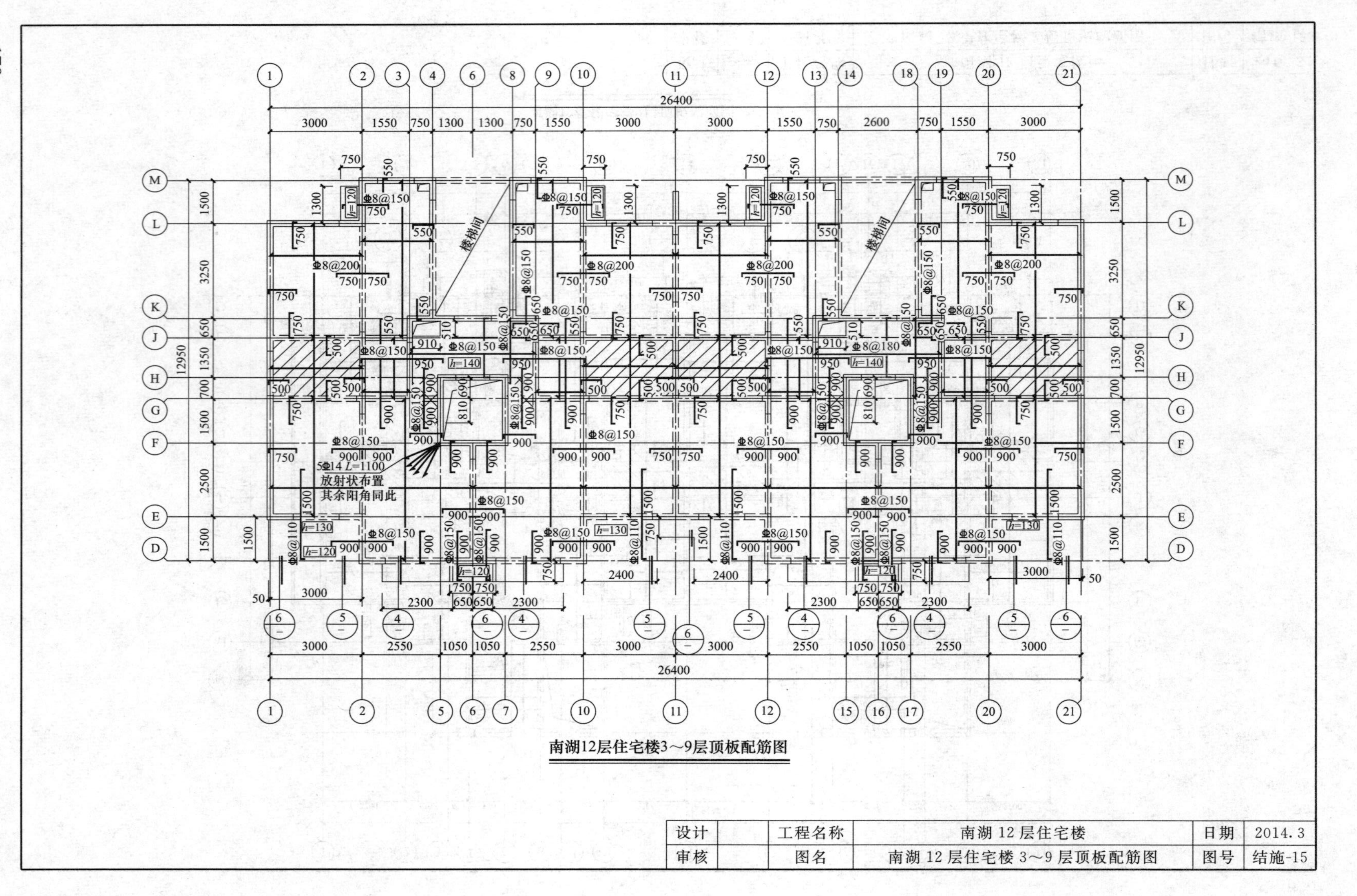

楼梯间
5Φ14 L=1100
放射状布置
其余阳角同此
南湖12层住宅楼3~9层顶板配筋图
设计
审核
工程名称
南湖 12 层住宅楼
图名
南湖 12 层住宅楼 3~9 层顶板配筋图
日期
2014.3
图号
结施-15

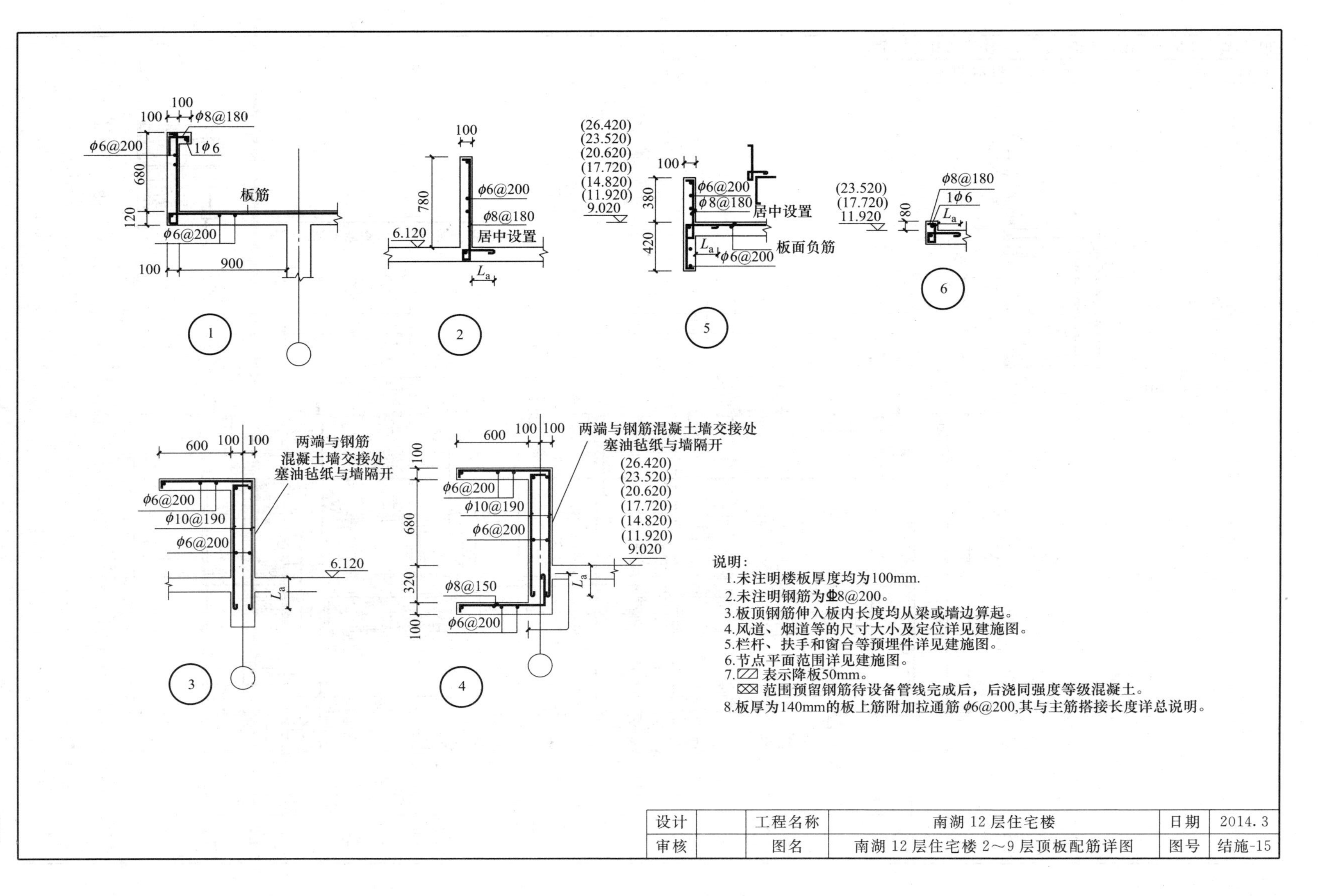

说明：

1.未注明楼板厚度均为100mm.
2.未注明钢筋为Φ8@200。
3.板顶钢筋伸入板内长度均从梁或墙边算起。
4.风道、烟道等的尺寸大小及定位详见建施图。
5.栏杆、扶手和窗台等预埋件详见建施图。
6.节点平面范围详见建施图。
7.▨ 表示降板50mm。
　⊠ 范围预留钢筋待设备管线完成后，后浇同强度等级混凝土。
8.板厚为140mm的板上筋附加拉通筋 φ6@200,其与主筋搭接长度详总说明。

设计		工程名称	南湖 12 层住宅楼	日期	2014.3
审核		图名	南湖 12 层住宅楼 2～9 层顶板配筋详图	图号	结施-15

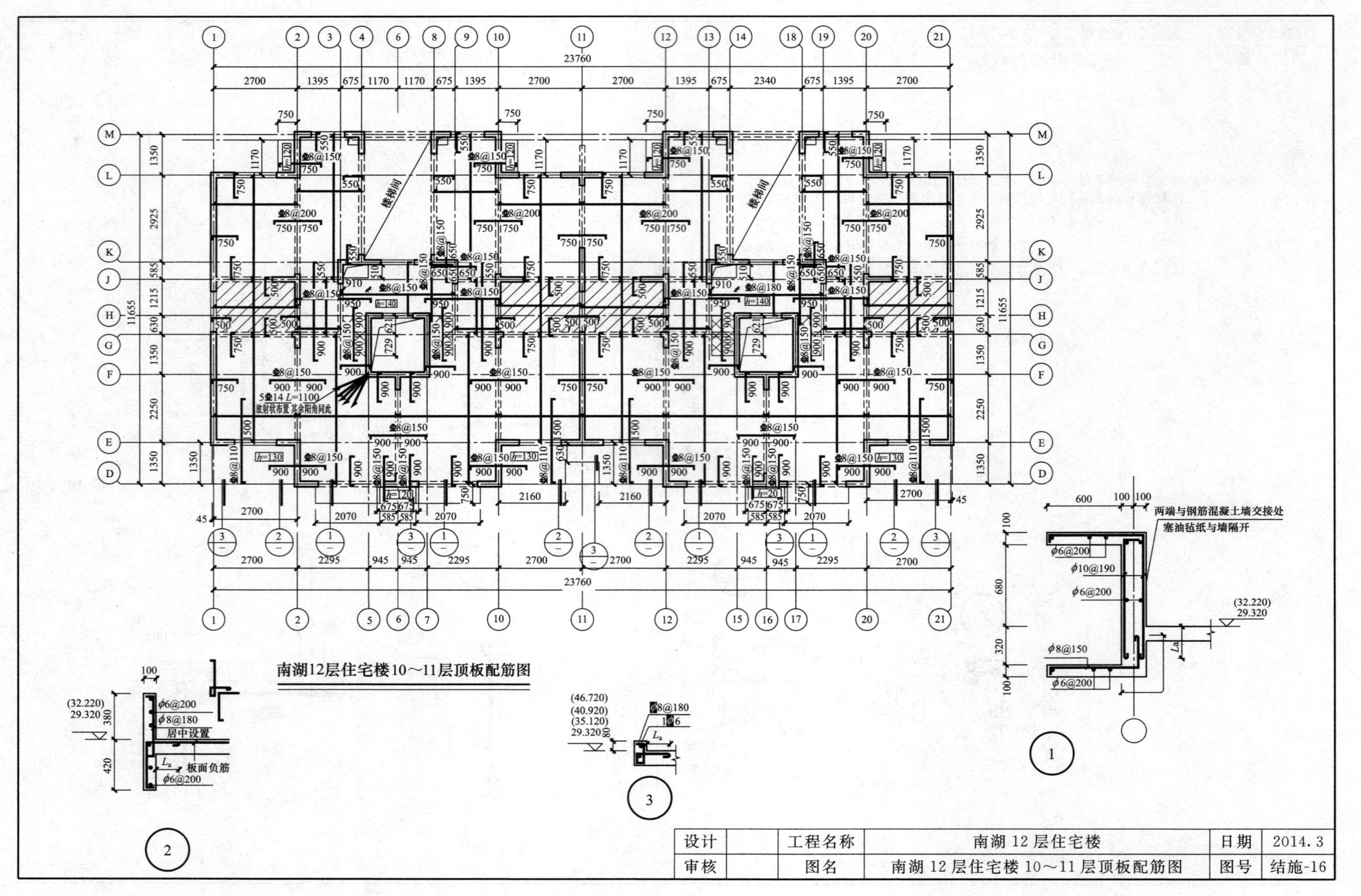

设计		工程名称	南湖 12 层住宅楼	日期	2014.3
审核		图名	南湖 12 层住宅楼 10～11 层顶板配筋图	图号	结施-16

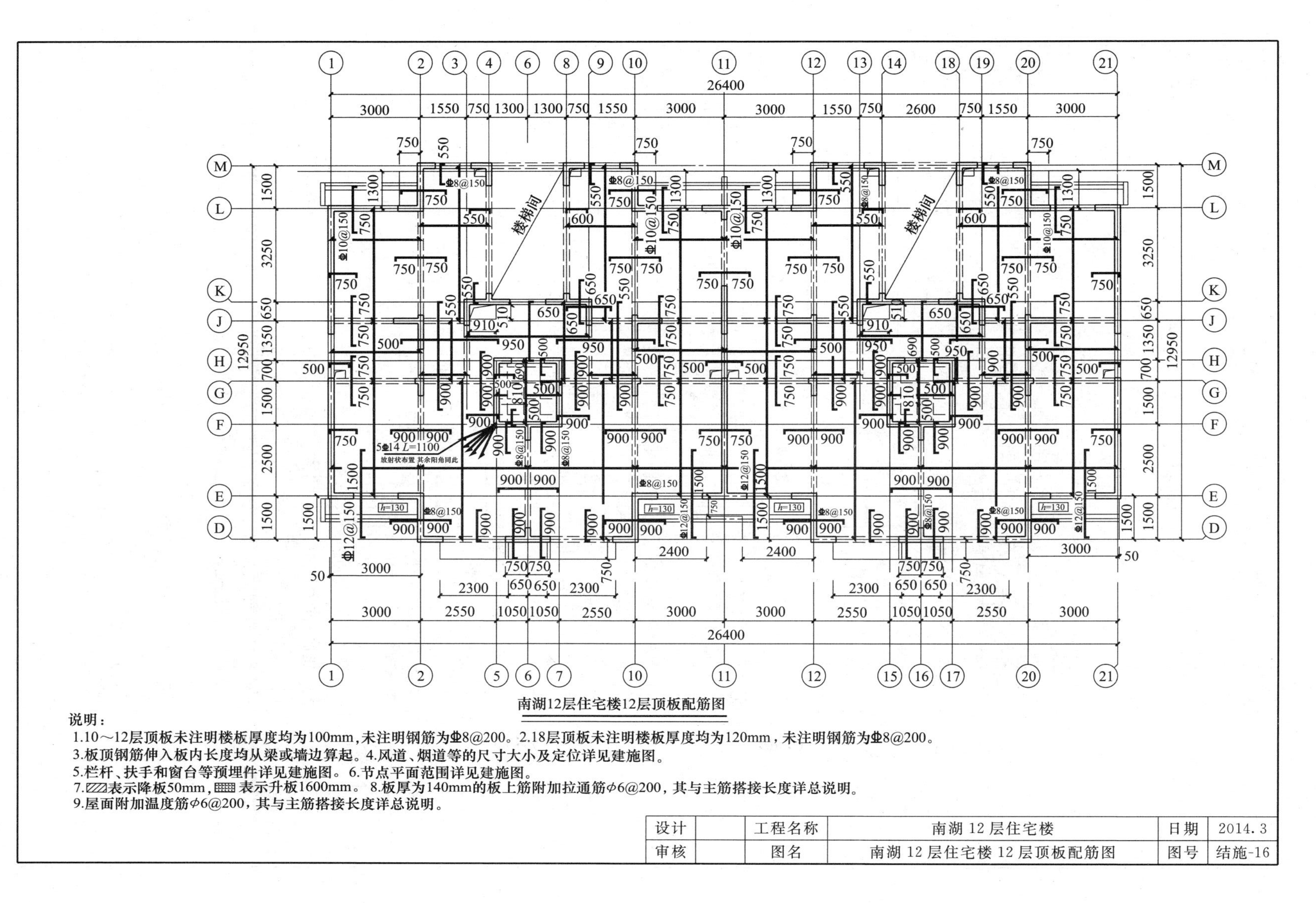

南湖12层住宅楼12层顶板配筋图

说明：

1.10～12层顶板未注明楼板厚度均为100mm，未注明钢筋为ⅎ8@200。2.18层顶板未注明楼板厚度均为120mm，未注明钢筋为ⅎ8@200。

3.板顶钢筋伸入板内长度均从梁或墙边算起。4.风道、烟道等的尺寸大小及定位详见建施图。

5.栏杆、扶手和窗台等预埋件详见建施图。6.节点平面范围详见建施图。

7.▨表示降板50mm，▦表示升板1600mm。8.板厚为140mm的板上筋附加拉通筋φ6@200，其与主筋搭接长度详总说明。

9.屋面附加温度筋φ6@200，其与主筋搭接长度详总说明。

设计		工程名称	南湖12层住宅楼	日期	2014.3
审核		图名	南湖12层住宅楼12层顶板配筋图	图号	结施-16

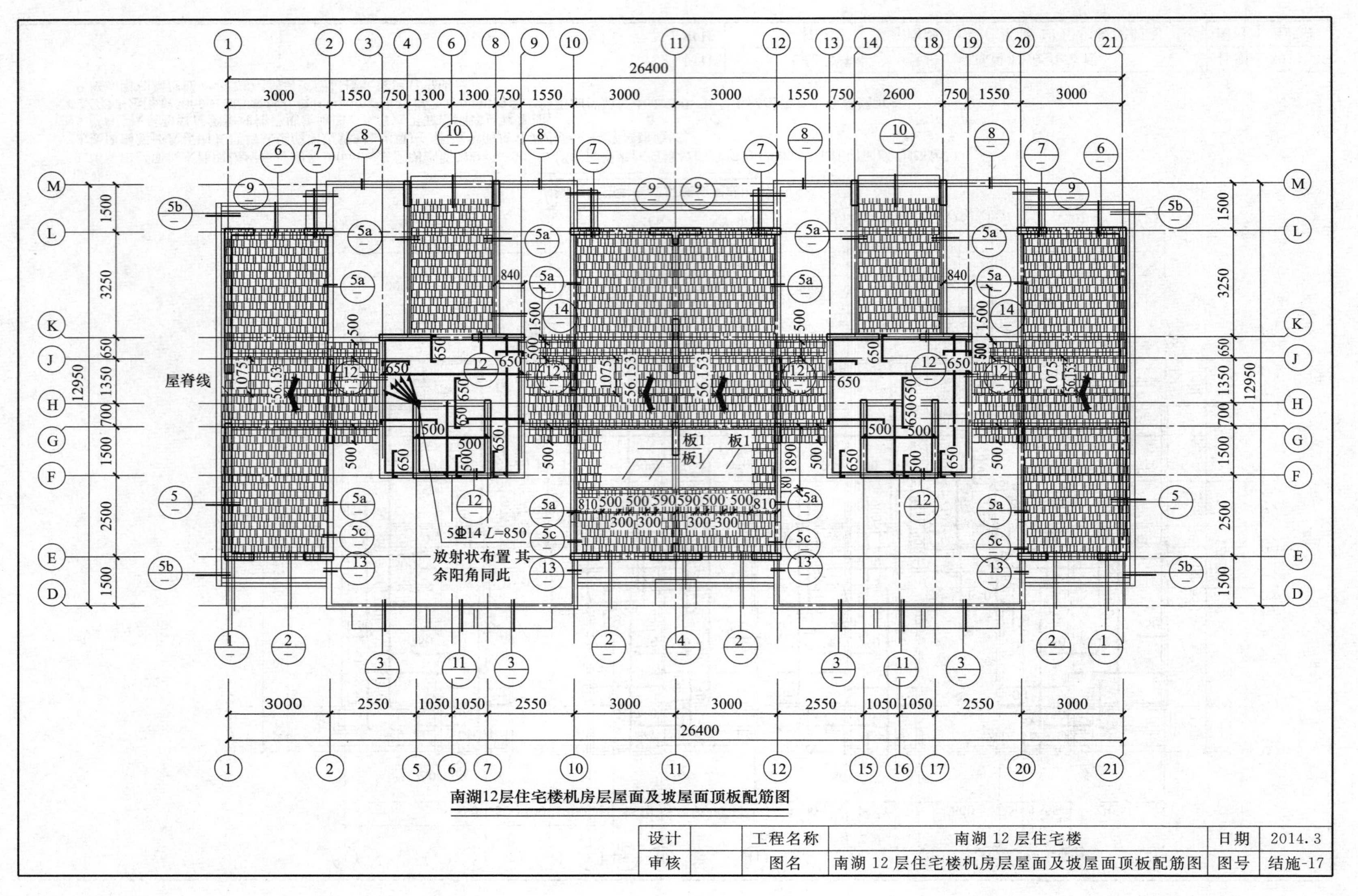

南湖12层住宅楼机房层屋面及坡屋面顶板配筋图

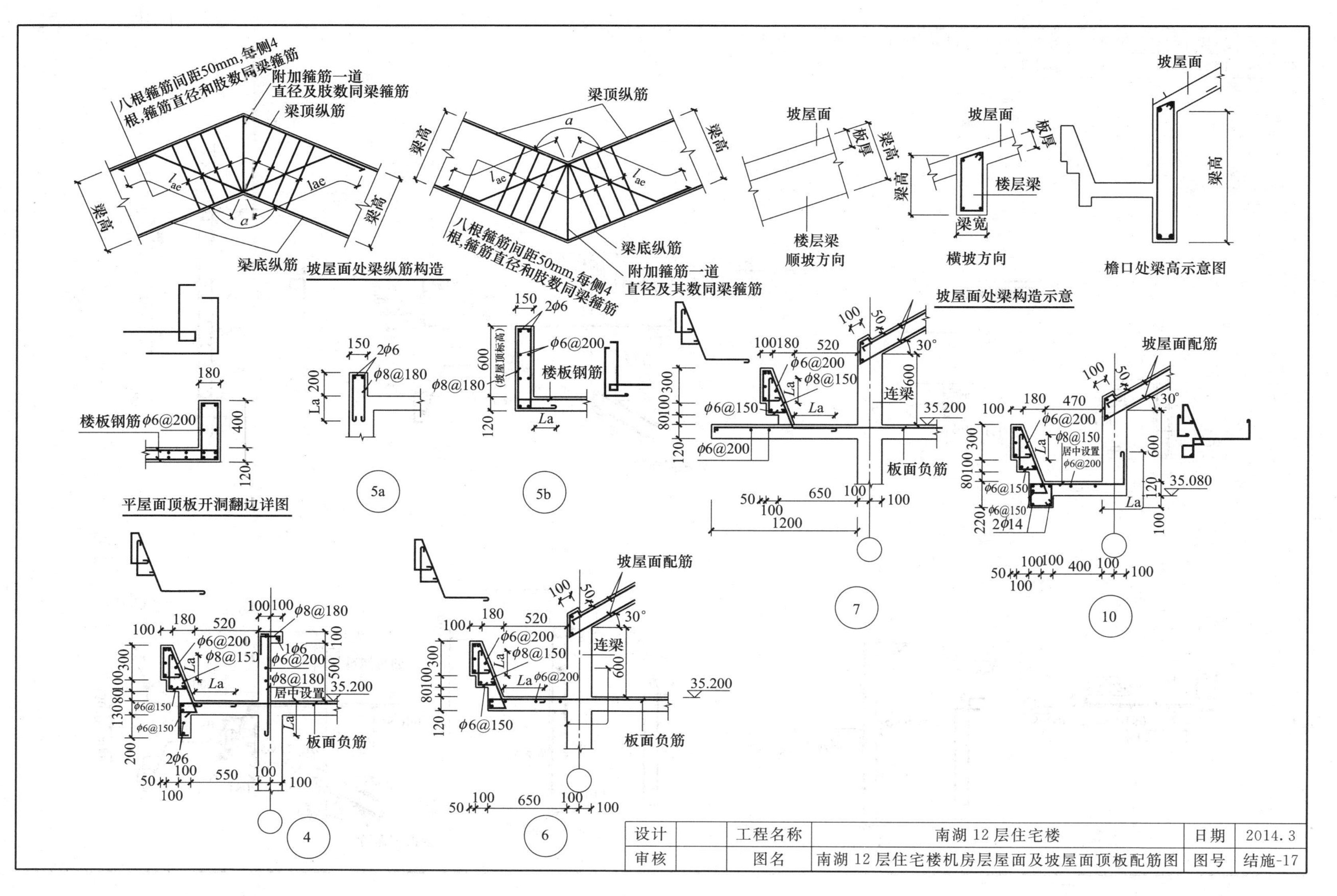

设计		工程名称	南湖12层住宅楼	日期	2014.3
审核		图名	南湖12层住宅楼机房层屋面及坡屋面顶板配筋图	图号	结施-17

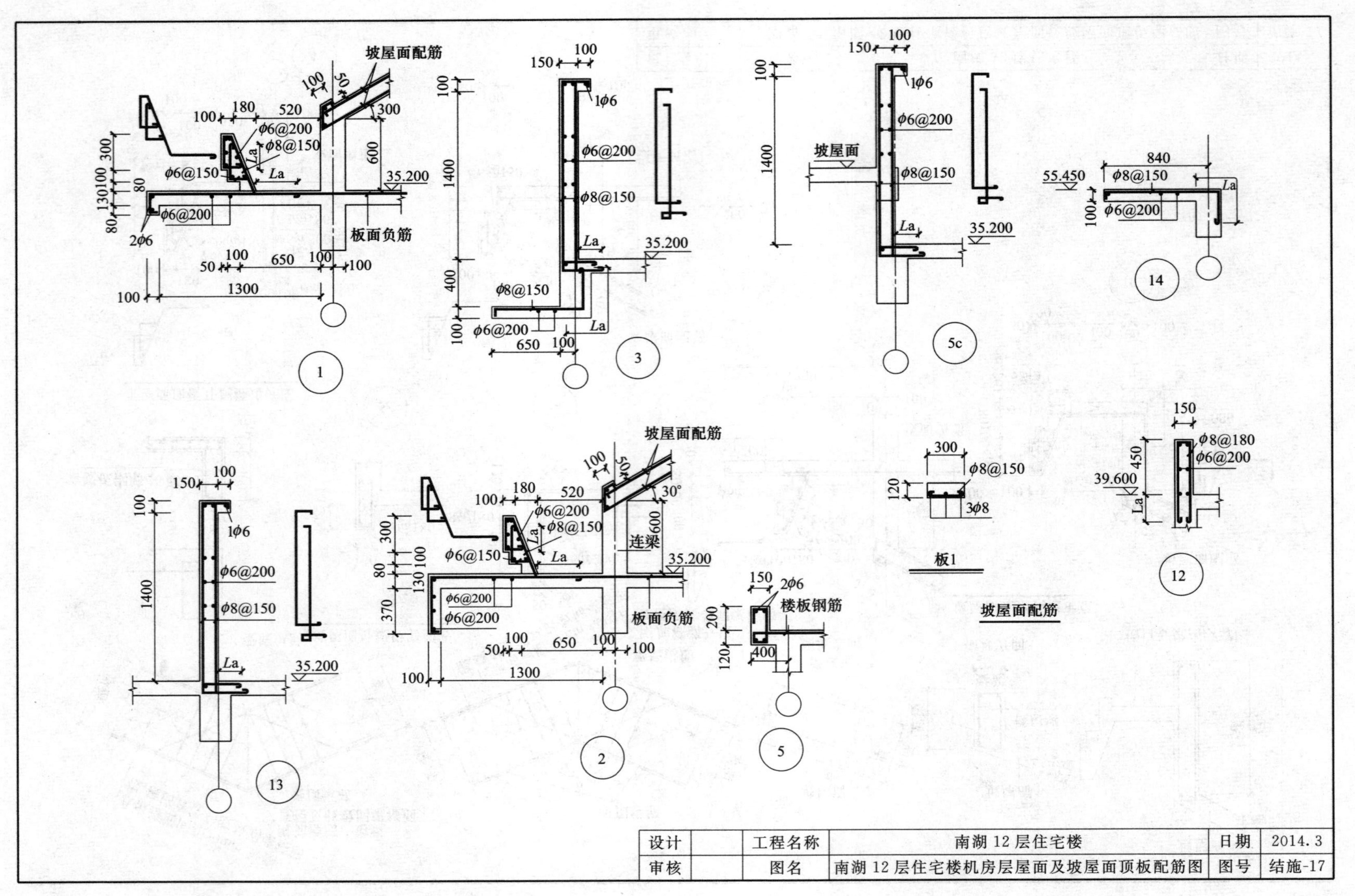

设计		工程名称	南湖 12 层住宅楼	日期	2014. 3
审核		图名	南湖 12 层住宅楼机房层屋面及坡屋面顶板配筋图	图号	结施-17

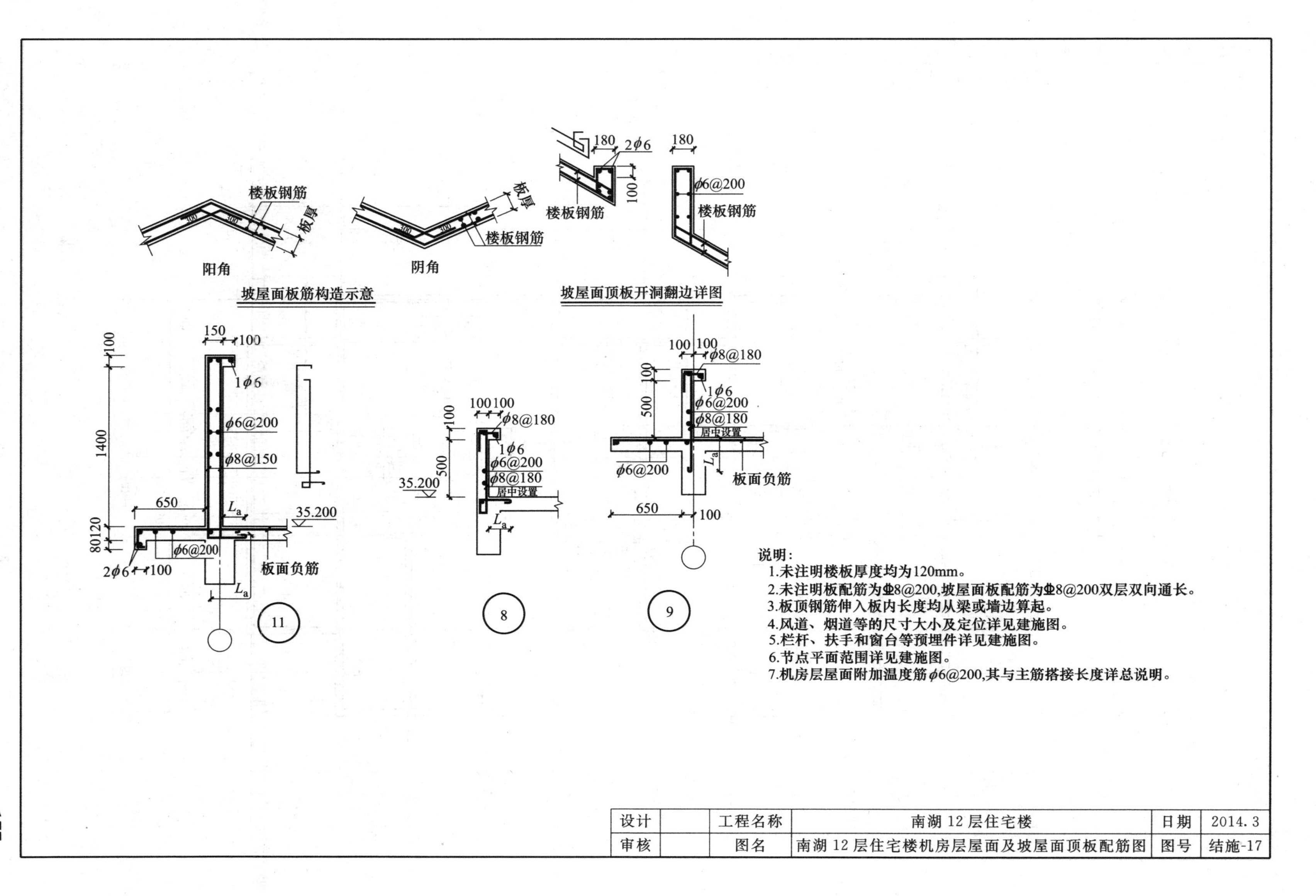
楼板钢筋
板厚
阳角
阴角
坡屋面板筋构造示意
180
2ϕ6
100
ϕ6@200
坡屋面顶板开洞翻边详图
150
100
1ϕ6
ϕ6@200
ϕ8@150
1400
650
L_a
35.200
80120
2ϕ6
板面负筋
100100
ϕ8@180
ϕ8@180
居中设置
500
11
8
9
说明：
1.未注明楼板厚度均为120mm。
2.未注明板配筋为⏀8@200,坡屋面板配筋为⏀8@200双层双向通长。
3.板顶钢筋伸入板内长度均从梁或墙边算起。
4.风道、烟道等的尺寸大小及定位详见建施图。
5.栏杆、扶手和窗台等预埋件详见建施图。
6.节点平面范围详见建施图。
7.机房层屋面附加温度筋ϕ6@200,其与主筋搭接长度详总说明。
设计
审核
工程名称
南湖 12 层住宅楼
日期
2014.3
图名
南湖 12 层住宅楼机房层屋面及坡屋面顶板配筋图
图号
结施-17

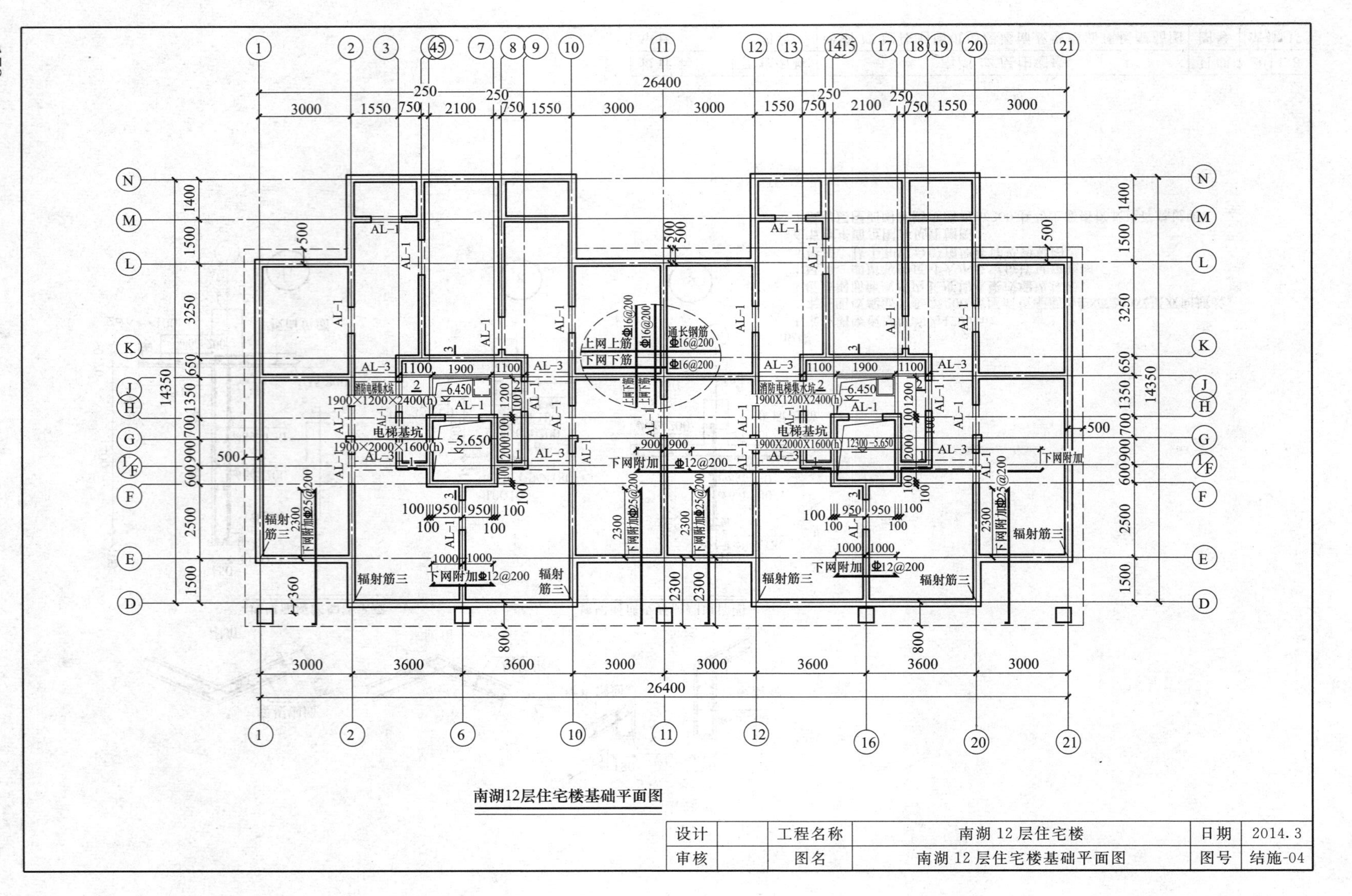
南湖12层住宅楼基础平面图
设计
工程名称
南湖 12 层住宅楼
日期
2014.3
审核
图名
南湖 12 层住宅楼基础平面图
图号
结施-04

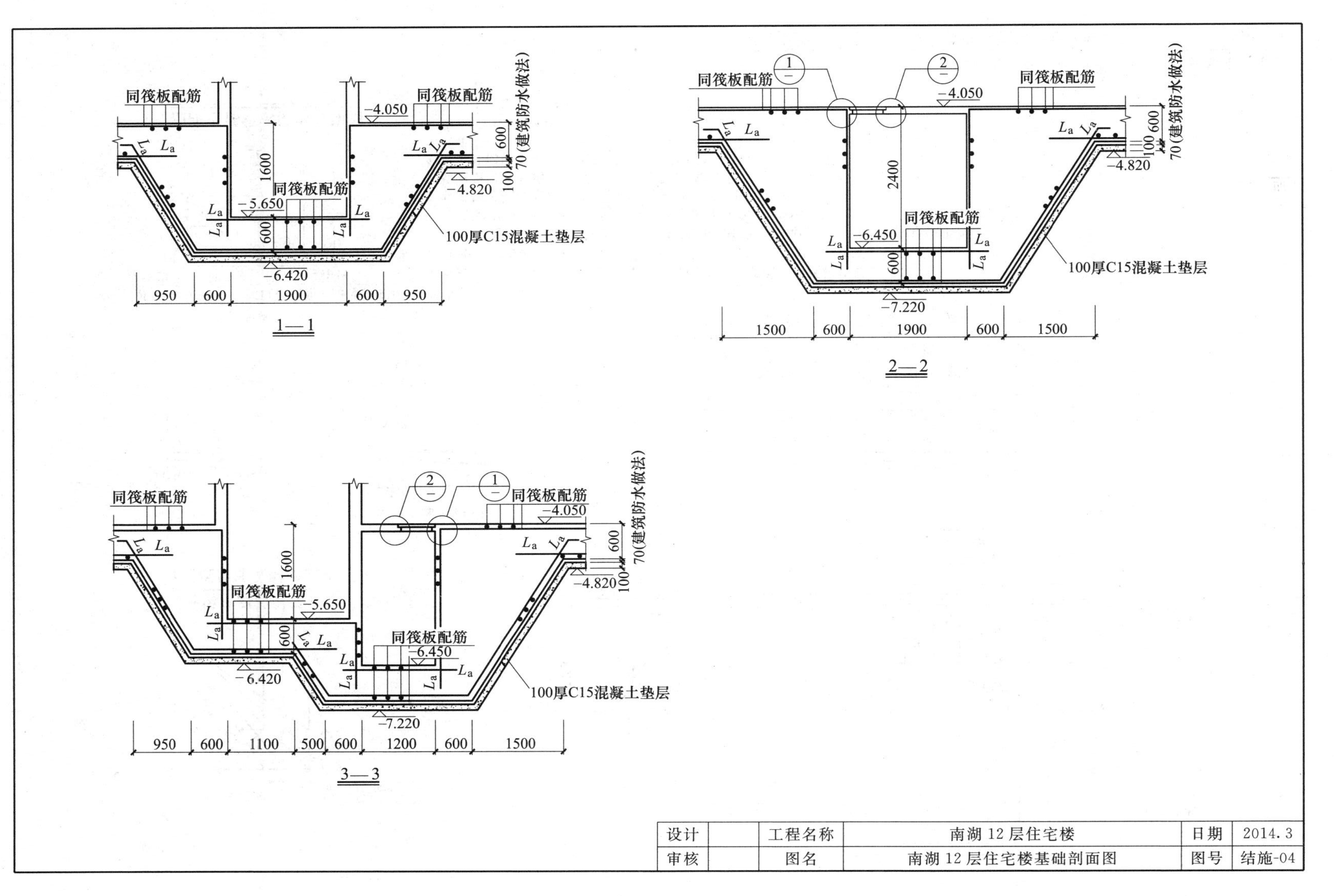

设计		工程名称	南湖 12 层住宅楼	日期	2014.3
审核		图名	南湖 12 层住宅楼基础剖面图	图号	结施-04

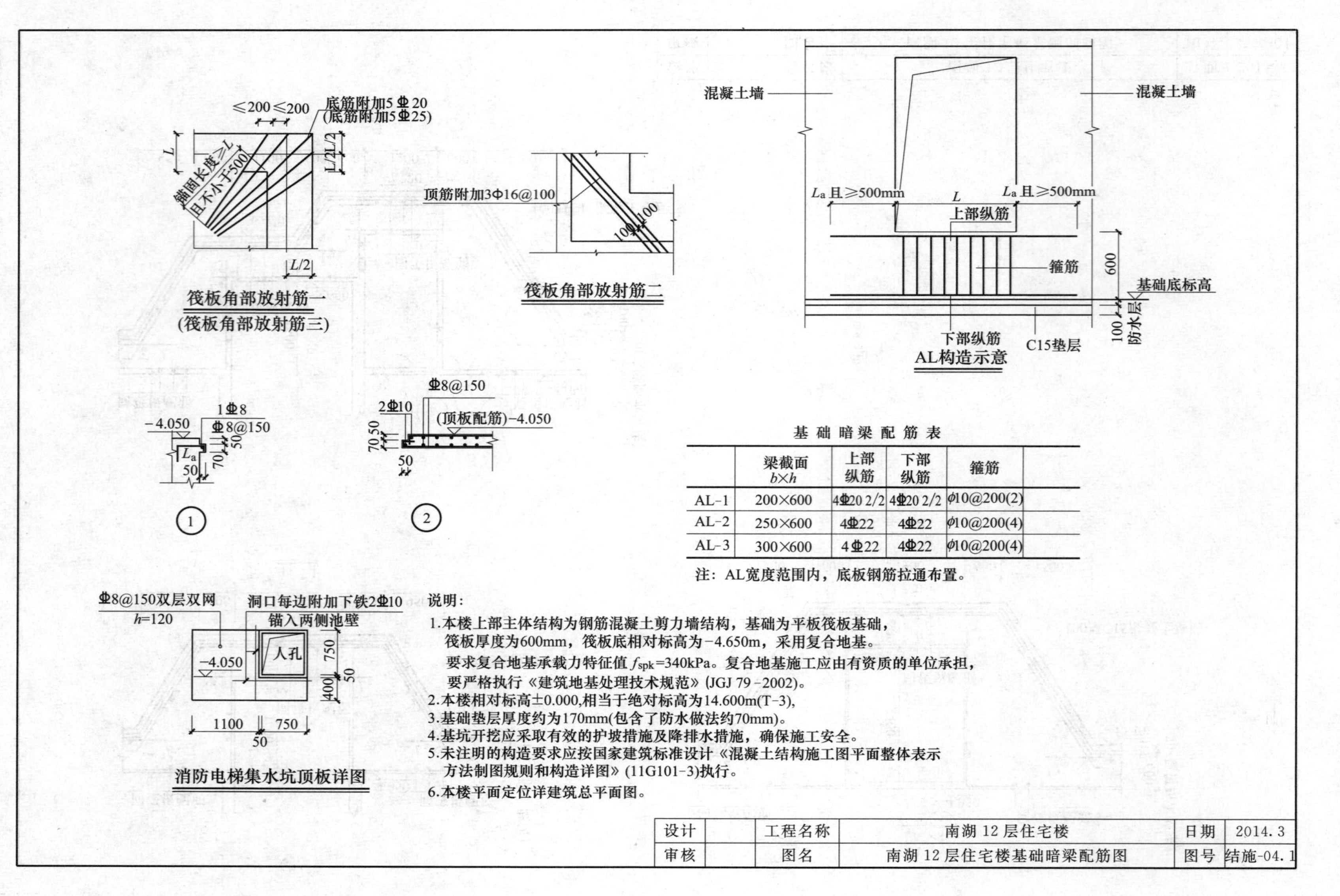

基础暗梁配筋表

	梁截面 $b\times h$	上部纵筋	下部纵筋	箍筋
AL-1	200×600	4Φ20 2/2	4Φ20 2/2	ϕ10@200(2)
AL-2	250×600	4Φ22	4Φ22	ϕ10@200(4)
AL-3	300×600	4Φ22	4Φ22	ϕ10@200(4)

注：AL宽度范围内，底板钢筋拉通布置。

说明：

1. 本楼上部主体结构为钢筋混凝土剪力墙结构，基础为平板筏板基础，筏板厚度为600mm，筏板底相对标高为-4.650m，采用复合地基。要求复合地基承载力特征值 f_{spk}=340kPa。复合地基施工应由有资质的单位承担，要严格执行《建筑地基处理技术规范》(JGJ 79-2002)。
2. 本楼相对标高±0.000,相当于绝对标高为14.600m(T-3),
3. 基础垫层厚度约为170mm(包含了防水做法约70mm)。
4. 基坑开挖应采取有效的护坡措施及降排水措施，确保施工安全。
5. 未注明的构造要求应按国家建筑标准设计《混凝土结构施工图平面整体表示方法制图规则和构造详图》(11G101-3)执行。
6. 本楼平面定位详建筑总平面图。

设计		工程名称	南湖 12 层住宅楼	日期	2014.3
审核		图名	南湖 12 层住宅楼基础暗梁配筋图	图号	结施-04.1

结构设计总说明(一)

一、工程概况：

1. 本工程为剪力墙结构，地下 1 层，地上 12 层。

二、设计依据(略)

三、主要结构材料：

3.1 混凝土抗渗等级(除注明者外)：

抗渗等级	使用的构件及部位
P6	地下室底板(包括梁)、外墙

注：φ外加剂型号及掺入量应通过试验确定。

3.2 混凝土强度等级(除注明者外)：

	混凝土强度等级			
	垫层	基础底板	墙、连梁、柱	梁、板、楼梯
基础	C15	C30		
−1			C30	C30
1～12 层			C30	C30
备注	次要构件如过梁，圈梁，构造柱等均为 C20			

四、结构构造

4.1 钢筋混凝土受力钢筋保护层

	钢筋所在的部位		保护层厚度(mm)	备注
1	楼板、屋面板、楼梯板		15	1. 不应小于受力钢筋的直径 2. 梁柱箍筋保护层不应小于 15 3. 当楼板、梁、墙位于卫生间、厨房时表中数值应加 5mm。
2	柱		30	
3	梁		25	
4	墙		15	
5	地下室底板	底部筋	40	
		顶部筋	25	
6	地下室外墙	外侧外皮筋	40	
		内侧外皮筋	20	
7	独立基础		40	
8	基础拉梁		30	
9	室外露天构件		25	

4.2 受力钢筋的锚固和接头按照《11G101—1》。

框架梁、框架柱、剪力墙暗柱端柱、底板及基础梁的纵向钢筋≥16 时应采用机械连接，对于暗柱、框架柱纵筋也可采用电渣压力焊接；其他钢筋搭接或焊接。

4.3 钢筋混凝土现浇板

1. 板的底部钢筋伸入支座 φ10d 且伸过支座中线。

2. 板的中间支座上部钢筋(负筋)两端设直钩，板边支座负筋一般应伸至梁外皮留保护层厚度，锚固长度如已满足受拉钢筋的最小锚固长度，直钩长度同另一端，如不满足时，此端加垂直段至满足锚固长度(当级钢筋时，端部另设弯钩)，当边梁校宽时，负筋不必伸至梁外皮，按受拉钢筋的最小锚固长度或图中注明尺寸施工。

3. 板上孔洞应预留，避免后凿，一般结构平面图中只示出洞口尺寸大于 300mm 之孔洞，施工时各工种必须根据各专业图纸配合土建预留全部孔洞，当孔洞尺寸 φ300mm 时，洞边不再另加钢筋，板筋由洞边绕过，不得截断，当洞口尺寸大于 300mm 时，应设洞边加筋，按平面图示出的要求施工，当平面图未交待时，一律按如下要求，洞口每侧各 2 根，其截面积不得小于被洞口截断之钢筋面积的一半，且不小于 2 Φ 12，长度为单向板受力方向以及双向板的两个方面沿跨度通长，并锚入梁内，单向板的非受力方向洞口加筋长度为洞宽加两侧各 La。

4. 未注明的板内分布钢筋，当受力钢筋≤10 时为 φ6@200；当受力钢筋≥12 时为 φ6@150。并且分布钢筋断面面积尚且不得小于受力钢筋面积的 15%。

对于悬挑板长度≥1.2m 时，板下设置双向分布钢筋。

5. 板配筋图中采用的符号及构造要求见《11G101》

6. 凡在板上砌隔墙时，应在墙下板内底部增设加强筋(图纸中另有要求者除外)，当板距 L≤2000mm 时 2 Φ 12，当板跨 2000<L≤2700mm 时 2 Φ 14；当板跨 2700≤L≤3600mm 时 3 Φ 14；并锚固于两端支座内。

7. 屋面板以及短向跨度 φ4.2 米或板厚 φ140mm 的楼板，板上皮跨中无筋部位设置温度分布钢筋双向 φ6@200。与负筋搭接 250mm。

8. 飘窗侧板为 100 厚后浇钢筋混凝土，详见结构设计总说明(二)。

4.4 框架柱

1. 柱子与圈梁、混凝土腰带、现浇过梁连接时，均应按建筑图中位置及相应圈梁、腰带、过梁配筋说明或图纸，由柱子留出相应的钢筋，钢筋长度为柱子内外各 Lae。

2. 所有受次梁作用处的主梁，均应按附图在次梁两侧附加箍筋，见总说明(二)部分主梁还需附加吊筋，则在梁所在的图中原位标注或附注说明。

3. 当梁号为 KL 但仅有部分支座为柱或墙，另一部分支座为梁时，则仅与柱或墙相连的梁段按 KL 构造，其余梁段按 L 构造。

4.5 钢筋混凝土墙：

1. 抗震墙的构造要求另见图标《11G101》。

2. 钢筋混凝土墙：剪力墙底部加强区为：地下一层及地上三层。

−1～4 层设置约束边缘构件，其余各层均设构造边缘构件。

3. 墙内钢筋均为双向双排，一般剪力墙钢筋布置竖向钢筋在内，横向钢筋在外。地下室外墙竖向筋在外，其余内墙同一般剪力墙。

双排钢筋之间用拉结钢筋连结，拉结钢筋间距 600mm(加强区 400mm)

4. 抗震墙或其它混凝土墙开洞口时洞口补强筋构造见总说明(二)。

5. 墙体与填充、墙隔墙连接以及墙体与圈梁、钢筋混凝土腰带现浇过梁相连时参见框架柱，见总说明(二)。

6. 剪力墙底部加强区内约束边缘构件沿墙肢的长度 Lc 范围及构造参 11G101，见总说明(二)。

7. 跨度≥4 米的楼面梁支撑于剪力墙且该处剪力墙无暗柱时，梁下楼层剪力墙设暗柱，见结构设计总说明(二)。

8. 暗柱纵筋搭接和锚固同框架住。

9. 剪力墙竖筋及水平分布筋的搭接：加强区接头位置应错开，每次连接的钢筋数量不超过总数的 50%，错开净距不小于 500mm，其它部位的剪力墙钢筋可在同一部位连接。

10. 墙和暗柱与基础的连接详 11G101-3。

11. 当相邻暗柱之间墙身长度≤450 时，可将暗柱箍筋合并兼做墙身水平筋，见结构设计总说明(二)。

4.6 填充墙：

1. 材料：加气混凝土砌块，容重不大于 6.5kN/m³，M5 混合砂浆砌筑。

2. 框架柱、剪力墙沿高间距每两皮砖植入 2φ6 通长筋与填充墙连接。

3. 填充墙墙体应在主体结构全部施工完成后由上而下逐层砌筑，当每层砌至板底或梁底附近时，应待砌块沉实后(一般五天)，用木楔顶紧，用于硬性混凝土捻实

4. 填充墙洞口过梁见附图及下表

距度		φ1200	1200<Lφ1500	1500<Lφ2100	2100<Lφ2500
梁高 h		100	200	200	200
钢筋	①	2 Φ 10	2 Φ 12	2 Φ 14	2 Φ 16
	②	2φ8	2 Φ 10		

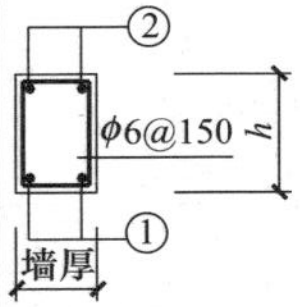

② φ6@150 h ① 墙厚

5. 层高 φ4m 时，填充墙外墙的窗台处设一道钢筋混凝土腰带，内墙在门洞上设一道钢筋混凝土腰带，腰带沿墙全长，其断面 120X 墙宽(墙厚内)设纵向钢筋 4φ8，箍筋 φ6-200。兼作门洞过梁时断面不小于洞宽的 1/10，并按上表增加过梁纵筋。

6. 填充墙纵横墙交接处，一字形墙端部、洞口宽度大于 1.5m 时洞口边及墙长大于 5m 时墙中部应设构造柱，断面为墙厚 X200，配筋 4 Φ 12/φ6@200。

钢筋上下应由楼板或梁留出，后用绑扎或焊接搭接。

7. 非承重墙体、内外地面高差不大于 600 的外墙，见结构设计总说明(二)。

五、建筑的使用要求

未经技术鉴定或设计许可，不得改变结构的用途和使用环境。

设计		工程名称	南湖 12 层住宅楼	日期	2014.3
审核		图名	结构设计总说明(一)	图号	结总-01

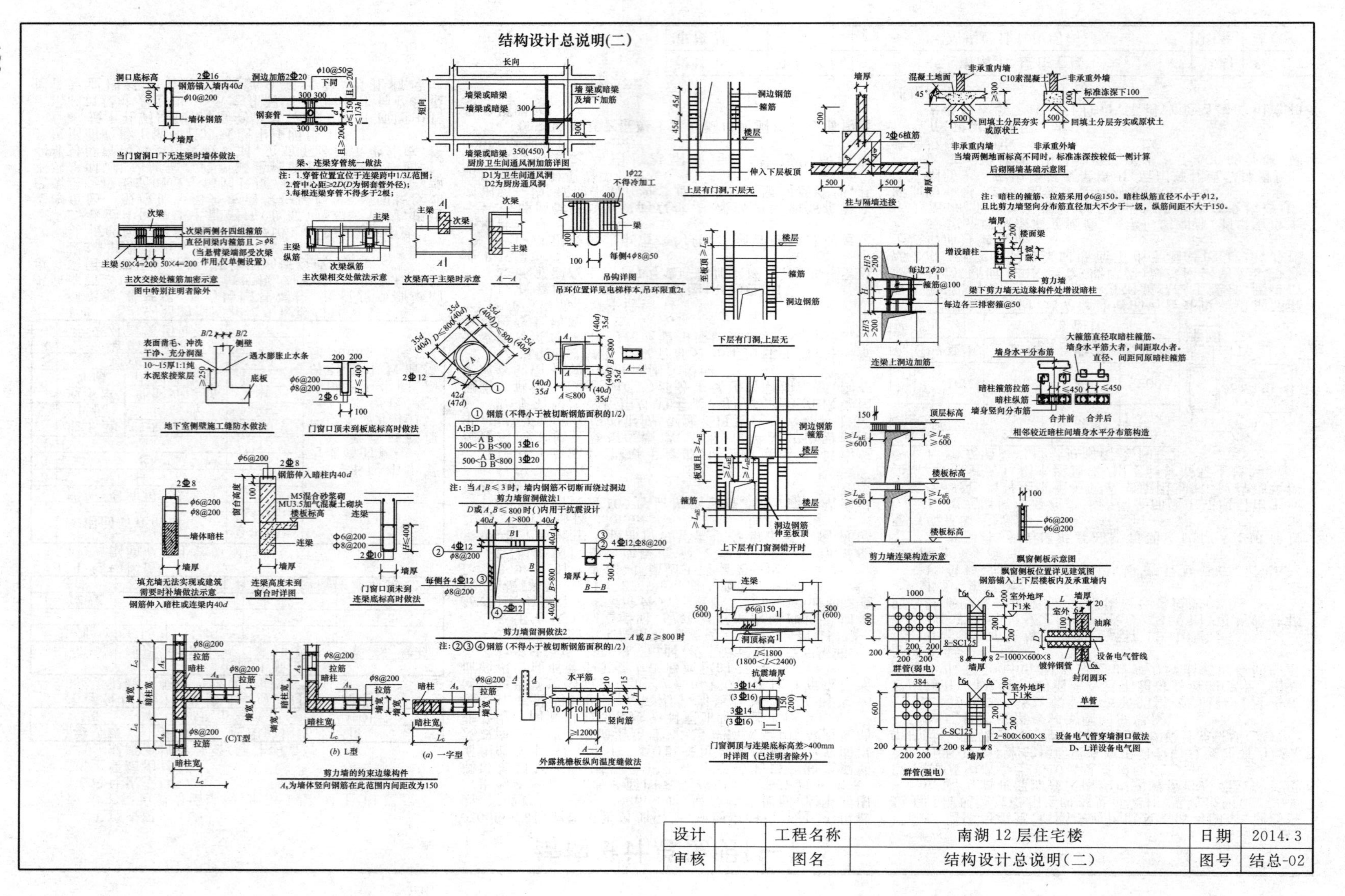
结构设计总说明(二)
当门窗洞口下无连梁时墙体做法
梁、连梁穿管统一做法
注：1.穿管位置宜位于连梁跨中1/3L范围；
2.管中心距≥2D(D为钢套管外径)；
3.每根连梁穿管不得多于2根；
厨房卫生间通风洞加筋详图
D1为卫生间通风洞
D2为厨房通风洞
上层有门洞,下层无
柱与隔墙连接
后砌隔墙基础示意图
当两侧地面标高不同时，标准冻深按较低一侧计算
注：暗柱的箍筋、拉筋采用ϕ6@150。暗柱纵筋直径不小于ϕ12，且比剪力墙竖向分布筋直径加大不少于一级，纵筋间距不大于150。
主次交接处箍筋加密示意
图中特别注明者除外
主次梁相交处做法示意
次梁高于主梁时示意
A—A
吊钩详图
吊环位置详见电梯样本,吊环限重2t
下层有门洞,上层无
连梁上洞边加筋
梁下剪力墙无边缘构件处增设暗柱
地下室侧壁施工缝防水做法
门窗口顶未到板底标高时做法
① 钢筋（不得小于被切断钢筋面积的1/2）
注：当A,B≤3时，墙内钢筋不切断而绕过洞边
剪力墙留洞做法1
D或A,B≤800时( )内用于抗震设计
相邻较近暗柱间墙身水平分布筋构造
钢筋伸入暗柱或连梁内40d
连梁高度未到窗台时详图
门窗口顶未到连梁底标高时做法
剪力墙留洞做法2
注：②③④钢筋（不得小于被切断钢筋面积的1/2）
上下层有门窗洞错开时
剪力墙连梁构造示意
飘窗侧板示意图
飘窗侧板位置详见建筑图
钢筋锚入上下层楼板内及承重墙内
剪力墙的约束边缘构件
A_s为墙体竖向钢筋在此范围内间距改为150
外露挑檐板纵向温度缝做法
门窗洞顶与连梁底标高差>400mm时详图（已注明者除外）
群管(弱电)
群管(强电)
单管
设备电气管穿墙洞口做法
D、L详设备电气图
设计
审核
工程名称
南湖12层住宅楼
图名
结构设计总说明(二)
日期
2014.3
图号
结总-02

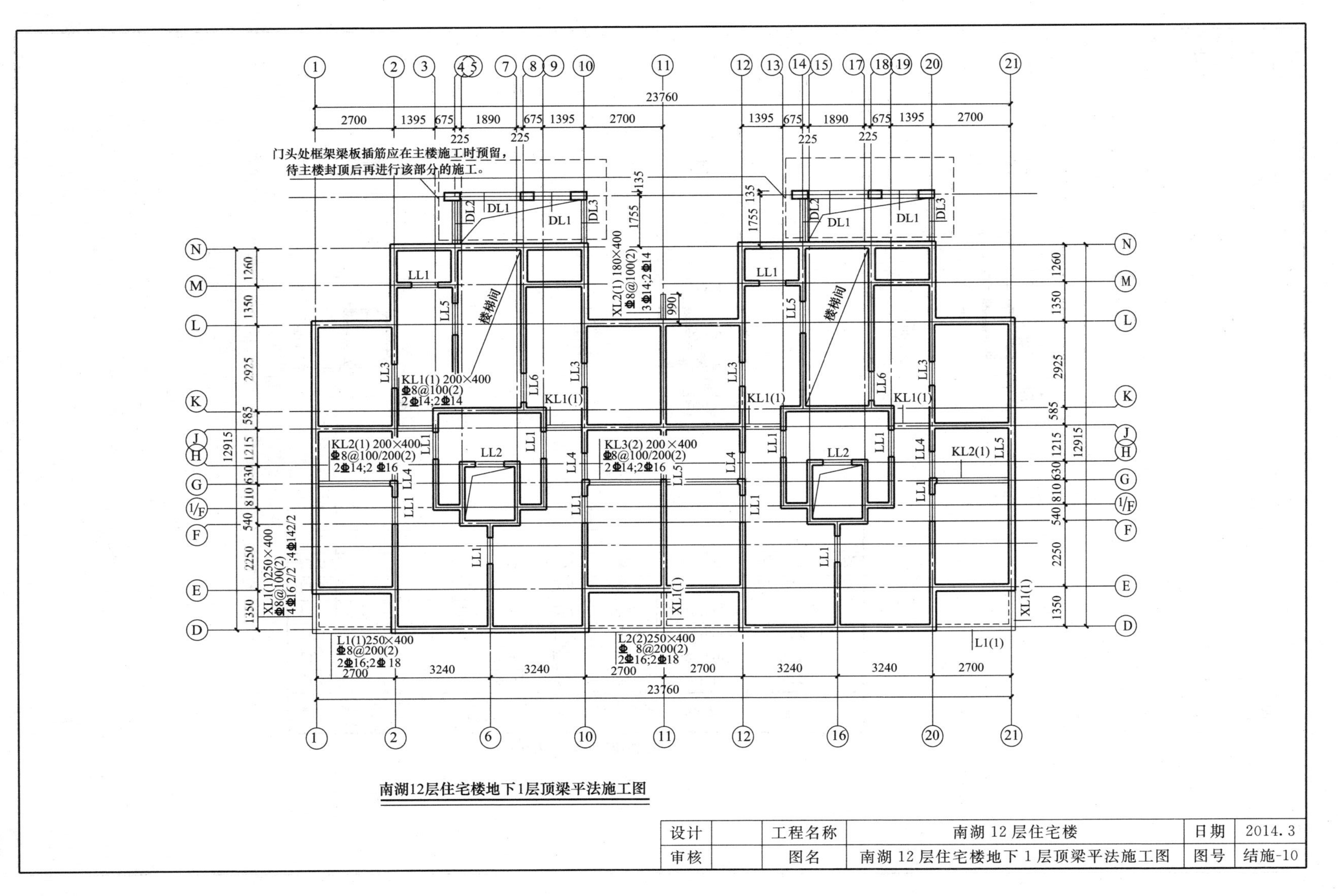

南湖12层住宅楼地下1层顶梁平法施工图

设计		工程名称	南湖 12 层住宅楼	日期	2014.3
审核		图名	南湖 12 层住宅楼地下 1 层顶梁平法施工图	图号	结施-10

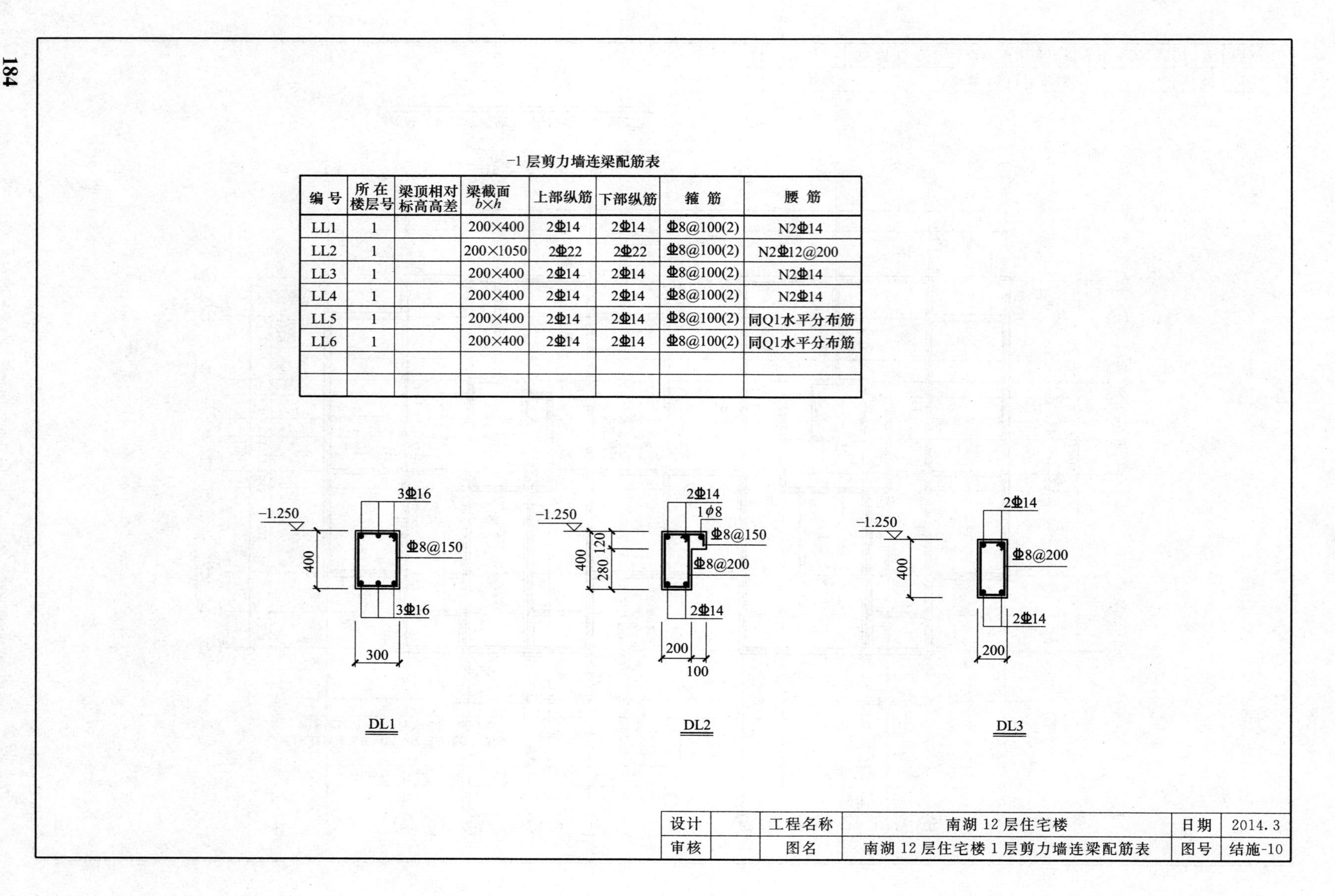

-1 层剪力墙连梁配筋表

编号	所在楼层号	梁顶相对标高高差	梁截面 $b \times h$	上部纵筋	下部纵筋	箍筋	腰筋
LL1	1		200×400	2Φ14	2Φ14	Φ8@100(2)	N2Φ14
LL2	1		200×1050	2Φ22	2Φ22	Φ8@100(2)	N2Φ12@200
LL3	1		200×400	2Φ14	2Φ14	Φ8@100(2)	N2Φ14
LL4	1		200×400	2Φ14	2Φ14	Φ8@100(2)	N2Φ14
LL5	1		200×400	2Φ14	2Φ14	Φ8@100(2)	同Q1水平分布筋
LL6	1		200×400	2Φ14	2Φ14	Φ8@100(2)	同Q1水平分布筋

设计		工程名称	南湖 12 层住宅楼	日期	2014. 3
审核		图名	南湖 12 层住宅楼 1 层剪力墙连梁配筋表	图号	结施-10

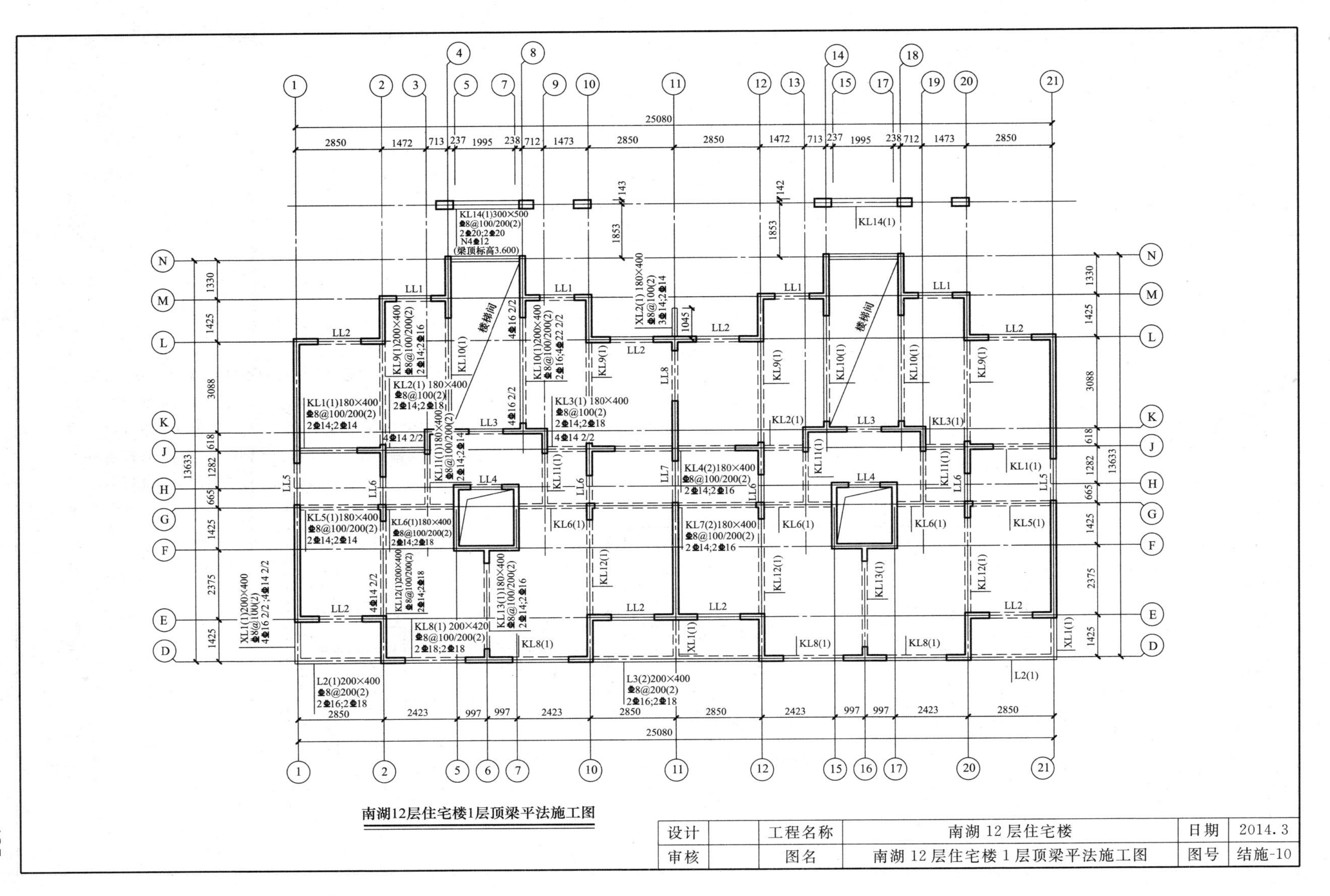

KL14(1)300×500
⌀8@100/200(2)
2⌀20;2⌀20
N4⌀12
(梁顶标高3.600)
KL14(1)
XL2(1) 180×400
⌀8@100(2)
3⌀14;2⌀14
楼梯间
KL9(1)200×400
⌀8@100/200(2)
2⌀14;2⌀16
KL10(1)200×400
⌀8@100/200(2)
2⌀16;4⌀22 2/2
KL2(1) 180×400
⌀8@100(2)
2⌀14;2⌀18
KL3(1) 180×400
⌀8@100(2)
2⌀14;2⌀18
KL1(1)180×400
⌀8@100/200(2)
2⌀14;2⌀14
KL11(1)180×400
⌀8@100/200(2)
2⌀14;2⌀14
KL4(2)180×400
⌀8@100/200(2)
2⌀14;2⌀16
KL5(1)180×400
⌀8@100/200(2)
2⌀14;2⌀14
KL6(1)180×400
⌀8@100/200(2)
2⌀14;2⌀18
KL7(2)180×400
⌀8@100/200(2)
2⌀14;2⌀16
KL12(1)200×400
⌀8@100/200(2)
2⌀14;2⌀18
KL13(1)180×400
⌀8@100/200(2)
2⌀14;2⌀16
KL8(1) 200×420
⌀8@100/200(2)
2⌀18;2⌀18
XL1(1)200×400
⌀8@100(2)
4⌀16 2/2 ;4⌀14 2/2
L2(1)200×400
⌀8@200(2)
2⌀16;2⌀18
L3(2)200×400
⌀8@200(2)
2⌀16;2⌀18
南湖12层住宅楼1层顶梁平法施工图
设计
审核
工程名称
南湖 12 层住宅楼
图名
南湖 12 层住宅楼 1 层顶梁平法施工图
日期
2014.3
图号
结施-10

1 层剪力墙连梁配筋表

编号	所有楼层号	梁顶相对标高高差	梁截面 $b \times h$	上部纵筋	下部纵筋	箍筋	腰筋
LL1	2		200×420	2 Φ 14	2 Φ 14	Φ 8@100(2)	同 Q2 水平分布筋
LL2	2		200×420	2 Φ 14	2 Φ 14	Φ 8@100(2)	同 Q2 水平分布筋
LL3	2	+0.266	180×450	2 Φ 14	2 Φ 14	Φ 8@100(2)	同 Q1 水平分布筋
LL4	2		180×1320	4 Φ 16 2/2	4 Φ 16 2/2	Φ 8@100(2)	N2 Φ 12@200
LL5	2		200×420	2 Φ 14	2 Φ 14	Φ 8@100(2)	同 Q2 水平分布筋
LL6	2		200×400	2 Φ 14	2 Φ 14	Φ 8@100(2)	N2 Φ 14
LL7	2		200×400	2 Φ 14	2 Φ 14	Φ 8@100(2)	同 Q2 水平分布筋
LL8	2		200×400	2 Φ 14	2 Φ 14	Φ 8@100(2)	同 Q2 水平分布筋

说明：

1. 未注明的梁均轴线居中或齐墙边。
2. 连梁混凝土强度等级同本层剪力墙混凝土强度等级。
3. 主次梁相交处附加箍筋做法详见结构设计总说明。
4. 一端与墙相连的“KL”当有箍筋加密要求时，箍筋仅在靠近墙一端加密；
   当“L”支座为墙时，该支座处梁的构造应满足“KL”的要求。

设计		工程名称	南湖 12 层住宅楼	日期	2014.3
审核		图名	南湖 12 层住宅楼基础平剖面图	图号	结施-04

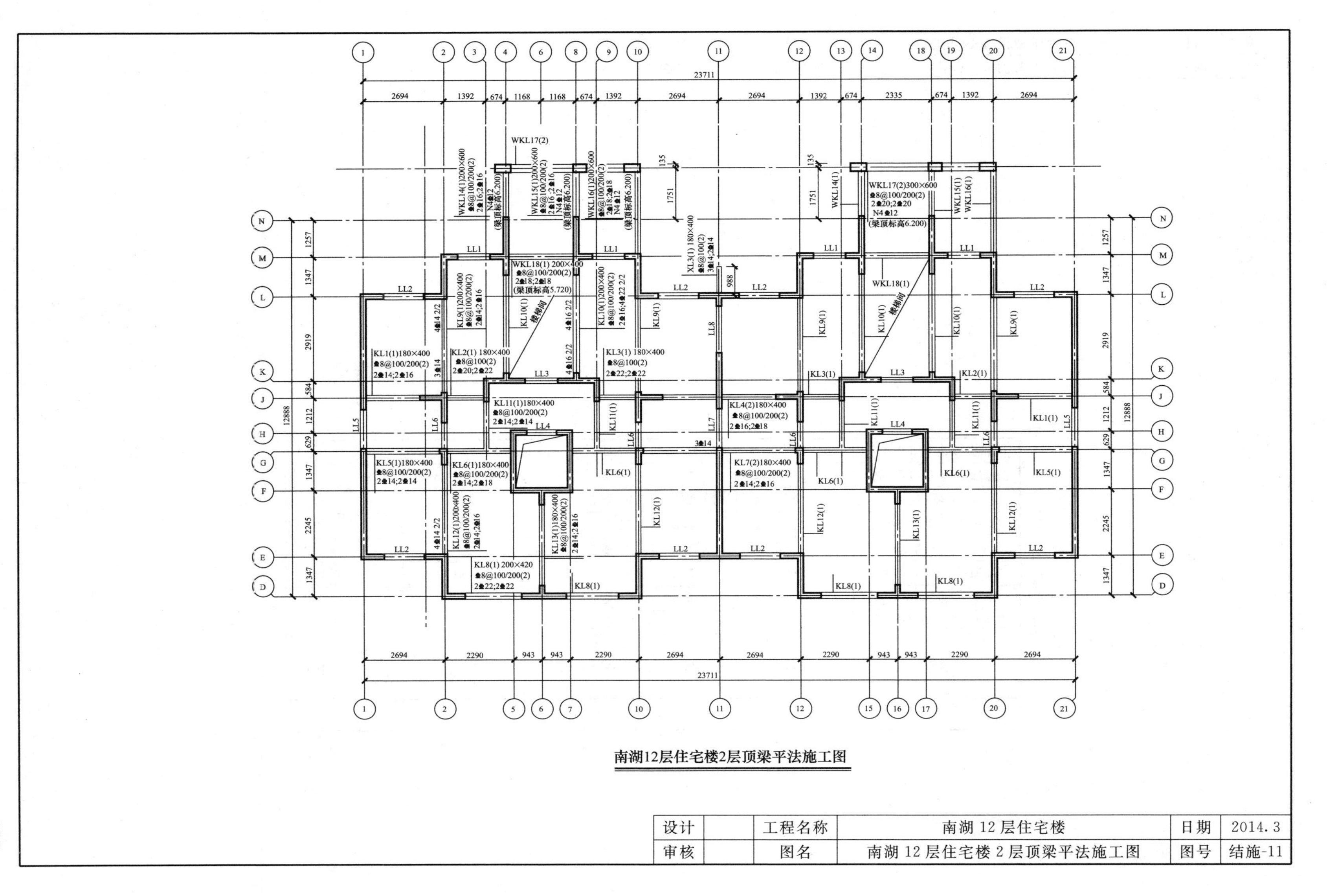
南湖12层住宅楼2层顶梁平法施工图
设计
审核
工程名称
南湖 12 层住宅楼
图名
南湖 12 层住宅楼 2 层顶梁平法施工图
日期
2014.3
图号
结施-11

2 层剪力墙连梁配筋表

编号	所有楼层号	梁顶相对标高高差	梁截面 $b \times h$	上部纵筋	下部纵筋	箍筋	腰筋
LL1	3		200×420	2 Φ 14	2 Φ 14	Φ 8@100(2)	同 Q2 水平分布筋
LL2	3		200×420	2 Φ 14	2 Φ 14	Φ 8@100(2)	同 Q2 水平分布筋
LL3	3	+0.050	180×400	2 Φ 14	2 Φ 14	Φ 8@100(2)	同 Q1 水平分布筋
LL4	3		180×1020	2 Φ 20	2 Φ 20	Φ 8@100(2)	N2 Φ 12@200
LL5	3		200×420	2 Φ 16	2 Φ 16	Φ 8@100(2)	同 Q2 水平分布筋
LL6	3		200×400	2 Φ 14	2 Φ 14	Φ 8@100(2)	N2 Φ 14
LL7	3		200×400	2 Φ 14	2 Φ 14	Φ 8@100(2)	同 Q2 水平分布筋
LL8	3		200×400	2 Φ 14	2 Φ 14	Φ 8@100(2)	同 Q2 水平分布筋

设计		工程名称	南湖 12 层住宅楼	日期	2014.3
审核		图名	南湖 12 层住宅楼 2 层剪力墙连梁配筋表	图号	结施-11

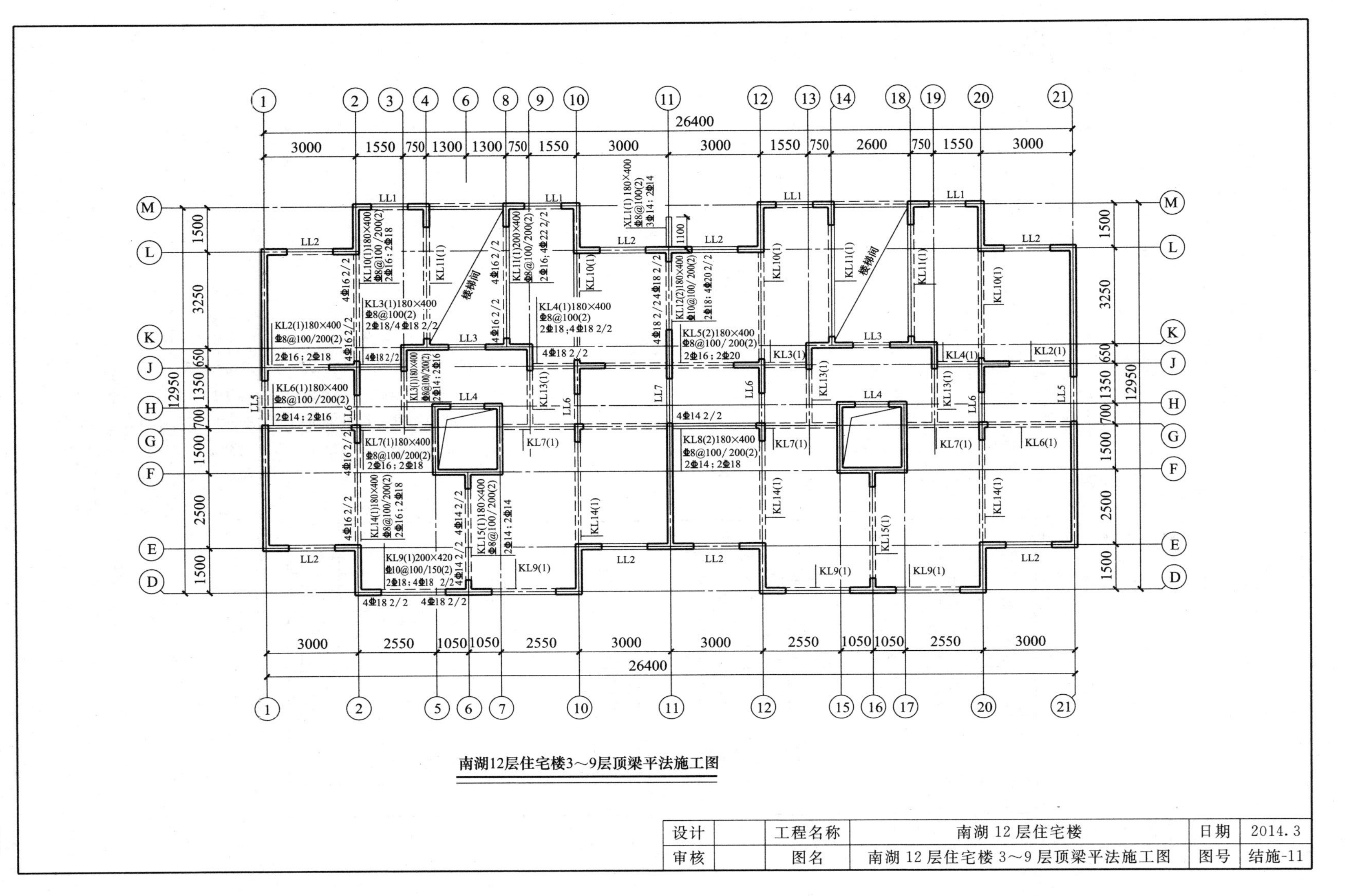

设计		工程名称	南湖 12 层住宅楼	日期	2014.3
审核		图名	南湖 12 层住宅楼 3～9 层顶梁平法施工图	图号	结施-11

3～9层剪力墙连梁配筋表

编号	所有楼层号	梁顶相对标高高差	梁截面 $b \times h$	上部纵筋	下部纵筋	箍筋	腰筋
LL1	4～10		200×420	2Φ14	2Φ14	Φ8@100(2)	同Q2水平分布筋
LL2	4～10		200×420	2Φ16	2Φ16	Φ8@100(2)	同Q2水平分布筋
LL3	4～10	+0.050	180×400	2Φ14	2Φ14	Φ8@100(2)	同Q1水平分布筋
LL4	4～10		180×620	2Φ16	2Φ16	Φ8@100(2)	N2Φ12@200
LL5	4～10		200×420	2Φ18	2Φ18	Φ8@100(2)	同Q2水平分布筋
LL6	4～10		180×400	2Φ14	2Φ14	Φ8@100(2)	N2Φ14
LL7	4～10		180×400	2Φ14	2Φ14	Φ8@100(2)	同Q1水平分布筋

说明：

1. 未注明的梁均轴线居中或齐墙边。
2. 连梁混凝土强度等级同本层剪力墙混凝土强度等级。
3. 主次梁相交处附加箍筋做法详见结构设计总说明。
4. 一端与墙相连的“KL”当有箍筋加密要求时，箍筋仅在靠近墙一端加密；当“L”支座为墙时，该支座处梁的构造应满足“KL”的要求。

设计		工程名称	南湖12层住宅楼	日期	2014.3
审核		图名	南湖12层住宅楼3～9层剪力墙连梁配筋表	图号	结施-11

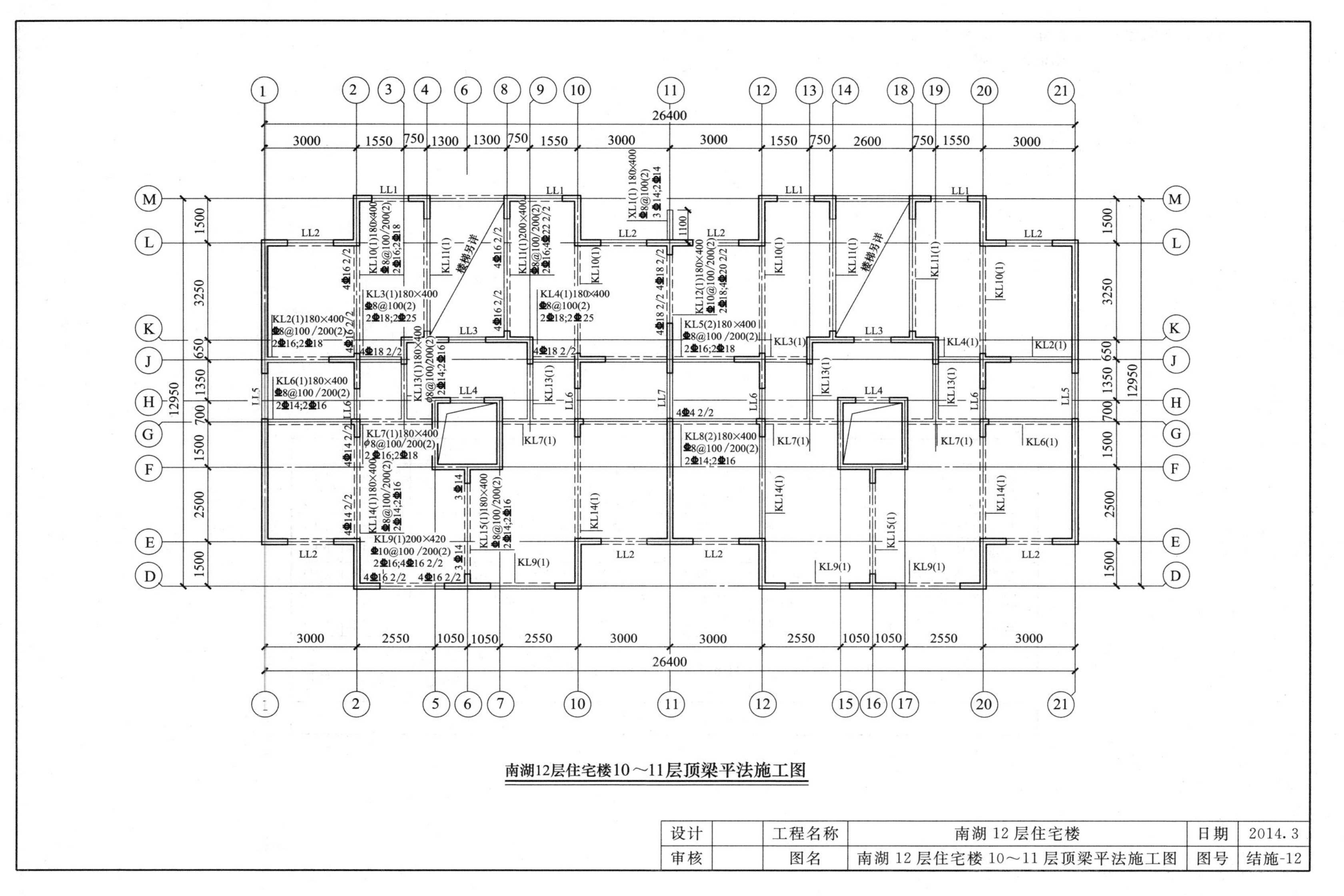
南湖12层住宅楼10～11层顶梁平法施工图
设计
审核
工程名称
南湖 12 层住宅楼
图名
南湖 12 层住宅楼 10～11 层顶梁平法施工图
日期
2014.3
图号
结施-12

10～17 层剪力墙连梁配筋表

编号	所有楼层号	梁顶相对标高高差	梁截面 $b \times h$	上部纵筋	下部纵筋	箍筋	腰筋
LL1	11～12		200×420	2 ⌀ 14	2 ⌀ 16	⌀ 8@100(2)	同 Q2 水平分布筋
LL2	11～12		200×420	2 ⌀ 16	2 ⌀ 16	⌀ 8@100(2)	同 Q2 水平分布筋
LL3	11～12	+0.050	180×400	2 ⌀ 14	2 ⌀ 14	⌀ 8@100(2)	同 Q1 水平分布筋
LL4	11～12		180×620	2 ⌀ 16	2 ⌀ 16	⌀ 8@100(2)	N2 ⌀ 12@200
LL5	11～12		200×420	2 ⌀ 18	2 ⌀ 18	⌀ 8@100(2)	同 Q2 水平分布筋
LL6	11～12		180×400	2 ⌀ 14	2 ⌀ 14	⌀ 8@100(2)	N2 ⌀ 14
LL7	11～12		180×400	2 ⌀ 14	2 ⌀ 14	⌀ 8@100(2)	同 Q1 水平分布筋

设计		工程名称	南湖 12 层住宅楼	日期	2014.3
审核		图名	南湖 12 层住宅楼 10～17 层剪力墙连梁配筋表	图号	

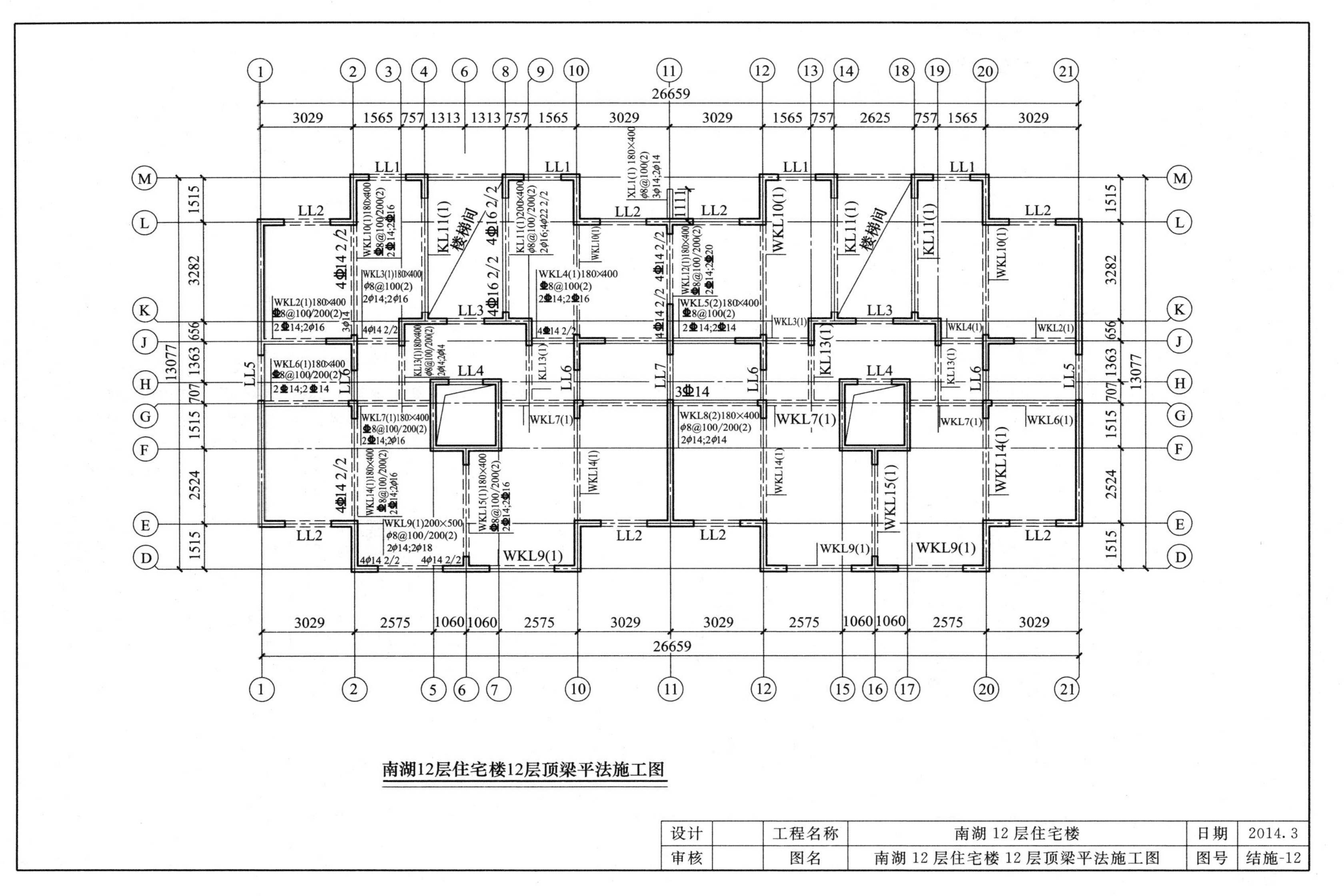

设计		工程名称	南湖 12 层住宅楼	日期	2014.3
审核		图名	南湖 12 层住宅楼 12 层顶梁平法施工图	图号	结施-12

12层剪力墙连梁配筋表

编号	所有楼层号	梁顶相对标高高差	梁截面 $b \times h$	上部纵筋	下部纵筋	箍筋	腰筋
LL1	屋面		200×500	2⏀14	2⏀14	⏀8@100(2)	N2⏀14
LL2	屋面	+0.600	200×1100	2⏀14	2⏀14	⏀8@100(2)	N2⏀12@200
LL3	屋面	+0.050	180×400	2⏀14	2⏀14	⏀8@100(2)	N2⏀14
LL4	机房层	+1.600	180×400	2⏀14	2⏀14	⏀8@100(2)	同Q1水平分布筋
	屋面		180×700	2⏀16	2⏀16	⏀8@100(2)	N2⏀12@200
LL5	屋面		200×500	2⏀16	2⏀16	⏀8@100(2)	同Q2水平分布筋
LL6	屋面		180×480	2⏀14	2⏀14	⏀8@100(2)	N2⏀14
LL7	屋面		180×400	2⏀14	2⏀14	⏀8@100(2)	同Q1水平分布筋

说明：

1. 未注明的梁均轴线居中或齐墙边。
2. 连梁混凝土强度等级同本层剪力墙混凝土强度等级。
3. 主次梁相交处附加箍筋做法详见结构设计总说明。
4. 一端与墙相连的“KL”当有箍筋加密要求时，箍筋仅在靠近墙一端加密；当“L”支座为墙时，该支座处梁的构造应满足“KL”的要求。

设计		工程名称	南湖12层住宅楼	日期	2014.3
审核		图名	南湖12层住宅楼12层剪力墙连系梁配筋表	图号	结施-12

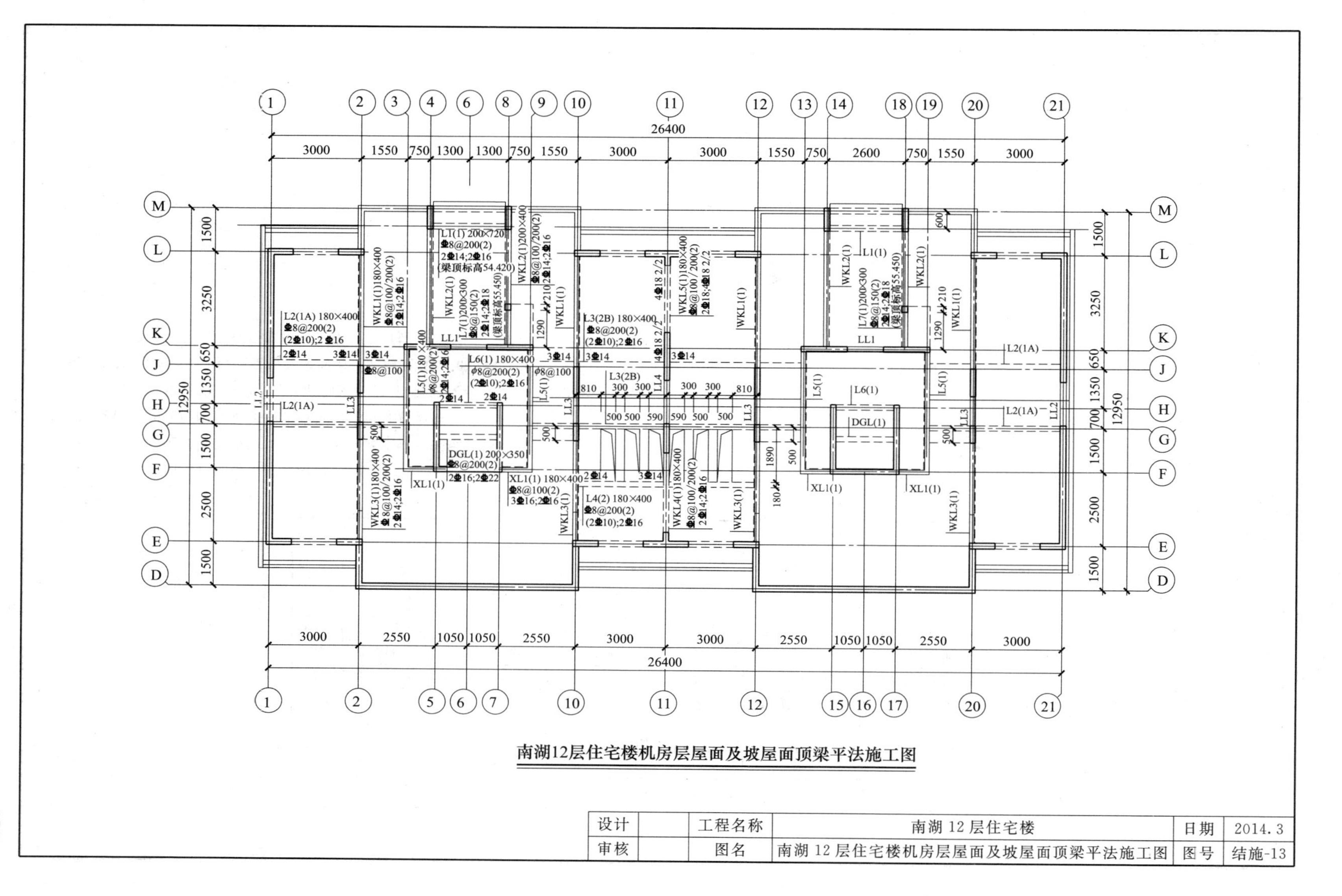
南湖12层住宅楼机房层屋面及坡屋面顶梁平法施工图
设计
审核
工程名称
南湖 12 层住宅楼
图名
南湖 12 层住宅楼机房层屋面及坡屋面顶梁平法施工图
日期
2014.3
图号
结施-13

坡屋面顶板剪力墙连梁配筋表

编号	所有楼层号	梁顶相对标高高差	梁截面 $b\times h$	上部纵筋	下部纵筋	箍筋	腰筋
LL1	坡屋面		180×400	2 Φ 14	2 Φ 14	Φ 8@100(2)	同 Q2 水平分布筋
LL2	坡屋面		200×400	2 Φ 14	2 Φ 14	Φ 8@100(2)	同 Q2 水平分布筋
LL3	坡屋面		180×400	2 Φ 14	2 Φ 14	Φ 8@100(2)	N2 Φ 14
LL4	坡屋面		180×400	2 Φ 14	2 Φ 14	Φ 8@100(2)	同 Q1 水平分布筋

说明：

1. 未注明的梁均轴线居中或齐墙边。
2. 连梁混凝土强度等级同本层剪力墙混凝土强度等级。
3. 主次梁相交处附加箍筋做法详见结构设计总说明。
4. 一端与墙相连的“KL”当有箍筋加密要求时，箍筋仅在靠近墙一端加密；
   当“L”支座为墙时，该支座处梁的构造应满足“KL”的要求。
5. 吊钩梁定位需与电梯厂家核实无误后方可施工。

设计		工程名称	南湖 12 层住宅楼	日期	2014.3
审核		图名	南湖 12 层住宅楼坡屋面顶板剪力墙连梁配筋表	图号	

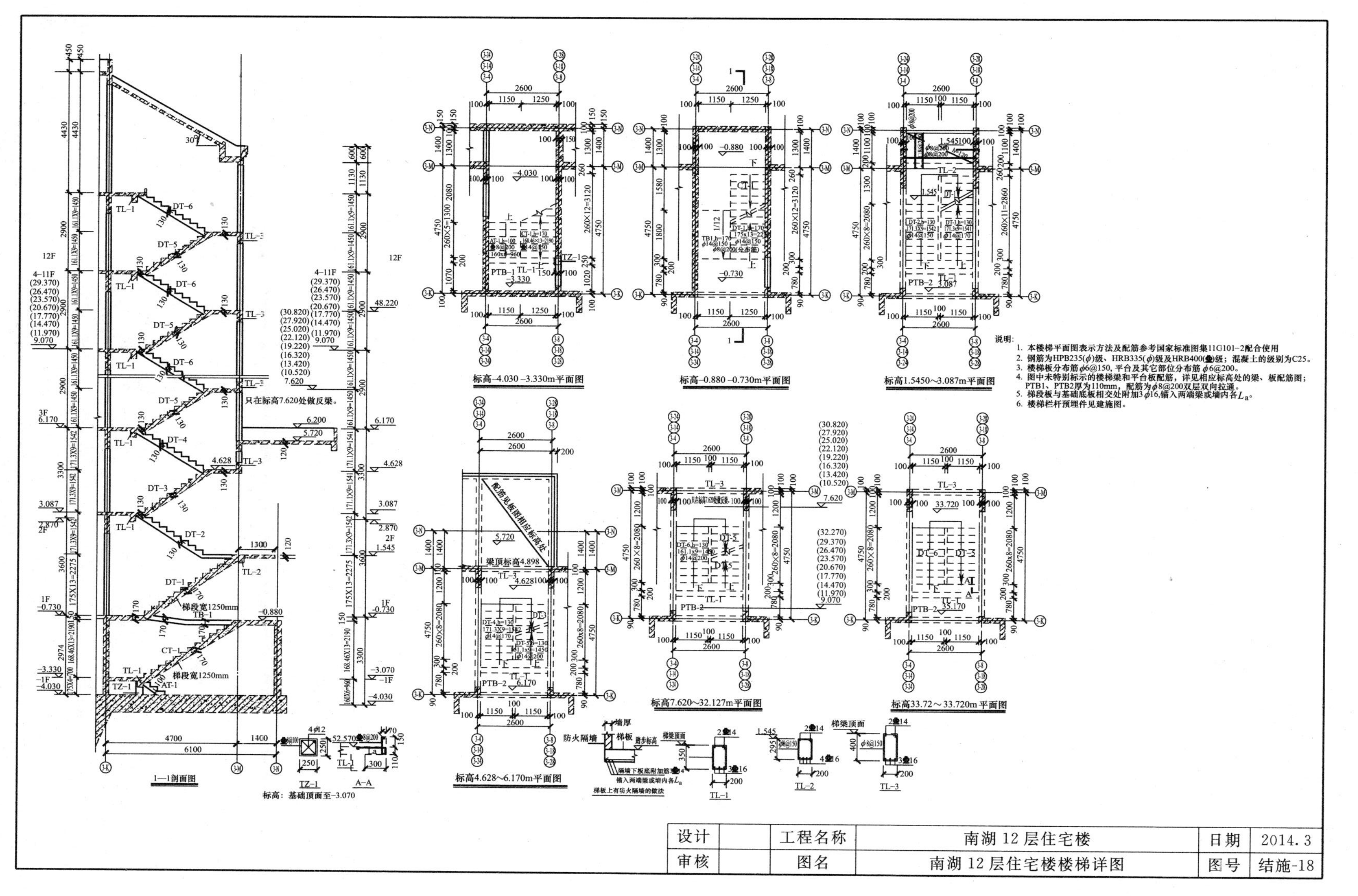
1—1剖面图
标高：基础顶面至-3.070
TZ-1
A-A
只在标高7.620处做反梁。
梯段宽1250mm
标高-4.030~-3.330m平面图
标高-0.880~-0.730m平面图
标高1.5450~3.087m平面图
标高4.628~6.170m平面图
配筋见板图相应标高处
梁顶标高4.898
标高7.620~32.127m平面图
标高33.72~33.720m平面图
防火隔墙
梯板上有防火隔墙的做法
TL-1
TL-2
TL-3
说明:
1. 本楼梯平面图表示方法及配筋参考国家标准图集11G101-2配合使用
2. 钢筋为HPB235(ϕ)级、HRB335(ϕ)级及HRB400(⏀)级；混凝土的级别为C25。
3. 楼梯板分布筋ϕ6@150，平台及其它部位分布筋ϕ6@200。
4. 图中未特别标示的楼梯梁和平台板配筋，详见相应标高处的梁、板配筋图；PTB1、PTB2厚为110mm，配筋为ϕ8@200双层双向拉通。
5. 梯段板与基础底板相交处附加3ϕ16,锚入两端梁或墙内各L_a。
6. 楼梯栏杆预埋件见建施图。
设计
审核
工程名称
南湖12层住宅楼
图名
南湖12层住宅楼楼梯详图
日期
2014.3
图号
结施-18